Ulrich Grebhofer
Numerische Verfahren

Weitere empfehlenswerte Titel

Numerische Mathematik 1. Eine algorithmisch orientierte Einführung
Peter Deuflhard, Andreas Hohmann, 2018
ISBN 978-3-11-061421-3, e-ISBN (PDF) 978-3-11-061432-9,
e-ISBN (EPUB) 978-3-11-061435-0

Medientechnisches Wissen. Band 2: Informatik, Programmieren,
Kybernetik
Stefan Höltgen (Hrsg.), 2018
ISBN 978-3-11-049624-6, e-ISBN (PDF) 978-3-11-049625-3,
e-ISBN (EPUB) 978-3-11-049358-0

C-Programmieren in 10 Tagen. Eine Einführung für
Naturwissenschaftler und Ingenieure
Jan Peter Gehrke, Patrick Köberle, Christoph Tenten, 2019
ISBN 978-3-11-048512-7, e-ISBN (PDF) 978-3-11-048629-2,
e-ISBN (EPUB) 978-3-11-049476-1

Numerik gewöhnlicher Differentialgleichungen.
Band 1: Anfangswertprobleme und lineare Randwertprobleme
Martin Hermann, 2017
ISBN 978-3-11-050036-3, e-ISBN (PDF) 978-3-11-049888-2,
e-ISBN (EPUB) 978-3-11-049773-1

Numerik gewöhnlicher Differentialgleichungen.
Band 2: Nichtlineare Randwertprobleme
Martin Hermann, 2018
ISBN 978-3-11-051488-9, e-ISBN (PDF) 978-3-11-051558-9,
e-ISBN (EPUB) 978-3-11-051496-4

Ulrich Grebhofer

Numerische Verfahren

zur Lösung großer linearer Gleichungssysteme

DE GRUYTER
OLDENBOURG

Author
Dr.-Ing. Ulrich Grebhofer
Bochum

ISBN 978-3-11-064362-6
e-ISBN (PDF) 978-3-11-064417-3
e-ISBN (EPUB) 978-3-11-064433-3

Library of Congress Control Number: 2019947119

Bibliografische Information der Deutschen Nationalbibliothek
Die Deutsche Nationalbibliothek verzeichnet diese Publikation in der Deutschen
Nationalbibliografie; detaillierte bibliografische Daten sind im Internet über
http://dnb.dnb.de abrufbar.

© 2019 Walter de Gruyter GmbH, Berlin/Boston
Umschlaggestaltung: monsitj/iStock/Getty Images Plus
Satz: le-tex publishing services GmbH, Leipzig
Druck und Bindung: CPI books GmbH, Leck

www.degruyter.com

Für meine Eltern
Margot und Walter

Vorwort

In Anbetracht geradezu der Überflutung des Büchermarktes mit neuen Druckerzeug-
nissen stellt sich mit Berechtigung die Frage, weshalb nun auch noch ein weiteres
Buch über lineare Gleichungssysteme erscheint. Zu diesem Teilbereich der Mathematik gibt es bereits sehr gute Literatur, welche dieses Thema ausführlich behandelt (siehe die Literaturverweise im Anhang dieses Buches). Sie richtet sich vorrangig an Stu-
dierende und Fachleute, die sich exklusiv mit der mathematischen Theorie beschäfti-
gen und die daher mit der Denk- und Schreibweise der modernen Mathematik bestens
vertraut sind. Da die Mengentheorie und ihre Symbolik Einzug in sämtliche anderen
Teildisziplinen der Mathematik gehalten hat, hat die Darstellung mathematischer Zu-
sammenhänge in allen Bereichen der Mathematik, und das betrifft auch die Theorie
der linearen Gleichungssysteme, eine schon recht abstrakte Form angenommen. Dies
erschwert denjenigen, die die Mathematik lediglich als Werkzeug für die Lösung der
in Wirtschaft und Technik gestellten Aufgaben benötigen, den Zugang zu dem Thema
in nicht unerheblichem Maße. Wie ich in meinen Vorlesungen feststellen konnte, die
ich zu Beginn der 1980er Jahre an der Ruhr-Universität Bochum und an der TU Wien
in ingenieurwissenschaftlichen Fakultäten gehalten habe, besteht gerade bei der Aus-
bildung in praxisnahen und anwendungsbezogenen Fächern die Gefahr, dass durch
eine stark abstrahierte Darstellung der theoretischen Grundlagen häufig der Blick für
das eigentliche Problem und seine Lösung verstellt oder zumindest erschwert wird.
Die als Alternative gern genutzte Vorgehensweise, mathematische Lösungswege nach
dem Muster von „Kochrezepten" zu suchen, führt meistens allerdings auch nicht zum
Ziel und verhindert kreative Lösungsansätze und Innovationen auf wissenschaftli-
chem Neuland. Gerade bei komplexen naturwissenschaftlichen und technischen Aufgaben, die sich nur mit ausgefeilten mathematischen Methoden lösen lassen, wird
den Voraussetzungen und Rahmenbedingungen für das jeweils verwendete mathematische Verfahren häufig nicht genügend Beachtung geschenkt, so dass entweder
das Verfahren versagt oder die Interpretation der Ergebnisse fehlerhaft ist und die Re-
sultate letztlich falsch und unbrauchbar sind. Die Vermeidung solcher elementaren
Fehler setzt jedoch tiefergehende Kenntnisse über die mathematischen Zusammen-
hänge voraus. Es ist daher ein Beweggrund für dieses Buch gewesen, eine Brücke zwischen der abstrakten mathematischen Theorie und der Umsetzung der Theorie bei
praxisnahen Aufgabenstellungen zu schlagen. Hierbei ist allerdings ein Kompromiss
zwischen der Vollständigkeit der mathematischen Theorie, für die eine stringente und
alle Singularitäten umfassende Beweisführung eine Grundvoraussetzung ist, und den
für die problemorientierte Umsetzung erforderlichen bzw. relevanten und hierauf be-
schränkten Grundlagen für die jeweiligen mathematischen Verfahren einzugehen. In
diesem Sinn wird jeder Gedanke Schritt für Schritt entwickelt, wobei jede Aussage in
logischer Konsequenz aus vorangehenden Überlegungen hergeleitet wird. Hierdurch
lässt sich die Klarheit und Übersichtlichkeit in der Darstellung der Herleitungen und

https://doi.org/10.1515/9783110644173-201

Beweise verbessern und die Zusammenhänge zwischen den einzelnen Verfahren sowie die unterschiedlichen Rahmenbedingungen und Grenzen für ihre Anwendbarkeit werden so deutlicher erkennbar. Ferner wird auf eine lückenlose Stringenz bei den Ansätzen und Folgerungen geachtet. Durch eine weniger abstrakte Darstellungsform ist die Verständlichkeit für mathematisch interessierte, aber mit der Schreibweise der modernen Mathematik nicht so vertraute Leser größer. So wird für ein besseres Verständnis auf die Verwendung allgemeiner und besonders abstrakter Begriffe wie z. B. auf eine auf jedem Prä-Hilbert-Raum erklärte Norm $\|\underline{x}\|$ verzichtet, wenn sie sich für den konkreten Einzelfall durch anschaulichere Begriffe aus der Schulmathematik – das wäre hier die Wurzel aus dem Skalarprodukt bzw. die Länge des Vektors $|\underline{x}|$ – ersetzen lassen. Zur Verbesserung der Übersichtlichkeit und leichteren Unterscheidung von Skalaren werden Mehrkomponentengrößen wie Vektoren und Matrizen mit unterstrichenen Buchstaben und im Fall, dass die Komponentenanzahl für die mathematischen Überlegungen von Belang sind, auch mit ihren Dimensionen gekennzeichnet. Somit wird die in der Mengentheorie sonst etwas umständlichere Schreibweise umgangen und der Blick wegen der komprimierten Darstellung unmittelbar auf die relevanten Größen gerichtet. In der dem ersten Kapitel vorangestellten Nomenklatur werden alle neuen, von den Konventionen abweichenden Bezeichnungen zusammengestellt.

Die mathematischen Grundlagen für die behandelten Verfahren werden in einfacher, leicht verständlicher Schreibweise dargelegt und bauen auf nur wenigen mathematischen Grundkenntnissen auf, die z. B. bei den Ingenieurwissenschaften bereits in den ersten Semestern vermittelt werden. Das erleichtert praxisorientierten Anwendern den Zugang zu dem ansonsten recht abstrakten Part dieses Themenkomplexes. Zudem werden durch die Abfolge der Herleitungen, die zum Teil auf bereits vorangehenden Herleitungen aufbauen, die Gemeinsamkeiten und Unterschiede zwischen den Verfahren und so auch die jeweiligen Rahmenbedingungen für ihre Einsetzbarkeit deutlicher. Die Umsetzung der Verfahren in Softwarefunktionen, die zu einer Programmbibliothek zusammengestellt werden, erfolgt in der Programmiersprache C++, welche heute neben Java und C# am meisten verbreitet ist und bei technischen Anwendungen häufig zum Einsatz kommt.

Die in dem Buch behandelten Verfahren dienen der Lösung von linearen Gleichungssystemen, wobei der Einsatz von direkten Verfahren auf Systeme mit vergleichsweise wenigen Unbekannten begrenzt ist. Solche Systeme werden der Vollständigkeit halber auch thematisiert, jedoch stehen im Fokus dieses Buches Systeme mit einer sehr großen Anzahl an Gleichungen, die sich in der Regel nicht mit einem direkten Verfahren auflösen lassen. Die hierfür zum Einsatz kommenden iterativen Verfahren stehen im Mittelpunkt der Ausführungen, wobei das Hauptaugenmerk auf die Krylov-Unterraum-Verfahren gerichtet ist, welche historisch betrachtet zu den letzten neu entwickelten Verfahren und somit zu den modernsten Methoden zählen. Sicherlich trifft dieses auch auf die sogenannten Mehrgitterverfahren zu, welche auf der Splitting-Methode aufbauen. Da die Anwendung solcher Gitterverfahren zunächst auf spezielle Systemmatrizen beschränkt ist, wie sie z. B. bei der Aufbereitung von partiellen Differentialgleichungen für die numerische Lösung auftreten, werden sie in diesem Buch nicht behandelt.

Bochum, im März 2019   Ulrich Grebhofer

Inhalt

Nomenklatur

Skalare Größen:

Bezeichnung mit großen und kleinen lateinischen und griechischen Buchstaben.

Komplement einer komplexen Zahl a:

$$\overline{a} = \Re(a) - i\Im(a)$$

Kronecker-Delta:

$$\delta_{jk} = 1 \quad \text{für} \quad j = k \quad \text{und} \quad \delta_{jk} = 0 \quad \text{für} \quad j \neq k$$

Zeigergrößen (Vektoren):

Bezeichnung mit kleinen lateinischen und griechischen Buchstaben mit Unterstrich:

$$\underline{a}$$

Vektorkomponente:

$$(\underline{a})_k = a_k$$

Spaltendarstellung:

$$\underline{a} = \begin{bmatrix} a_1 \\ \vdots \\ a_n \end{bmatrix} = \underline{a}^{[n]}$$

Zeilendarstellung (transponierter Vektor):

$$\underline{a}^{\mathrm{T}} = \begin{bmatrix} a_1 & \cdots & a_n \end{bmatrix}$$

Skalarprodukt:

$$(\underline{a}, \underline{b})_2 = \sum_{k=1}^{n} a_k \cdot \overline{b}_k ; \quad \text{für reelle Vektoren:} \quad \underline{b}^{\mathrm{T}} \cdot \underline{a} = \sum_{k=1}^{n} a_k \cdot b_k$$

Einheitsvektor:

$$\underline{e}_1 = \begin{bmatrix} 1 \\ 0 \\ \vdots \\ 0 \end{bmatrix} , \quad \text{d. h.} \quad (\underline{e}_j)_k = \delta_{jk}$$

Vektorlänge (Betrag eines reellen Vektors):

$$|\underline{a}| = \sqrt{\sum_{k=1}^{n} a_k^2}$$

https://doi.org/10.1515/9783110644173-203

Feldgrößen (Matrizen):

Bezeichnung mit großen lateinischen und griechischen Buchstaben mit Unterstrich:

$$\underline{A}$$

Matrixelement:

$$(\underline{A})_{jk} = a_{jk}$$

Felddarstellung:

$$\underline{A} = \begin{bmatrix} a_{11} & \cdots & a_{1n} \\ \vdots & \ddots & \vdots \\ a_{m1} & \cdots & a_{mn} \end{bmatrix} = \underline{A}^{[m,n]}$$

Einheitsmatrix:

$$\underline{I} = \begin{bmatrix} 1 & \cdots & 0 \\ \vdots & \ddots & \vdots \\ 0 & \cdots & 1 \end{bmatrix}$$

Nullmatrix:

$$\underline{0} = \begin{bmatrix} 0 & \cdots & 0 \\ \vdots & \ddots & \vdots \\ 0 & \cdots & 0 \end{bmatrix}$$

Transponierte Matrix (reelle Matrixelemente):

$$\underline{A}^{\mathrm{T}} = \begin{bmatrix} a_{11} & \cdots & a_{m1} \\ \vdots & \ddots & \vdots \\ a_{1n} & \cdots & a_{mn} \end{bmatrix}$$

Determinante einer Matrix:

$$\det(\underline{A}) = |\underline{A}|$$

1 Vektorräume und der Krylov-Raum als Spezialfall

Wenn eine Matrix $\underline{A}$ mit der Dimension $n \cdot n$, also eine Matrix $\underline{A}^{[n,n]}$, diagonalähnlich ist und $s \leq n$ verschiedene (bei $s < n$ teilweise mehrfache) Eigenwerte aufweist, kann ein Vektorsystem mit folgenden Eigenschaften errichtet werden [1]:

$$\underline{z}_k^{[n]} = \underline{A}^{[n,n]} \cdot \underline{z}_{k-1}^{[n]} = \underline{A}^k \cdot \underline{z}_0 \quad \text{mit} \quad 1 \leq k \leq s \leq n. \tag{1.1}$$

Die Vektoren $\underline{z}_j$ und $\underline{z}_k$ hierbei sind paarweise linear unabhängig und spannen für $j, k \leq m \leq s \leq n$ den m-dimensionalen Krylov-Raum span$\{\underline{A} \cdot \underline{z}_0, \ldots, \underline{A}^m \cdot \underline{z}_0\} = K^m$ auf. Definiert man die Basisvektoren

$$\underline{v}_k = \sum_{i=1}^{m} c_{ik} \cdot \underline{A}^i \underline{z}_0 = P_m(\underline{A}) \underline{z}_0, \tag{1.2}$$

wobei $P_m(\underline{A})$ ein Matrizenpolynom m-ten Grades ist, derart, dass alle $\underline{v}_j$ und $\underline{v}_k$ paarweise linear unabhängig sind, wobei wiederum $j, k \leq m \leq s \leq n$ gilt, sind alle hierauf aufgebauten Vektoren

$$\underline{z} = \sum_{k=1}^{m} \alpha_k \underline{v}_k = \sum_{i=1}^{m} \left(\sum_{k=1}^{m} \alpha_k \cdot c_{ik} \right) \cdot \underline{A}^i \underline{z}_0 \tag{1.3}$$

ebenfalls Vektoren des m-dimensionalen Krylov-Raums. Orthogonale Vektoren sind linear unabhängig [2]. Wenn zusätzlich ihre Länge auf 1 normiert wird, erhält man ein orthonormales Vektorsystem, das sich als Raumbasis besonders eignet.

Diese Forderung führt für die Basisvektoren zu der Bedingung

$$\left(\underline{v}_j^{\mathrm{T}} \cdot \underline{v}_k \right) = \delta_{jk} \tag{1.4}$$

$$\text{bzw.} \quad \underline{z}_0^{\mathrm{T}} \left(\sum_{p=1}^{m} \sum_{q=1}^{m} c_{pj} \cdot c_{qk} \cdot \underline{A}^{p\mathrm{T}} \underline{A}^q \right) \underline{z}_0 = \delta_{jk} \quad \text{für} \quad 1 \leq j, k \leq m. \tag{1.5}$$

Hiermit stehen m^2 Gleichungen zur Bestimmung der m^2 Unbekannten c_{jk} zur Verfügung.

Die besondere Eigenschaft eines Vektors in einem Krylov-Raum ist charakterisiert durch

$$\underline{A} \cdot \underline{z} = \sum_{i=2}^{m+1} \left(\sum_{k=1}^{m} \alpha_k \cdot c_{(i-1)k} \right) \cdot \underline{A}^i \underline{z}_0, \tag{1.6}$$

d. h., der Vektor $\underline{A} \cdot \underline{z}$ ist ebenfalls ein Vektor des Krylov-Raums mit der Dimension m. Dieser unterscheidet sich allerdings in zwei Basisvektoren von dem m-dimensionalen Krylov-Raum, zu dem $\underline{z}$ gehört. Beide m-dimensionalen Krylov-Räume sind Unterräume des gesamten Vektorraums $\mathbb{R}^n$, dem $\underline{z}_0$ angehört. Die beiden Vektoren $\underline{z}$ und $\underline{A} \cdot \underline{z}$ gehören zu einem $(m + 1)$-dimensionalen Krylov-Unterraum. Unterstellt man $m < n$ und ist

$$\underline{z}^{[n]} = \sum_{k=1}^{n} \alpha_k \underline{v}_k$$

https://doi.org/10.1515/9783110644173-001

ein Vektor in einem n-dimensionalen Raum, kann er als Linearkombination

$$\underline{z}^{[n]} = \sum_{k=1}^{m} \alpha_k \underline{v}_k + \sum_{k=m+1}^{n} \alpha_k \underline{v}_k = \hat{\underline{z}}^{[n]} + \Delta \underline{z}^{[n]} \tag{1.7}$$

dargestellt werden. Hierin ist $\hat{\underline{z}}^{[n]} = \sum_{k=1}^{m} \alpha_k \underline{v}_k$ eine Projektion des Vektors $\underline{z}^{[n]}$ auf den m-dimensionalen Unterraum $\mathbb{R}^m$. Der Differenzvektor $\Delta \underline{z}^{[n]} = \sum_{k=m+1}^{n} \alpha_k \underline{v}_k$ gehört dem Unterraum $\mathbb{R}^{n-m}$ an, welcher bei Erfüllung von (1.4) bzw. (1.5) orthogonal zum Unterraum $\mathbb{R}^m$ ist.

Mit der Festlegung $c_{ik} = 0$ für $i > k$ kann für (1.2) auch geschrieben werden:

$$\underline{v}_k = \sum_{i=1}^{k} c_{ik} \cdot \underline{A}^i \underline{z}_0 = P_k(\underline{A})\underline{z}_0 \; . \tag{1.8}$$

Hierbei ist jeder Basisvektor $\underline{v}_k \in K^k$ also Element eines Krylov-Unterraums, der von der Dimension k ist. Da sich somit alle Basisvektoren in unterschiedlichen Unterräumen befinden, sind sie linear unabhängig, was auch der Forderung an ihre Grundeigenschaften entspricht.

Die Wahl des Ausgangsvektors $\underline{z}_0$ ist völlig frei und kann z. B. mit dem im nächsten Kapitel eingeführten Startvektor $\underline{x}_0$ in Beziehung gesetzt werden:

$$\underline{z}_0 = \underline{A}^{-1}\underline{b} - \underline{x}_0 = \underline{A}^{-1}(\underline{b} - \underline{A}\,\underline{x}_0) = \underline{A}^{-1}\underline{r}_0 \; . \tag{1.9}$$

Wie sich später zeigen wird, stellt $\underline{z}_0$ die Differenz zwischen dem Startvektor und dem exakten Lösungsvektor $\underline{x}$ der linearen Matrizengleichung $\underline{A}\,\underline{x} = \underline{b}$ dar. Wegen $\underline{A}^k \underline{z}_0 = \underline{A}^{k-1}\underline{r}_0$ gilt dann für den m-dimensionalen Krylov-Unterraum:

$$\text{span}\{\underline{r}_0, \underline{A}\,\underline{r}_0, \ldots, \underline{A}^{m-1}\underline{r}_0\} = K^m \; .$$

Einsetzen von (1.9) in (1.8) führt zur Definitionsgleichung eines Basisvektors im K^k:

$$\underline{v}_k = \sum_{i=1}^{k} c_{ik} \cdot \underline{A}^{i-1}\underline{r}_0 = \sum_{i=0}^{k-1} c_{(i+1)k} \cdot \underline{A}^i \underline{r}_0 = P_{k-1}(\underline{A})\underline{r}_0 \; . \tag{1.10}$$

Aus (1.3) folgt damit für einen beliebigen Vektor im m-dimensionalen Krylov-Unterraum:

$$\underline{z} = \sum_{k=1}^{m} \alpha_k P_{k-1}(\underline{A})\underline{r}_0 = \sum_{k=0}^{m-1} \alpha_{k+1} P_k(\underline{A})\underline{r}_0 \; . \tag{1.11}$$

Setzt sich ein Vektor aus einer Summe gemäß

$$\underline{z} = \underline{A}\,\underline{v}_k - \sum_{i=1}^{k} \gamma_i \underline{v}_i \quad \text{für} \quad k > 0 \,, \quad \text{wobei} \quad \underline{v}_1 = c_{11} \cdot \underline{A}\underline{z}_0 = c_{11} \cdot \underline{r}_0 \quad \text{ist} \,, \tag{1.12}$$

zusammen, kann bei Verwendung von (1.10) geschrieben werden:

$$\underline{z} = \sum_{j=1}^{k} c_{jk}\underline{A}^{j+1}\underline{z}_0 - \sum_{i=1}^{k}\sum_{j=1}^{i} \gamma_i c_{ji}\underline{A}^j \underline{z}_0 = \sum_{j=1}^{k+1} c_{j(k+1)} \underline{A}^j \underline{z}_0 \quad \text{mit} \quad c_{(k+1)(k+1)} = c_{kk} \; . \tag{1.13}$$

Damit ist $\underline{z} \in K^{(k+1)}$ also ein Element des $(k+1)$-dimensionalen Krylov-Raums.

2 Lösung einer linearen Matrizengleichung als Optimierungsaufgabe

Gegeben sei ein lineares Gleichungssystem von n Gleichungen für n Unbekannte x_1 bis x_n, das in Form einer Matrizengleichung $\underline{A} \cdot \underline{x} = \underline{b}$ dargestellt wird. Es wird eine reguläre, reelle Matrix mit n verschiedenen Eigenwerten unterstellt. Das Lösungsverfahren erfolgt in iterativen Schritten, wobei von einer beliebig gewählten Anfangslösung $\underline{x}_0$ ausgehend in jedem, hier z. B. im m-ten, Schritt ein neuer Näherungsvektor $\underline{x}_m$ bestimmt wird, für den der Residuenvektor

$$\underline{r}_m = \underline{b} - \underline{A} \cdot \underline{x}_m \tag{2.1}$$

vom Betrag kleiner wird. Bei dem Betrag 0 für das Residuum entspricht $\underline{x}_m$ der exakten Lösung. Die Minimierung des Residuumbetrags von $\underline{r}(\underline{x}) = \underline{b} - \underline{A} \cdot \underline{x}$ kann über 2 Ansätze erfolgen:

1. $\quad Q_1(\underline{x}) = \underline{r}(\underline{x})^{\mathrm{T}} \cdot \underline{r}(\underline{x}) \;\; \rightarrow \;\;$ Min, $\hfill (2.2)$

2. $\quad Q_2(\underline{x}) = \dfrac{1}{2}\underline{x}^{\mathrm{T}} \cdot \underline{A}\,\underline{x} - \underline{x}^{\mathrm{T}} \cdot \underline{b} \;\; \rightarrow \;\;$ Min $\quad$ (Vor.: $\underline{A}$ positiv definit, symmetr.). $\hfill (2.3)$

Während der Ansatz 1 für Q_1 offensichtlich ist, ergibt sich der Ansatz 2 für Q_2 bei einer positiv definiten Matrix aus folgendem Gedankengang:

Der Gradient der quadratischen Form $Q_2(\underline{x})$ ist im Extremalpunkt $\underline{x}_{\min}$ gleich 0, also gemäß [3] und [4]:

$$\nabla Q_2(\underline{x}) = \underline{A}\,\underline{x} - \underline{b} = -\underline{r}(\underline{x})\,, \tag{2.4}$$

$$\nabla Q_2(\underline{x}_{\min}) = \underline{0} \;\; \Rightarrow \;\; \underline{r}(\underline{x}_{\min}) = \underline{0} \;\; \text{und} \;\; \underline{A} \cdot \underline{x}_{\min} = \underline{b}\,. \tag{2.5}$$

Die exakte Lösung der Matrizengleichung entspricht also dem Extremalpunkt $\underline{x}_{\min}$. Da die Matrix $\underline{A}$ positiv definit ist, ist stets $Q_2 \geq 0$ und somit der Extremalpunkt ein Minimum. Addiert man zur rechten Seite von (2.3) den konstanten Wert $\underline{b}^{\mathrm{T}} \cdot \underline{A}^{-1}\underline{b}/2$, wirkt sich dies nicht auf die Lage des Minimums aus. Durch Umformung der Gleichung ergibt sich

$$Q_3(\underline{x}) = \frac{1}{2}\underline{x}^{\mathrm{T}} \cdot \underline{A}\,\underline{x} - \underline{x}^{\mathrm{T}} \cdot \underline{b} + \frac{1}{2}\underline{b}^{\mathrm{T}} \cdot \underline{A}^{-1}\underline{b} = \frac{1}{2}\,(\underline{A}\,\underline{x} - \underline{b})^{\mathrm{T}} \cdot \underline{x} - \frac{1}{2}\underline{b}^{\mathrm{T}} \cdot (\underline{x} - \underline{A}^{-1}\underline{b})$$

$$= \frac{1}{2}\,(\underline{A}\,\underline{x} - \underline{b})^{\mathrm{T}} \cdot \underline{A}^{-1}\,(\underline{A}\,\underline{x} - \underline{b}) = \frac{1}{2}\underline{r}(\underline{x})^{\mathrm{T}} \cdot \underline{A}^{-1}\underline{r}(\underline{x}) \tag{2.6}$$

mit

$$\nabla Q_3(\underline{x}) = \nabla Q_2(\underline{x}) = -\underline{r}(\underline{x})\,. \tag{2.7}$$

Für $\underline{x}_m \neq \underline{x}_{\min}$ gilt also $Q_k(\underline{x}_m) > Q_k(\underline{x}_{\min})$ ($k = 1, 2, 3$). Bei Anwendung eines Krylov-Unterraum-Verfahrens ist der Differenzvektor $\underline{x}_m - \underline{x}_0$ Element eines m-dimensionalen Unterraums. Für kleine m ist mit $\underline{x}_m$ nur selten das absolute Minimum der quadratischen Form schon erreicht. Allerdings ist in der Menge aller denkbaren Näherungslö-

https://doi.org/10.1515/9783110644173-002

sungen $\underline{x}_m$ ein Vektor $\underline{x}'_m$ enthalten, für den $Q_k(\underline{x}_m)$ einen vergleichsweise niedrigsten Wert annimmt. Man kann in diesem Fall von einem relativen Minimum auf K^m sprechen, für das formal geschrieben werden kann:

$$Q_k(\underline{x}'_m) < Q_k(\underline{x}'_m + \lambda'_m \cdot \underline{y}'_m) = Q_k(\underline{x}_m)$$

$$\text{mit beliebigem} \quad \underline{y}'_m \in K^m \quad \text{und beliebigem} \quad \lambda'_m \neq 0 .$$

Für das Auffinden des absoluten Minimums muss das Suchgebiet auf einen Krylov-Unterraum mit mindestens der Dimension $m+1$ ausgedehnt werden. Ein Suchvektor $\underline{y}$ mit der Eigenschaft $\underline{y}_{m+1} \in K^{m+1}$ soll hierbei die folgende Ungleichung erfüllen:

$$Q_k(\underline{x}_{\min}) \leq Q_k(\underline{x}_{m+1}) = Q_k(\underline{x}_m + \lambda_m \cdot \underline{y}_{m+1}) < Q_k(\underline{x}_m) . \tag{2.8}$$

Geht man von der Annahme aus, dass der exakte Lösungsvektor, also der Vektor $\underline{x}_{\min}$, für das absolute Minimum der quadratischen Form Q_k ein Vektor des m-dimensionalen Krylov-Raums K^m ist, kann für den Suchvektor $\underline{y}_m$ anstelle von $\underline{y}_{m+1}$ eingesetzt werden. Die quadratische Form Q_k ist hierbei eine Funktion auch von λ_m und muss im Extremalpunkt der Bedingung

$$\frac{d}{d\lambda_m} Q_k(\underline{x}_{m+1}) = \frac{d}{d\lambda_m} Q_k(\underline{x}_m + \lambda_m \cdot \underline{y}_m) = 0 \tag{2.9}$$

genügen. Die Auflösung der Bedingungsgleichung nach λ_m liefert eine Aussage, welcher Zusammenhang zwischen λ_m und $\underline{y}_m$ im Extremalpunkt besteht, aber auch nicht mehr, da bis hierher $\underline{y}_m$ noch völlig beliebig festgesetzt werden kann und der Korrekturvektor $\lambda_m \underline{y}_m$ nicht zwingend zum Extremum führt. Neben der zutreffenden Annahme $\underline{x}_{\min} \in K^m$ ist also auch die Festlegung der richtigen Suchrichtung, also ein geeigneter Suchvektor $\underline{y}_m$, wesentliche Voraussetzung für das Auffinden des Extremalpunktes. Sind diese Bedingungen erfüllt, folgt aus (2.9) für das Optimum (Extremum) von Q_k und somit für den Lösungsvektor $\underline{x}_{\min}$:

Im Fall $k = 1$:

$$\frac{d}{d\lambda_m} \underline{r}(\underline{x}_m + \lambda_m \cdot \underline{y}_m)^T \cdot \underline{r}(\underline{x}_m + \lambda_m \cdot \underline{y}_m) = 2\underline{r}(\underline{x}_m + \lambda_m \cdot \underline{y}_m)^T \cdot \frac{d}{d\lambda_m} \underline{r}(\underline{x}_m + \lambda_m \cdot \underline{y}_m) = 0$$

$$\Rightarrow \frac{dQ_1}{d\lambda_m} = 2\underline{r}(\underline{x}_{m+1})^T \cdot \frac{d}{d\lambda_m}(\underline{b} - \underline{A}\,\underline{x}_m - \lambda_m \cdot \underline{A}\,\underline{y}_m) = -2\underline{r}_{m+1}^T \cdot \underline{A}\,\underline{y}_m = 0 . \tag{2.10}$$

Die Erfüllung von (2.9) führt zu

$$\underline{r}_{m+1}^T \cdot \underline{A}\,\underline{y}_m = 0 , \text{ d. h. } \underline{r}_{m+1} \perp \underline{A}\,\underline{y}_m . \tag{2.11}$$

Setzt man $\underline{r}_{m+1} = \underline{r}_m - \lambda_m \underline{A}\,\underline{y}_m$ ein, ergibt sich hieraus

$$\lambda_m = \frac{\underline{r}_m^T \cdot \underline{A}\,\underline{y}_m}{(\underline{A}\,\underline{y}_m)^T(\underline{A}\,\underline{y}_m)} . \tag{2.12}$$

Aus (2.10) folgt:

$$\frac{\mathrm{d}^2 Q_1}{\mathrm{d}\lambda_m^2} = 2\,(\underline{A}\,\underline{y}_m)^{\mathrm{T}}(\underline{A}\,\underline{y}_m) \geq 0\,. \tag{2.13}$$

Im Fall $k = 2$ (für symmetrische, positiv definite Matrizen):

$$\frac{\mathrm{d}}{\mathrm{d}\lambda_m}\left(\frac{1}{2}(\underline{x}_m + \lambda_m \cdot \underline{y}_m)^{\mathrm{T}} \cdot \underline{A}(\underline{x}_m + \lambda_m \cdot \underline{y}_m) - (\underline{x}_m + \lambda_m \cdot \underline{y}_m)^{\mathrm{T}} \cdot \underline{b}\right)$$

$$= \underline{y}_m^{\mathrm{T}} \cdot \underline{A}(\underline{x}_m + \lambda_m \cdot \underline{y}_m) - \underline{y}_m^{\mathrm{T}} \cdot \underline{b}$$

$$\Rightarrow \quad \frac{\mathrm{d}Q_2}{\mathrm{d}\lambda_m} = \underline{y}_m^{\mathrm{T}} \cdot (\underline{A}\,\underline{x}_{m+1} - \underline{b}) = -\underline{y}_m^{\mathrm{T}} \cdot \underline{r}_{m+1} = \lambda_m \cdot \left(\underline{y}_m^{\mathrm{T}} \cdot \underline{A}\,\underline{y}_m\right) - \underline{y}_m^{\mathrm{T}} \cdot \underline{r}_m\,. \tag{2.14}$$

Die Erfüllung von (2.9) führt zu

$$\underline{r}_{m+1}^{\mathrm{T}} \cdot \underline{y}_m = 0\,, \quad \text{d.\,h.} \quad \underline{r}_{m+1} \perp \underline{y}_m\,. \tag{2.15}$$

Bei Anwendung von (2.9) und Auflösung von (2.14) nach λ_m ergibt sich

$$\lambda_m = \frac{\underline{r}_m^{\mathrm{T}} \cdot \underline{y}_m}{\underline{y}_m^{\mathrm{T}} \cdot (\underline{A}\,\underline{y}_m)}\,. \tag{2.16}$$

Aus (2.14) folgt, da $\underline{A}$ laut Voraussetzung positiv definit ist:

$$\frac{\mathrm{d}^2 Q_2}{\mathrm{d}\lambda_m^2} = \underline{y}_m^{\mathrm{T}} \cdot \underline{A}\,\underline{y}_m \geq 0\,. \tag{2.17}$$

Nach (2.13) und (2.17) ist die quadratische Form Q_k von konvexer Gestalt, d. h., dass es nur einen Extremalpunkt, also ein einziges, absolutes Minimum mit dem Lösungsvektor $\underline{x}_{\min}$ gibt.

3 Basissysteme in Krylov-Unterräumen

Ungleichung (2.8) legt folgenden Ansatz für eine Rekursionsgleichung nahe:

$$\underline{x}_m = \underline{x}_{m-1} + \alpha_m \underline{v}_m = \underline{x}_0 + \sum_{k=1}^{m} \alpha_k \underline{v}_k = \underline{x}_0 + \underline{V}_m^{[n,m]} \cdot \underline{\alpha}_m^{[m]} \quad (m > 0) , \qquad (3.1)$$

worin alle $\underline{v}_k$ Basisvektoren darstellen, die hier jeweils einem k-dimensionalen Raum angehören.

Unterstellt man, dass $\underline{A}\underline{y}_{m-1}$ ein Vektor ebenfalls in einem m-dimensionalen Raum ist, der von den Basisvektoren $\underline{w}_k$ ($1 \leq k \leq m$) aufgespannt wird, kann hierfür geschrieben werden:

$$\underline{A}\underline{y}_{m-1} = \sum_{k=1}^{m} \beta_k \underline{w}_k = \underline{W}_m^{[n,m]} \cdot \underline{\beta}_m^{[m]} . \qquad (3.2)$$

Die Bedingung (2.11) für eine optimale Suchrichtung führt somit zu $\underline{r}_m \perp \underline{w}_k$ für $1 \leq k \leq m$, also

$$\text{für } m > 0 : \quad \underline{W}_m^T \underline{r}_m = \underline{W}_m^T (\underline{b} - \underline{A}\underline{x}_m) = \underline{W}_m^T (\underline{b} - \underline{A}\underline{x}_0 - \underline{A}\underline{V}_m \cdot \underline{\alpha}_m) = \underline{0} \qquad (3.3)$$

$$\Rightarrow \quad \underline{W}_m^T (\underline{b} - \underline{A}\underline{x}_0) = \underline{W}_m^T \underline{r}_0 = \underline{W}_m^T \underline{A}\underline{V}_m \cdot \underline{\alpha}_m$$

$$\Rightarrow \quad \text{wenn } \underline{W}_m^T \underline{A}\underline{V}_m \text{ regulär ist, gilt } \underline{\alpha}_m = \left(\underline{W}_m^T \underline{A}\underline{V}_m\right)^{-1} \underline{W}_m^T \underline{r}_0 ,$$

$$\text{und damit} \quad \underline{x}_m = \underline{x}_0 + \underline{V}_m \left(\underline{W}_m^T \underline{A}\underline{V}_m\right)^{-1} \underline{W}_m^T \underline{r}_0 . \qquad (3.4)$$

Da die Basisvektoren $\underline{v}_k$ und $\underline{w}_k$ linear unabhängig sind, sind $\underline{V}_n$ und $\underline{W}_n$ reguläre Matrizen. Daher kann für (3.4) im Fall $m = n$ geschrieben werden:

$$\underline{x}_n = \underline{x}_0 + \underline{V}_n \underline{V}_n^{-1} \underline{A}^{-1-1} \left(\underline{W}_n^T\right)^{-1} \underline{W}_n^T \underline{r}_0 = \underline{x}_0 + \underline{A}^{-1}\underline{b} - \underline{x}_0 = \underline{A}^{-1}\underline{b} . \qquad (3.5)$$

Spätestens im n-ten Iterationsschritt erhält man also die exakte Lösung $\underline{x}_n = \underline{x} = \underline{A}^{-1}\underline{b}$.

In den vorangehenden Überlegungen wurde unterstellt, dass sowohl $\underline{y}_m$ als auch $\underline{A}\underline{y}_{m-1}$ Vektoren in jeweils m-dimensionalen Unterräumen sind. Damit weist $\underline{y}_m$ gemäß Kapitel 1 die Eigenschaft von Vektoren in einem Krylov-Raum auf. Die Spalten von $\underline{V}_m$ und $\underline{W}_m$ stellen damit die Basisvektoren der beiden voneinander unabhängigen, jeweils m-dimensionalen Krylov-Unterräume dar. Die beiden Unterräume sind lediglich über die Orthogonalitätsbedingung (3.3) verknüpft.

Es sollen im Folgenden Verfahren entwickelt werden, mit denen die Basisvektoren in iterativen Schritten so ermittelt werden, dass die für sie geforderten Eigenschaften – Orthogonalität oder zumindest lineare Unabhängigkeit – erfüllt werden. Außerdem sollen sie Krylov-Unterräume aufspannen. Ein möglicher Ansatz ist die Definition:

$$\underline{z}_k = \underline{A}\underline{v}_k - \sum_{i=1}^{k} h_{ik}\underline{v}_i \quad \text{für} \quad k > 0 , \quad \text{wobei} \quad \underline{v}_1 = c_{11} \cdot \underline{A}\underline{z}_0 \quad \text{und} \quad \underline{v}_i \in K^{(i)} \quad (i \leq k) .$$

$$(3.6)$$

https://doi.org/10.1515/9783110644173-003

Gemäß (1.12) gilt $\underline{z}_k \in K^{(k+1)}$. Setzt man $\underline{v}_{k+1} \sim \underline{z}_k$, ist also auch $\underline{v}_{k+1} \in K^{(k+1)}$.
Mit

$$h_{(k+1)k} = |\underline{z}_k|, \quad \underline{v}_{k+1} = \frac{\underline{z}_k}{h_{(k+1)k}} \quad \text{und} \quad c_{11} = \frac{1}{|\underline{A}\,\underline{z}_0|} \tag{3.7}$$

erhält man normierte Basisvektoren der Länge 1. Durch vollständige Induktion kann
nun bewiesen werden, dass für

$$h_{jk} = \underline{v}_j^T \underline{A}\,\underline{v}_k \tag{3.8}$$

alle Basisvektoren orthogonal und somit linear unabhängig sind. Dazu wird zunächst
angenommen, dass alle $\underline{v}_i$ für $i \le k$ paarweise orthogonal sind, also $\underline{v}_j^T \underline{v}_i = \delta_{ji}$ für
$i, j \le k$,

$$\Rightarrow \quad \underline{v}_j^T \underline{z}_k = \underline{v}_j^T \underline{A}\,\underline{v}_k - \sum_{i=1}^{k} h_{ik}\underline{v}_j^T \underline{v}_i = h_{jk} - h_{jk} = 0 \quad \Rightarrow \quad \underline{z}_k \perp \underline{v}_j \quad \Rightarrow \quad \underline{v}_{k+1} \perp \underline{v}_j \quad \text{für} \quad j \le k,$$

d. h. also, wenn $\underline{v}_j^T \underline{v}_i = \delta_{ji}$ für $i, j \le k$, dann gilt auch $\underline{v}_j^T \underline{v}_i = \delta_{ji}$ für $i, j \le k + 1$. Wegen

$$\underline{z}_1 = \underline{A}\,\underline{v}_1 - h_{11}\underline{v}_1 = |\underline{z}_1| \cdot \underline{v}_2 \quad \Rightarrow \quad \underline{v}_1^T \underline{A}\,\underline{v}_1 - h_{11}\underline{v}_1^T \underline{v}_1 = |\underline{z}_1| \cdot (\underline{v}_1^T \underline{v}_2) = h_{11} - h_{11} = 0$$

gilt die Orthogonalität für $k \le 2$ und somit dann für alle nach (3.6) konstruierten Basisvektoren:

$$h_{jk} = \underline{v}_j^T \underline{A}\,\underline{v}_k \quad \Leftrightarrow \quad \underline{v}_j^T \underline{v}_k = \delta_{jk} . \tag{3.9}$$

Für $j > k + 1$ folgt aus (3.6) in Verbindung mit (3.9):

$$\underline{v}_j^T \underline{z}_k = \underline{v}_j^T \underline{A}\,\underline{v}_k - \sum_{i=1}^{k} h_{ik}\underline{v}_j^T \underline{v}_i = h_{jk} - \sum_{i=1}^{k} 0 .$$

Für $j > k + 1$ gilt jedoch: $\underline{v}_j \perp \underline{v}_{k+1} \quad \Rightarrow \quad \underline{v}_j^T \underline{z}_k = 0$, und somit für diesen Fall:

$$h_{jk} = 0 \quad \text{für} \quad j > k + 1 . \tag{3.10}$$

Bei einem m-dimensionalen Krylov-Raum können die Basisvektoren zu einer Matrix $\underline{V}_m^{[n,m]}$ zusammengestellt werden. Für sie gilt unter Verwendung von (3.8) die
Beziehung:

$$\underline{H}_m^{[m,m]} = \underline{V}_m^T \underline{A}\,\underline{V}_m \quad \text{mit} \quad \left(\underline{H}_m^{[m,m]}\right)_{jk} = h_{jk} \quad \text{(Hessenberg-Matrix)} . \tag{3.11}$$

Wegen (3.10) hat $\underline{H}_m$ die Gestalt einer Dreiecksmatrix mit einer unteren Nebendiagonalen.

Gleichung (3.11) inspiriert zur Festlegung

$$\underline{W}_m = \underline{V}_m , \tag{3.12}$$

womit für (3.4) folgt:

$$\underline{x}_m = \underline{x}_0 + \underline{V}_m(\underline{H}_m)^{-1}\underline{V}_m^T \underline{r}_0 . \tag{3.13}$$

Die Erfüllung der Bedingung (2.11), in diesem Fall $\underline{V}_m^T \underline{r}_m = \underline{0}$, ist aufgrund der Herleitung von $\underline{x}_m$ gemäß (3.13) bzw. (3.4) aus (3.3) sichergestellt. Bei Wahl von

$$\underline{v}_1 = \frac{\underline{r}_0}{|\underline{r}_0|} \tag{3.14}$$

ergibt sich wegen (3.9)

$$\underline{V}_m^T \underline{r}_0 = |\underline{r}_0| \cdot \underline{V}_m^T \underline{v}_1 = |\underline{r}_0| \cdot \underline{e}_1 \quad \text{mit} \quad \underline{e}_1 = \begin{bmatrix} 1 & 0 & \dots & 0 \end{bmatrix}^T, \tag{3.15}$$

womit für (3.13) folgt:

$$\underline{x}_m = \underline{x}_0 + |\underline{r}_0| \cdot \underline{V}_m (\underline{H}_m)^{-1} \underline{e}_1 \quad \text{und} \quad \underline{\alpha}_m = |\underline{r}_0| \, (\underline{H}_m)^{-1} \underline{e}_1. \tag{3.16}$$

Anstelle der aufwendigen Inversion einer beliebigen Matrix $\underline{A}$ ist zur Auflösung der linearen Matrizengleichung nur noch die wesentlich einfachere Inversion der Fastdreiecks-Matrix $\underline{H}_m$ durchzuführen, auf deren verschiedene Verfahren im Kapitel 4 eingegangen wird.

Die Matrixstruktur vereinfacht sich für symmetrische Matrizen, also wenn $\underline{A}^T = \underline{A}$ ist:

$$\underline{H}_m^T = \left(\underline{V}_m^T \underline{A} \, \underline{V}_m \right)^T = \underline{V}_m^T \underline{A}^T \underline{V}_m = \underline{V}_m^T \underline{A} \, \underline{V}_m = \underline{H}_m \quad \Rightarrow \quad h_{jk} = h_{kj}. \tag{3.17}$$

Wegen (3.10) gilt dann auch

$$h_{jk} = 0 \quad \text{für} \quad j < k - 1, \tag{3.18}$$

d. h., dass $\underline{H}_m$ eine Tridiagonalmatrix mit einer Haupt- und zwei Nebendiagonalen ist, welche im Vergleich zu Hessenberg-Matrix weitere Vorteile speziell bei der Inversion bietet.

Um die Vorteile der Tridiagonalstruktur auch bei nichtsymmetrischen Matrizen nutzen zu können, werden anstelle des Ansatzes (3.6), für den auch $\underline{A}\,\underline{v}_k = \sum_{i=1}^{k+1} h_{ik}\underline{v}_i$ geschrieben werden kann, folgende Gleichungen zur Konstruktion von zwei Basissystemen aufgestellt:

$$\underline{A}\,\underline{v}_k = \sum_{i=k-1}^{k+1} h_{ik}\underline{v}_i \quad \text{für} \quad k > 0 \quad \text{mit} \quad \underline{v}_0 = \underline{0} \quad \text{und} \quad \underline{v}_1 = \frac{\underline{r}_0}{|\underline{r}_0|}, \tag{3.19}$$

$$\underline{A}^T \underline{w}_k = \sum_{i=k-1}^{k+1} h_{ki}\underline{w}_i \quad \text{für} \quad k > 0 \quad \text{mit} \quad \underline{w}_0 = \underline{0} \quad \text{und} \quad \underline{w}_1 = \frac{\underline{r}_0}{|\underline{r}_0|}. \tag{3.20}$$

Hierbei wurde der Ansatz (3.14) für beide Systeme übernommen. In Analogie zu (3.9) wird

$$h_{jk} = \underline{w}_j^T \underline{A}\, \underline{v}_k \quad \text{für} \quad 1 \le j, \; k \le m \tag{3.21}$$

gesetzt. Es wird bewiesen, dass die Vektoren $\underline{v}_k$ und $\underline{w}_j$ biorthonormal sind, d. h., dass für sie gilt:

$$\underline{w}_j^T \underline{v}_k = \underline{v}_j^T \underline{w}_k = \delta_{jk}. \tag{3.22}$$

Offensichtlich ist (3.22) für $j = k = 1$ zutreffend. Es bleibt mittels vollständiger Induktion zu zeigen, dass dies auch für $k+1$ und $1 \leq j \leq k+1$ zutrifft, wenn (3.22) für $1 \leq j \leq k$ erfüllt wird. Durch Umstellen der Gleichung (3.19) nach $\underline{v}_{k+1}$ und Multiplikation mit $\underline{w}_j^{\mathrm{T}}$ erhält man

$$\underline{w}_j^{\mathrm{T}}\underline{v}_{k+1} = \frac{1}{h_{(k+1)k}} \left(\underline{w}_j^{\mathrm{T}}\underline{A}\,\underline{v}_k - \sum_{i=k-1}^{k} h_{ik}\underline{w}_j^{\mathrm{T}}\underline{v}_i \right) = \frac{1}{h_{(k+1)k}} \left(h_{jk} - \sum_{i=k-1}^{k} h_{ik}\delta_{ji} \right) \quad (3.23)$$

$$\Rightarrow \quad \underline{w}_j^{\mathrm{T}}\underline{v}_{k+1} = 0 \text{ für } k-1 \leq j \leq k \quad \text{und} \quad \underline{w}_j^{\mathrm{T}}\underline{v}_{k+1} = \frac{h_{jk}}{h_{(k+1)k}} \text{ für } j < k-1. \quad (3.24)$$

Durch Transponieren von (3.21) und Einsetzen von (3.20) ergibt sich für $j < k-1$:

$$h_{jk} = \underline{v}_k^{\mathrm{T}}\underline{A}^{\mathrm{T}}\underline{w}_j = \underline{v}_k^{\mathrm{T}} \cdot \sum_{i=j-1}^{j+1} h_{ji}\underline{w}_i = \sum_{i=j-1}^{j+1} h_{ji}\underline{w}_i^{\mathrm{T}}\underline{v}_k$$

$$= \sum_{i=j-1}^{j+1} h_{ji}\delta_{ik} = 0, \quad \text{da } k > j+1 \geq i \quad (3.25)$$

$$\Rightarrow \quad \underline{w}_j^{\mathrm{T}}\underline{v}_{k+1} = 0 \quad \text{für } j \leq k. \quad (3.26)$$

Wird nun Gleichung (3.20) nach $\underline{w}_{k+1}$ umgestellt und mit $\underline{v}_j^{\mathrm{T}}$ multipliziert, erhält man

$$\underline{v}_j^{\mathrm{T}}\underline{w}_{k+1} = \frac{1}{h_{k(k+1)}} \left(\underline{v}_j^{\mathrm{T}}\underline{A}^{\mathrm{T}}\underline{w}_k - \sum_{i=k-1}^{k} h_{ki}\underline{v}_j^{\mathrm{T}}\underline{w}_i \right) = \frac{1}{h_{k(k+1)}} \left(h_{kj} - \sum_{i=k-1}^{k} h_{ki}\delta_{ji} \right) \quad (3.27)$$

$$\Rightarrow \quad \underline{v}_j^{\mathrm{T}}\underline{w}_{k+1} = 0 \text{ für } k-1 \leq j \leq k \quad \text{und} \quad \underline{v}_j^{\mathrm{T}}\underline{w}_{k+1} = \frac{h_{kj}}{h_{k(k+1)}} \text{ für } j < k-1. \quad (3.28)$$

Aus (3.21) folgt mit (3.19) für $j < k-1$

$$h_{kj} = \underline{w}_k^{\mathrm{T}}\underline{A}\,\underline{v}_j = \underline{w}_k^{\mathrm{T}} \cdot \sum_{i=j-1}^{j+1} h_{ij}\underline{v}_i = \sum_{i=j-1}^{j+1} h_{ij}\underline{v}_i^{\mathrm{T}}\underline{w}_k$$

$$= \sum_{i=j-1}^{j+1} h_{ij}\delta_{ik} = 0, \quad \text{da } i \leq j+1 < k \quad (3.29)$$

$$\Rightarrow \quad \underline{v}_j^{\mathrm{T}}\underline{w}_{k+1} = 0 \quad \text{für } j \leq k. \quad (3.30)$$

Für $j = k+1$ ergibt sich gemäß (3.21) bei Verwendung von (3.30) und (3.19)

$$h_{(k+1)k} = \underline{w}_{k+1}^{\mathrm{T}}\underline{A}\,\underline{v}_k = \underline{w}_{k+1}^{\mathrm{T}} \cdot \left(\underline{A}\,\underline{v}_k - \sum_{i=k-1}^{k} h_{ik}\underline{v}_i \right) = h_{(k+1)k}\underline{w}_{k+1}^{\mathrm{T}}\underline{v}_{k+1}$$

$$\Rightarrow \quad \underline{w}_{k+1}^{\mathrm{T}}\underline{v}_{k+1} = 1. \quad (3.31)$$

Die linke Gleichung in (3.31) wird auch von $h_{(k+1)k} = 0$ erfüllt. Diese Lösung bedeutet aber, dass $\underline{w}_{k+1} \perp \underline{A}\,\underline{v}_k$, und stellt damit einen Sonderfall dar, bei dem die Matrix $\underline{H}$

die Struktur einer Dreicksmatrix mit einer Haupt- und einer oberen Nebendiagonalen aufweist. Bei der Gleichung (3.19) zur Erzeugung eines Basissystems wird jedoch vorausgesetzt, dass $h_{(k+1)k}$ beliebige Werte $\neq 0$ annimmt, so dass diese spezielle Einzellösung für (3.31) nicht in Betracht kommt.

Mit den Gleichungen (3.26), (3.30) und (3.31) ist also bewiesen, dass die Vektoren $\underline{v}_k$ und $\underline{w}_j$ biorthonormal sind. Als nächstes wird bewiesen, dass biorthonormale Vektoren linear unabhängig sind. Für die lineare Unabhängigkeit der Vektoren $\underline{v}_k$ gilt die Bedingung

$$\sum c_k \underline{v}_k = \underline{0} \quad \Leftrightarrow \quad c_k = 0 \quad \text{für alle } k .$$

Multiplikation der linken Gleichung mit $\underline{w}_j^{\mathrm{T}}$ und Einsetzen von (3.22) ergibt

$$\sum c_k \cdot \underline{w}_j^{\mathrm{T}} \underline{v}_k = \sum c_k \cdot \delta_{jk} = c_j = \underline{w}_j^{\mathrm{T}} \cdot \underline{0} = 0 , \quad \text{also} \quad c_j = 0 \quad \text{für alle } j .$$

Analog ist der Beweis für alle $\underline{w}_k$ zu führen. So erhält man das gewünschte Resultat, dass die durch (3.19) und (3.20) generierten Basissysteme biorthonormal und daher auch linear unabhängig sind, womit sie die Grundanforderung an Basisvektoren tatsächlich erfüllen.

Dass die Basisvektoren Elemente von Krylovräumen sind, kann durch vollständige Induktion bewiesen werden:

Es wird angenommen, dass $\underline{v}_j \in K^{(j-1)}$, also $\underline{v}_j = P_{j-1}(\underline{A})\underline{r}_0$ für $1 \leq j \leq k$ richtig ist. Dann gilt

$$\underline{v}_{k+1} = \frac{1}{h_{(k+1)j}} \left(\underline{A}\,\underline{v}_k - \sum_{i=k-1}^{k} h_{ik}\underline{v}_i \right)$$

$$= \frac{1}{h_{(k+1)k}} \left((\underline{A} - h_{kk} \cdot \underline{I})P_{k-1}(\underline{A}) - h_{(k-1)k}P_{k-2}(\underline{A}) \right) \underline{r}_0 = P_k(\underline{A})\underline{r}_0$$

$$\Rightarrow \quad \underline{v}_{k+1} \in K^k , \quad \text{und somit} \quad \underline{v}_j \in K^{(j-1)} \quad \text{für} \quad 1 \leq j \leq k+1 .$$

Da wegen (3.19) $\underline{v}_1 = P_0(\underline{A})\underline{r}_0$ und $\underline{v}_2 = P_1(\underline{A})\underline{r}_0$ gilt, ist $\underline{v}_j \in K^{(j-1)}$ für jedes j richtig. Der Beweis für $\underline{w}_k$ ist hierzu völlig analog zu führen.

Mit (3.25) und (3.29) wurde gezeigt, dass $h_{jk} = 0$ für $j < k-1$ und für $j > k+1$. Damit wird belegt, dass $\underline{H}_m$ eine Tridiagonalmatrix ist, wenn die Konstruktion der Basisvektoren mittels (3.19) und (3.20) erfolgt. Zwischen den Elementen der Tridiagonalmatrix $h_{(k-1)k}$ und $h_{k(k-1)}$ besteht folgender Zusammenhang:

Mit den Definitionen

$$\underline{z}_{vk} = h_{(k+1)k}\underline{v}_{k+1} = \underline{A}\,\underline{v}_k - \sum_{i=k-1}^{k} h_{ik}\underline{v}_i ; \quad \underline{z}_{wk} = h_{k(k+1)}\underline{w}_{k+1} = \underline{A}^{\mathrm{T}}\underline{w}_k - \sum_{i=k-1}^{k} h_{ki}\underline{w}_i \quad (3.32)$$

ergibt sich wegen (3.31):

$$\underline{z}_{wk}^{\mathrm{T}}\underline{z}_{vk} = \left(h_{k(k+1)}\underline{w}_{k+1}^{\mathrm{T}} \right) \left(h_{(k+1)k}\underline{v}_{k+1} \right) = h_{k(k+1)}h_{(k+1)k}$$

$$\Rightarrow \quad h_{k(k+1)} = \frac{1}{h_{(k+1)k}}\underline{z}_{wk}^{\mathrm{T}}\underline{z}_{vk} . \tag{3.33}$$

Hierin ist $h_{(k+1)k}$ frei wählbar. Durch die Zuweisung eines bestimmten Wertes wird auch $\underline{v}_{k+1}$ endgültig festgelegt. Damit aber alle Basisvektoren biorthonormal sind, muss (3.33) erfüllt werden. Damit ist die Länge von $\underline{w}_{k+1}$ abhängig von der Länge des Vektors $\underline{v}_{k+1} = \underline{z}_{vk}/h_{(k+1)k}$. Im Fall, dass $\underline{z}_{wk}^{\mathrm{T}}\underline{z}_{vk} > 0$ ist, bietet sich folgende Festlegung an: $h_{(k+1)k} = \sqrt{\underline{z}_{wk}^{\mathrm{T}}\underline{z}_{vk}}$. Wegen (3.33) ergibt sich hierbei $h_{(k+1)k} = h_{k(k+1)}$, d. h., die Tridiagonalmatrix ist symmetrisch. Damit die Definitionsgleichung auch bei negativem Vektorprodukt genutzt werden kann, wird endgültig

$$h_{(k+1)k} = \left(\left|\underline{z}_{wk}^{\mathrm{T}}\underline{z}_{vk}\right|\right)^{\frac{1}{2}} \tag{3.34}$$

festgelegt. Mit (3.33) und (3.34) erhält man für die Basisvektoren

$$\underline{v}_{k+1} = \frac{\underline{z}_{vk}}{h_{(k+1)k}} \quad \text{und} \quad \underline{w}_{k+1} = \frac{\underline{z}_{wk}}{h_{k(k+1)}} \ . \tag{3.35}$$

Die Gleichungen (3.6) bis (3.18) bilden die Grundlage für den Arnoldi-Algorithmus, die Gleichungen (3.19) bis (3.31) die Grundlage für den Bi-Lanczos-Algorithmus. Beide Verfahren dienen dem Zweck, für das Matrizenprodukt in (3.4) eine möglichst günstige Struktur für die Inversion zu erzeugen, d. h. $\underline{H}_m = \underline{W}_m^{\mathrm{T}}\underline{A}\,\underline{V}_m$ in Fastdreiecks- oder in Tridiagonalform zu überführen. Damit wird der Iterationsprozess effizienter, bei dem in jedem Schritt die Gleichung

$$\underline{x}_m = \underline{x}_0 + \underline{V}_m(\underline{H}_m)^{-1}\underline{W}_m^{\mathrm{T}}\underline{r}_0 \tag{3.36}$$

neu zu berechnen ist. Die Optimierungsbedingung (2.11) bzw. die hieraus resultierende Orthogonalitätsbedingung (3.3) wird bei dieser Iterationsgleichung erfüllt, wie dies bei der Herleitung von (3.4) gezeigt wurde. Die Optimierungsbedingung (2.2) wird aber auch direkt erfüllt, wenn mit Verwendung von (2.1), (3.1) und (3.14) die Forderung

$$\underline{r}_m = \underline{b} - \underline{A}\,\underline{x}_m = \underline{b} - \underline{A}\,\underline{x}_0 - \underline{A}\,\underline{V}_m \cdot \underline{\alpha}_m = \underline{r}_0 - \underline{A}\,\underline{V}_m \cdot \underline{\alpha}_m = \underline{0}$$

$$\Rightarrow \quad \underline{A}\,\underline{V}_m \cdot \underline{\alpha}_m = \underline{r}_0 = |\underline{r}_0| \cdot \underline{v}_1 \tag{3.37}$$

befriedigt wird. Erweitert man die quadratische Hessenberg-Matrix $\underline{H}_m^{[m,m]}$ um eine weitere Zeile mit den Zuordnungen

$$\left(\underline{H}_m^{[m+1,m]}\right)_{(m+1)\,m} = h_{(m+1)\,m} \quad \text{und} \quad \left(\underline{H}_m^{[m+1,m]}\right)_{(m+1)k} = 0 \quad \text{für } k < m \text{ sowie} \tag{3.38}$$

$$\left(\underline{H}_m^{[m+1,m]}\right)_{jk} = \left(\underline{H}_m^{[m,m]}\right)_{jk} \quad \text{für } j \leq m \text{ und } 1 \leq k \leq m \ ,$$

so gilt wegen der Konstruktionsvorschrift (3.6) für das Basissystem

$$\underline{A}\,\underline{v}_k = \underline{V}_{m+1}^{[n,m+1]} \cdot \begin{bmatrix} h_{1k} & h_{2k} & \cdots & h_{(k+1)k} & 0 & \cdots & 0 \end{bmatrix}^{\mathrm{T}} \quad \text{für } 1 \leq k \leq m$$

$$\Rightarrow \quad \underline{A}\,\underline{V}_m^{[n,m]} = \underline{V}_{m+1}^{[n,m+1]}\,\underline{H}_m^{[m+1,m]} \ . \tag{3.39}$$

Einsetzen von (3.39) in (3.37) ergibt wegen (3.9)

$$\underline{V}_{m+1}^{[n,m+1]}\,\underline{H}_m^{[m+1,m]} \cdot \underline{\alpha}_m = |\underline{r}_0| \cdot \underline{v}_1 \quad \Rightarrow \quad \underline{V}_{m+1}^{\mathrm{T}}\underline{V}_{m+1}\,\underline{H}_m^{[m+1,m]} \cdot \underline{\alpha}_m = |\underline{r}_0| \cdot \underline{V}_{m+1}^{\mathrm{T}}\underline{v}_1$$

$$\Rightarrow \quad \underline{H}_m^{[m+1,m]} \cdot \underline{\alpha}_m = |\underline{r}_0| \cdot \underline{e}_1^{[m+1]} \ . \tag{3.40}$$

Die Auflösung nach $\underline{\alpha}_m$ verlangt nach einer geeigneten Methode für die Inversion von Matrizen mit der Struktur einer Hessenberg-Matrix oder Tridiagonalmatrix. Diesem Thema ist daher das nachfolgende Kapitel 4 gewidmet.

Die im Kapitel 5 hergeleiteten Verfahren wurzeln im Wesentlichen auf Algorithmen von Arnoldi und Lanczos zur Ermittlung eines Basissystems, das einen Krylov-Unterraum aufspannt. Der Arnoldi-Algorithmus soll an dieser Stelle bei Verwendung obiger Gleichungen gezeigt werden:

$\underline{v}_1 := \dfrac{\underline{r}_0}{\|\underline{r}_0\|}$; $\quad j = 0$	s. (3.14)

$j := j + 1$
für $i = 1, \ldots, j$
$h_{ij} := \underline{v}_i^T \underline{A}\, \underline{v}_j$ s. (3.8)

$$\underline{z}_j := \underline{A}\,\underline{v}_j - \sum_{i=1}^{j} h_{ij}\underline{v}_i \; ; \quad h_{(j+1)j} := |\underline{z}_j| \qquad \text{s. (3.6), (3.7)}$$

$h_{(j+1)j} = 0$

n   j

$\underline{v}_{j+1} = \dfrac{\underline{z}_j}{h_{(j+1)j}}$ $\underline{v}_{j+1} = \underline{0}$ s. (3.7)

Ende

Arnoldi-Algorithmus

Mit dem Berechnungsergebnis $h_{(m+1)m} = 0$ wird der Arnoldi-Algorithmus im Iterationsschritt $j = m$ beendet. Werden direkt anschließend die Gleichungen (3.16) ausgewertet, spricht man von der Full Orthogonalization Method (FOM). Hierbei können sich Rundungsfehler jedoch so stark auf das Endergebnis auswirken, dass entweder der Arnoldi-Algorithmus keinen Abschluss findet oder das Residuum vom letzten Iterationsschritt $|\underline{r}_m|$ einen zulässigen Toleranzwert weiterhin überschreitet. Unter anderem führen die Rundungsfehler auch dazu, dass die Basisvektoren die Orthogonalitätsbedingung nicht erfüllen. Zur Dämpfung dieses Effekts ersetzt man die innere Schleife durch

$\underline{z}_j := \underline{A}\,\underline{v}_j$
für $i = 1, \ldots, j$
$h_{ij} := \underline{v}_i^T \underline{A}\, \underline{v}_j$
$\underline{z}_j := \underline{z}_j - h_{ij}\underline{v}_i$

Trotz dieser Maßnahmen sind immer noch inakzeptable Abweichungen von der exakten Lösung möglich. Ein weiterer Verbesserungsversuch besteht darin, anstelle des zu

Beginn willkürlich festgesetzten Anfangswerts für $\underline{x}_0$ nun den zuletzt berechneten Näherungsvektor $\underline{x}_m$ als Startvektor für den erneuten Durchlauf des gesamten Verfahrens heranzuziehen. Man nennt diese Variante die Restarted Version der Full Orthogonalization Method, kurzum Restarted FOM. Hierbei werden die Operationsschritte in der dargestellten Abfolge durchlaufen:

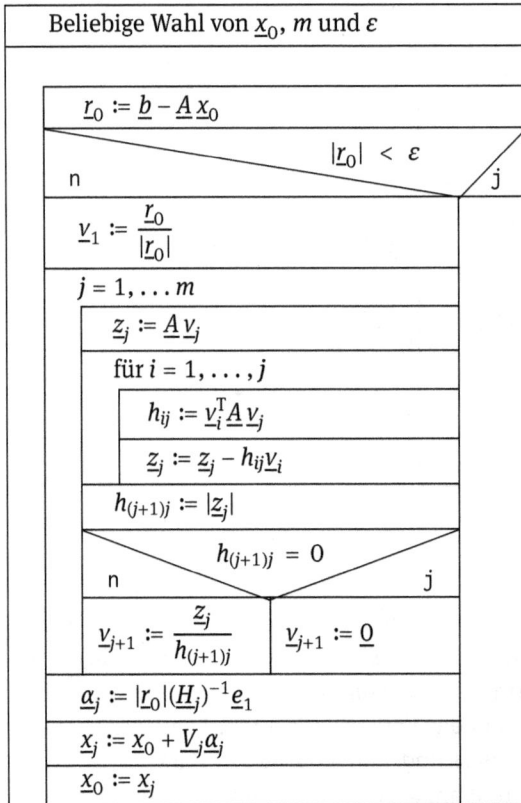

Restarted FOM

Zur Vervollständigung des Verfahrens muss noch die Inverse von $\underline{H}_j$ ermittelt werden. Beim GMRES-Verfahren in Abschnitt 5.1 wird gezeigt, wie mit Anwendung des Givens-Algorithmus das Problem gelöst werden kann.

Während der Arnoldi-Algorithmus aus der Optimierungsbedingung (2.11) resultiert, basiert das Verfahren der konjugierten Gradienten für symmetrische, positiv definite Matrizen auf der Optimierungsbedingung (2.15) und der hiermit verknüpften Beziehung (2.16). Die Suchrichtung $\underline{y}_m$ ist hierbei frei wählbar und kann z. B. folgendermaßen festgelegt werden:

$$\underline{y}_0 = \underline{r}_0\,; \quad \underline{y}_m = \underline{r}_m + \sum_{k=0}^{m-1} c_k \cdot \underline{y}_k \quad \text{für} \quad m > 0\,. \tag{3.41}$$

Hiermit gilt $Q_2(\underline{x}_{m+1}) = Q_2(\underline{x}_m + \lambda_m \cdot \underline{y}_m) \le Q_2(\underline{x}_m + \lambda \cdot \underline{y}_m)$ mit $\lambda \in \mathbb{R}$ und λ_m gemäß (2.16).

Nach (3.41) ist $\underline{y}_m$ ein Vektor in einem Raum, der von den vorausgehenden Suchvektoren $\underline{y}_k$ für $k = 1, \dots, m-1$ aufgespannt wird, d. h. $\underline{y}_m \in U$ mit $U = \mathrm{span}\{\underline{y}_0, \underline{y}_1, \dots, \underline{y}_{m-1}\}$. Definiert man mit $\underline{u}$ einen beliebigen Vektor im Raum U, so nennt man den Vektor $\underline{x}$ optimal bezüglich eines Unterraums $U \subset \mathbb{R}^n$, wenn $Q_2(\underline{x}) \le Q_2(\underline{x} + \underline{u})$ für die Gesamtheit aller $\underline{u}$ erfüllt wird. Dazu muss der Unterraum über entsprechende Wahl der c_k so konstruiert werden, dass

$$\lim_{\lambda \to 0} \frac{\mathrm{d}}{\mathrm{d}\lambda} Q_2(\underline{x} + \lambda \cdot \underline{u}) = 0 . \tag{3.42}$$

Diese Vorgehensweise entspricht der in Kapitel 2 und analog zur Herleitung von (2.15) folgt aus Gleichung (3.42) die Bedingung für den Unterraum U:

$$\underline{r} \perp \underline{u} \quad \text{bzw.} \quad (\underline{A}\,\underline{x} - \underline{b})^{\mathrm{T}} \cdot \underline{u} = 0 .$$

Mit y als Vektor, der ebenfalls im Unterraum U liegt, gilt für die Optimalität des Summenvektors $(\underline{x} + \underline{y})$ in Bezug auf den Unterraum U die Bedingung $(\underline{A}(\underline{x} + \underline{y}) - \underline{b})^{\mathrm{T}} \cdot \underline{u} = 0$. Unterstellt man, dass $\underline{x}$ optimal bezüglich U ist, folgt hieraus als Bedingung für die Optimalität des Summenvektors $\underline{A}\,\underline{y} \perp \underline{u}$, d. h. also $\underline{A}\,\underline{y} \perp \underline{y}_k$ für $k = 0, \dots, m-1$. Für die Suchrichtung im m-ten Iterationsschritt bedeutet dies:

$$\underline{y}_k^{\mathrm{T}} \underline{A}\,\underline{y}_m = 0 \quad \text{für} \quad k \ne m . \tag{3.43}$$

Verwendet man diese Optimalitätsbedingung, welche auch als A-Orthogonalität bezeichnet wird, in der mit $(\underline{A}\,\underline{y}_k)$ faktorisierten Gleichung (3.41), erhält man für $k \ne m$

$$0 = \underline{y}_k^{\mathrm{T}} \underline{A}\,\underline{y}_m = \underline{y}_k^{\mathrm{T}} \underline{A}\,\underline{r}_m + \sum_{j=1}^{m-1} c_j \cdot \underline{y}_k^{\mathrm{T}} \underline{A}\,\underline{y}_j = \underline{y}_k^{\mathrm{T}} \underline{A}\,\underline{r}_m + c_k \cdot \underline{y}_k^{\mathrm{T}} \underline{A}\,\underline{y}_k$$

$$\Rightarrow \quad c_k = -\frac{\underline{y}_k^{\mathrm{T}} \underline{A}\,\underline{r}_m}{\underline{y}_k^{\mathrm{T}} \underline{A}\,\underline{y}_k} . \tag{3.44}$$

Mit (2.16), den Rekursionsformeln $\underline{x}_{m+1} = \underline{x}_m + \lambda_m \cdot \underline{y}_m$ und $\underline{r}_{m+1} = \underline{r}_m - \lambda_m \cdot \underline{A}\,\underline{y}_m$ sowie (3.41) für $m+1$ bei Verwendung von (3.44) ist die Grundlage für das Verfahren der konjugierten Gradienten gegeben. Zwecks Vereinfachung der Berechnung von $\underline{y}_{m+1}$ können (2.16) und (3.44) noch modifiziert werden. Hierauf wird allerdings nicht weiter eingegangen, da das Endergebnis auch auf andere Weise hergeleitet werden kann. Dieser Weg wird in Abschnitt 5.3 beschrieben.

Bei symmetrischen Matrizen kann der Arnoldi-Algorithmus vereinfacht werden. Für diesen Fall ergibt sich aus (3.6) und (3.7) mit (3.17), (3.18) und (3.9)

$$\underline{z}_k = h_{(k+1)k}\underline{v}_{k+1} = \underline{A}\,\underline{v}_k - h_{(k-1)k}\underline{v}_{k-1} - h_{kk}\underline{v}_k = \underline{A}\,\underline{v}_k - h_{(k-1)k}\underline{v}_{k-1} - \underline{v}_k^{\mathrm{T}}(\underline{A}\,\underline{v}_k - h_{(k-1)k}\underline{v}_{k-1})\,\underline{v}_k .$$

Mit

$$\underline{y}_k = \underline{A}\,\underline{v}_k - h_{(k-1)k}\underline{v}_{k-1} \quad \text{folgt} \quad \underline{z}_k = \underline{y}_k - \left(\underline{v}_k^{\mathsf{T}}\underline{y}_k\right)\underline{v}_k \quad \text{und} \quad \underline{v}_{k+1} = \frac{\underline{z}_k}{|\underline{z}_k|} \quad \text{sowie}$$

$$h_{(k-1)k} = h_{k(k-1)} \quad \text{und} \quad h_{(k+1)k} = |\underline{z}_k|\,.$$

Diese fünf letzten Gleichungen sind Basis für den Lanczos-Algorithmus gemäß dem nächsten Ablaufdiagramm [6].

Die obigen Gleichungen können ergänzt werden um die aus (5.6) und (5.8) abgeleiteten Beziehungen (s. Abschnitt 5.2)

$$\underline{x}_k = \underline{x}_{k-1} + \Lambda_k \cdot \underline{u}_k \quad \text{und} \quad \underline{u}_k = \frac{1}{c_{kk}}\left(\underline{v}_k - h_{(k-1)k} \cdot \underline{u}_{k-1}\right)$$

$$\text{sowie gemäß (5.9) um} \quad \Lambda_k = -b_{k(k-1)} \cdot \Lambda_{k-1}\,.$$

Da im vorliegenden Fall die Matrix $\underline{H}_k$ Tridiagonalstruktur besitzt und symmetrisch ist, folgt nach Abschnitt 4.7:

$$c_{11} = h_{11}\,; \quad b_{k(k-1)} = \frac{h_{(k-1)k}}{c_{(k-1)(k-1)}}\,; \quad c_{kk} = h_{kk} - b_{k(k-1)} \cdot h_{(k-1)k} \quad \text{für} \quad k > 1\,.$$

Die Ergänzung des Lanczos-Algorithmus um diese Beziehungen führt zum Direct-Lanczos-Algorithmus (D-Lanczos-Algorithmus), dessen Ablauf im Blockdiagramm unten dargestellt ist [6].

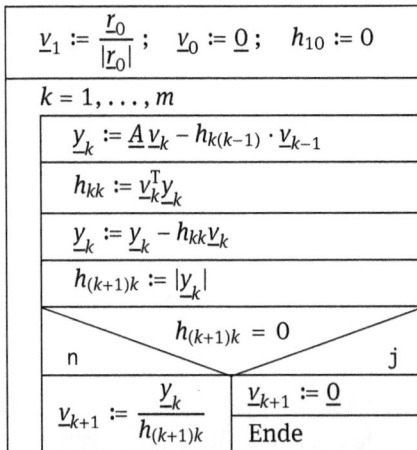

Lanczos-Algorithmus

$h_{10} := b_{10} := 0 \; ; \quad \Lambda_1 = \lvert \underline{r}_0 \rvert \; ; \quad k := 1$
$\underline{v}_1 := \dfrac{\underline{r}_0}{\lvert \underline{r}_0 \rvert} \; ; \quad \underline{u}_0 := \underline{v}_0 := \underline{0}$

$\underline{y}_k := \underline{A}\,\underline{v}_k - h_{k(k-1)} \cdot \underline{v}_{k-1}$		
$h_{kk} := \underline{v}_k^{\mathrm{T}} \underline{y}_k$		

$k > 1$	
j	n
$b_{k(k-1)} := \dfrac{h_{k(k-1)}}{c_{(k-1)(k-1)}}$	
$\Lambda_k := -b_{k(k-1)} \cdot \Lambda_{k-1}$	
$c_{kk} := h_{kk} - b_{k(k-1)} \cdot h_{k(k-1)}$	
$\underline{u}_k := \dfrac{1}{c_{kk}}(\underline{v}_k - h_{k(k-1)} \cdot \underline{u}_{k-1})$	
$\underline{x}_k := \underline{x}_{k-1} + \Lambda_k \cdot \underline{u}_k$	

$\lvert \underline{b} - \underline{A}\,\underline{x}_k \rvert > \varepsilon$	
j	n
$\underline{y}_k := \underline{y}_k - h_{kk}\underline{v}_k$	
$h_{(k+1)k} := \lvert \underline{y}_k \rvert$	

$h_{(k+1)k} := 0$	
n	j
$\underline{v}_{k+1} := \dfrac{\underline{y}_k}{h_{(k+1)k}}$	$\underline{v}_{k+1} := \underline{0}$
$k := k + 1$	Ende

D-Lanczos-Algorithmus

4 Lösung einer linearen Matrizengleichung mit direkten Verfahren

Die in Kapitel 2 beschriebenen Ansätze zur Lösung einer linearen Matrizengleichung mittels iterativer Verfahren gehören zu den modernen Ergebnissen in diesem mathematischen Teilgebiet. Davor wurden bereits direkte Verfahren entwickelt, wobei der Gauß-Algorithmus das älteste und bekannteste ist. Sämtliche direkten Verfahren laufen auf eine Zerlegung der Matrix $\underline{A}$ in ein Matrizenprodukt hinaus, dessen Faktoren unitär sind oder Dreiecksform aufweisen:

$$\underline{A}\,\underline{x} = \underline{b} \quad \text{mit} \quad \underline{A} = \underline{B}\,\underline{C} \quad \Rightarrow \quad \underline{C}\,\underline{x} = \underline{y} \quad \text{und} \quad \underline{B}\,\underline{y} = \underline{b}\,. \tag{4.1}$$

Ist $\underline{C}$ eine Dreiecksmatrix, in der die obere Hälfte Elemente $\neq 0$ aufweist, kann der Lösungsvektor $\underline{x}$ einfach aus dem Zwischenergebnis $\underline{y}$ ermittelt werden, indem die Auflösung mit der letzten Zeile beginnt und sukzessive zu den niedrigeren Zeilen voranschreitet (Rückwärtselimination). Auf ähnliche Weise kann zuvor der Zwischenvektor $\underline{y}$ aus $\underline{B}$ und $\underline{b}$ ermittelt werden, wenn $\underline{B}$ beispielsweise eine untere Dreiecksmatrix ist, wobei die Auflösung mit der ersten Zeile beginnt (Vorwärtselimination). Diese Matrixstruktur liegt z. B. den Algorithmen von Gauß und Cholesky zugrunde. Die Berechnung von $\underline{y}$ ist aber auch dann unproblematisch, wenn $\underline{B}$ keine Dreiecksmatrix, sondern eine unitäre Matrix ist. In diesem Fall gilt $\underline{y} = \underline{B}^{\mathrm{T}}\underline{b}$. Hierauf beruhende Verfahren sind nach ihren Entwicklern Gram-Schmidt, Givens und Householder benannt. Grundsätzlich kann eine lineare Matrizengleichung mit allen direkten Verfahren komplett gelöst werden. Die in Kapitel 3 angesprochenen iterativen Verfahren haben dem gegenüber aber den Vorteil, dass lediglich eine Nebendiagonale mittels direkter Verfahren eliminiert werden muss. Ob ein iteratives Verfahren insgesamt effizienter, d. h. schneller und genauer, im Vergleich zu einem direkten Verfahren ist, hängt u. a. davon ab, wie aufwendig die Generierung von Basisräumen ist und wie viele Iterationsschritte bis zu einem zufriedenstellenden Ergebnis erforderlich sind. Ein anderes Merkmal für die Effizienz ist die Anforderung an das Speichervolumen bei der Ausführung der Algorithmen auf einem Rechnersystem. Vergleichsbetrachtungen hierzu sind einem abschließenden Kapitel vorbehalten.

4.1 Gauß'scher Algorithmus

Da dieser Algorithmus mit der bekannteste ist und entsprechende Würdigung in der mathematischen Literatur erfährt (s. auch [5]), soll an dieser Stelle nur auf das Wesentliche eingegangen werden. Das Gaußverfahren ist gekennzeichnet durch die Zerlegung in zwei Dreiecksmatrizen $\underline{B}$ und $\underline{C}$ entsprechend (4.1) mit folgenden Ei-

https://doi.org/10.1515/9783110644173-004

genschaften:

$$b_{jk} = c_{kj} = 0 \quad \text{für} \quad 1 \le j < k \le n \quad \text{und} \quad b_{kk} = 1 \quad \text{für} \quad 1 \le k \le n. \quad (4.2)$$

Wegen der Anordnung der Nicht-Null-Elemente in einem unteren (low) und einem oberen (up) Dreieck hat sich in der mathematischen Literatur der Begriff LU-Zerlegung durchgesetzt, wobei $\underline{B} = \underline{L}$ und $\underline{C} = \underline{U}$ gleichzusetzen sind. Gelegentlich findet sich auch die Schreibweise LR-Zerlegung wieder. Um eine Verwechselungsgefahr mit unitären Matrizen später zu vermeiden, soll die oben eingeführte Bezeichnung für die beiden Zerlegungsmatrizen beibehalten werden. Mit der Festlegung (4.2) folgt gemäß (4.1) für die Matrixzerlegung

$$a_{jk} = \sum_{i=1}^{\min(j,k)} b_{ji} \cdot c_{ik}$$

$$\Rightarrow \quad a_{jk} = \sum_{i=1}^{j} b_{ji} \cdot c_{ik} \quad \text{für} \quad j \le k \quad \text{und} \quad a_{jk} = \sum_{i=1}^{k} b_{ji} \cdot c_{ik} \quad \text{für} \quad j > k$$

$$\Rightarrow \quad c_{1k} = a_{1k}; \quad c_{jk} = a_{jk} - \sum_{i=1}^{j-1} b_{ji} \cdot c_{ik} \quad \text{für} \quad k = 1, \dots, n \quad \text{und} \quad j = 2, \dots, k \quad (4.3)$$

$$b_{k1} = \frac{a_{k1}}{c_{11}}; \quad b_{jk} = \frac{1}{c_{kk}} \cdot \left(a_{jk} - \sum_{i=1}^{k-1} b_{ji} \cdot c_{ik} \right)$$

$$\text{für} \quad k = 2, \dots, n \quad \text{und} \quad j = k+1, \dots, n \quad (4.4)$$

und für die Vorwärtselimination

$$y_k + \sum_{i=1}^{k-1} b_{ki} y_i = b_k \quad \Rightarrow \quad y_1 = b_1; \quad y_k = b_k - \sum_{i=1}^{k-1} b_{ki} y_i \quad \text{für} \quad k = 2, \dots, n \quad (4.5)$$

sowie für die Rückwärtselimination

$$\sum_{i=k}^{n} c_{ki} x_i = y_k \quad \Rightarrow \quad x_n = \frac{y_n}{c_{nn}}; \quad x_k = \frac{1}{c_{kk}} \left(y_k - \sum_{i=k+1}^{n} c_{ki} x_i \right) \quad (4.6)$$

$$\text{für} \quad k = n-1, \dots 2, 1.$$

Wegen der Divisionen in (4.4) und (4.6) ist bei diesem Algorithmus zu prüfen, ob $c_{kk} \ne 0$ ist. Trifft dies nicht zu, muss eine Umstellung von Zeilen und Spalten vorgenommen werden, wobei bestimmte Kriterien zu beachten sind, die verhindern sollen, dass unvermeidliche Rundungsfehler zu nicht tolerierbaren Abweichungen vom richtigen Ergebnis führen. Diese mit dem Begriff Pivotisierung bezeichnete Vorgehensweise ist auch sinnvoll bei von Null abweichenden Werten anzuwenden. Sie soll aber hier aus eingangs erwähntem Grund nicht weiter vertieft werden.

Die Abfolge der einzelnen Operationsschritte des Gauß-Algorithmus ist im Blockdiagramm unten aufgeführt. Sie beinhaltet keine Pivotisierung und nutzt die Bezeichnung der Matrixelemente von $\underline{A}$ zur Kennzeichnung der Speicherplätze. Wie hier zu sehen ist, werden die Ergebnisse der Zerlegung auf denselben Speicherplätzen abgelegt, die die Matrix $\underline{A}$ aufnehmen. Die obere Dreieckshälfte dient der Aufnahme der von 0 verschiedenen Elemente von $\underline{C}$, die untere Dreieckshälfte der von 0 verschiedenen Elemente von $\underline{B}$, wobei die aus 1-Elementen bestehende Hauptdiagonale nicht gespeichert werden muss. Dieses Verfahren ist somit besonders Speicherplatz sparend und erlaubt die Bearbeitung von im Verhältnis zum verfügbaren Speichervolumen sehr umfangreichen Gleichungssystemen. Wenn nach der Pivotisierung ein Diagonalelement den Wert 0 aufweist, ist die Systemmatrix singulär und das Verfahren wird beendet.

---

für $i = 1, \ldots, n - 1$

    für $j = i + 1, \ldots, n$

        $a_{ji} := \dfrac{a_{ji}}{a_{ii}}$

        für $k = i + 1, \ldots, n$

            $a_{jk} := a_{jk} - a_{ji} \cdot a_{ik}$

für $k = 2, \ldots, n$

    für $i = 1, \ldots, k - 1$

        $b_k := b_k - a_{ki} b_i$

für $k = n, \ldots, 1$

    für $i = k + 1, \ldots, n$

        $b_k := b_k - a_{ki} x_i$

$x_k := \dfrac{b_k}{a_{kk}}$

Gauß-Algorithmus (ohne Pivotisierung)

4.2 Cholesky-Verfahren

Für symmetrische Matrizen kann der Gauß-Algorithmus abgewandelt werden, da

$$\underline{A} = \underline{B}\,\underline{C} = \underline{A}^{\mathrm{T}} = \underline{C}^{\mathrm{T}}\underline{B}^{\mathrm{T}} \,. \qquad (4.7)$$

Dies legt den Ansatz $\underline{C} = \underline{B}^{\mathrm{T}}$ nahe, womit aus (4.7) folgt:

$$\underline{A} = \underline{C}^{\mathrm{T}}\underline{C} \qquad (4.8)$$

$$\Rightarrow \quad a_{jk} = \sum_{i=1}^{\min(j,k)} c_{ij} \cdot c_{ik} \quad \Rightarrow \quad a_{jk} = \sum_{i=1}^{k} c_{ij} \cdot c_{ik} \quad \text{für} \quad j \geq k$$

$$\Rightarrow \quad c_{1j} = \frac{a_{j1}}{c_{11}} ; \quad c_{kj} = \frac{1}{c_{kk}} \left(a_{jk} - \sum_{i=1}^{k-1} c_{ij} \cdot c_{ik} \right) \tag{4.9}$$

$$\text{für} \quad k = 2, \ldots, n-1 \quad \text{und} \quad j = k+1, \ldots, n$$

$$c_{11} = \sqrt{a_{11}} ; \quad c_{kk} = \left(a_{kk} - \sum_{i=1}^{k-1} c_{ik}^2 \right)^{\frac{1}{2}} \quad \text{für} \quad k = 2, \ldots, n. \tag{4.10}$$

Hiermit folgt für die Vorwärtselimination:

$$c_{kk} \cdot y_k + \sum_{i=1}^{k-1} c_{ik} y_i = b_k \quad \Rightarrow \quad y_1 = \frac{b_1}{c_{11}} ; \quad y_k = \frac{1}{c_{kk}} \left(b_k - \sum_{i=1}^{k-1} c_{ik} y_i \right) \tag{4.11}$$

$$\text{für} \quad k = 2, \ldots, n$$

und für die Rückwärtselimination

$$\sum_{i=k}^{n} c_{ki} x_i = y_k \quad \Rightarrow \quad x_n = \frac{y_n}{c_{nn}} ; \quad x_k = \frac{1}{c_{kk}} \left(y_k - \sum_{i=k+1}^{n} c_{ki} x_i \right) \tag{4.12}$$

$$\text{für} \quad k = n-1, \ldots, 2, 1.$$

Die beim Gauß-Algorithmus dargestellten Besonderheiten gelten im übertragenen Sinn auch hier und müssen an dieser Stelle nicht wiederholt werden. Wird c_{kj} auf dem Speicherplatz von a_{jk} abgelegt, ist für die Blockdiagrammdarstellung des Operationsablaufs die Speicherplatzbezeichnung a_{jk} anstelle der c_{kj} in obigen Formeln einzusetzen:

$$a_{j1} := \frac{a_{j1}}{c_{11}} ; \quad a_{jk} := \frac{1}{a_{kk}} \left(a_{jk} - \sum_{i=1}^{k-1} a_{ji} \cdot a_{ki} \right) \tag{4.13}$$

$$\text{für} \quad k = 2, \ldots, n-1 \quad \text{und} \quad j = k+1, \ldots, n$$

$$a_{11} := \sqrt{a_{11}} ; \quad a_{kk} := \left(a_{kk} - \sum_{i=1}^{k-1} a_{ki}^2 \right)^{\frac{1}{2}} \quad \text{für} \quad k = 2, \ldots, n \tag{4.14}$$

$$y_1 := \frac{b_1}{a_{11}} ; \quad y_k := \frac{1}{a_{kk}} \left(b_k - \sum_{i=1}^{k-1} a_{ki} y_i \right) \quad \text{für} \quad k = 2, \ldots, n \tag{4.15}$$

$$x_k := \frac{1}{a_{kk}} \left(y_k - \sum_{i=k+1}^{n} a_{ik} x_i \right) \quad \text{für} \quad k = n, \ldots, 2, 1. \tag{4.16}$$

Hiermit ergibt sich die Abfolge der Operationsschritte gemäß nachfolgendem Blockdiagramm [6]:

für $k = 1, \ldots, n$

> für $i = 1, \ldots, k - 1$
>
> > $a_{kk} := a_{kk} - a_{ki} \cdot a_{ki}$
>
> $a_{kk} := \sqrt{a_{kk}}$
>
> für $j = k + 1, \ldots, n$
>
> > für $i = 1, \ldots, k - 1$
> >
> > > $a_{jk} := a_{jk} - a_{ji} \cdot a_{ki}$
> >
> > $a_{jk} := \dfrac{a_{jk}}{a_{kk}}$

für $k = 1, \ldots, n$

> für $i = 1, \ldots, k - 1$
>
> > $b_k := b_k - a_{ki} b_i$
>
> $b_k := \dfrac{b_k}{a_{kk}}$

für $k = n, \ldots, 1$

> für $i = k + 1, \ldots, n$
>
> > $b_k := b_k - a_{ik} x_i$
>
> $x_k := \dfrac{b_k}{a_{kk}}$

Ablauf des Cholesky-Verfahrens (ohne Pivotisierung)

4.3 QR-Zerlegung nach Gram-Schmidt

Wenn die Matrix $\underline{B}$ in (4.1) unitär ist, also wenn gilt $\underline{B}\,\underline{B}^{\mathrm{T}} = \underline{I}$, kann der Zwischenvektor $\underline{y}$ sehr einfach gemäß

$$\underline{y} = \underline{B}^{-1}\underline{b} = \underline{B}^{\mathrm{T}}\underline{b} \tag{4.17}$$

berechnet werden. Man spricht hier von einer QR-Zerlegung der Matrix $\underline{A}$, wobei Q für die unitäre Matrix $\underline{U} = \underline{B}$ und R für die obere/rechte Dreiecksmatrix $\underline{R} = \underline{C}$ steht. Die Entwicklung der Spaltenvektoren von $\underline{U}$ erfolgt hier auf ähnliche Weise wie die der Basisvektoren $\underline{v}_k$ in Kapitel 3. Analog zu (3.6) wird der Ansatz

$$\underline{a}_k = \sum_{i=1}^{k} c_{ik}\underline{u}_i \quad \Rightarrow \quad \underline{u}_{k+1} = \frac{1}{c_{(k+1)(k+1)}} \cdot \left(\underline{a}_{k+1} - \sum_{i=1}^{k} c_{i(k+1)}\underline{u}_i \right) \quad \text{für } 1 \le k < n \tag{4.18}$$

gemacht mit $\underline{a}_{k+1}$ als $(k + 1)$-tem Spaltenvektor der Matrix $\underline{A}$. Demnach wird ein Spaltenvektor von $\underline{A}$ durch Basisvektoren $\underline{u}_i$ dargestellt, wobei die Spaltennummer identisch mit der Dimension des Raums ist, der von den Basisvektoren aufgespannt wird:

$\underline{a}_k \in \mathrm{span}(\underline{u}_1, \ldots, \underline{u}_k)$. Man kann die rechte Gleichung von (4.18) auch so deuten: eliminiert man die Projektion von $\underline{a}_{k+1}$ auf den k-dimensionalen Raum, ergibt sich die Komponente von $\underline{a}_{k+1}$, welche proprotional zum Basisvektor $\underline{u}_{k+1}$ ist. Setzt man für $k = 1$

$$\underline{u}_1 = \frac{\underline{a}_1}{|\underline{a}_1|}, \tag{4.19}$$

so ist durch vollständige Induktion zu beweisen, dass bei geeigneter Wahl der c_{jk} ein Basissystem konstruiert werden kann, das orthonormal ist, für das also gilt: $\underline{u}_j^{\mathrm{T}} \underline{u}_k = \delta_{jk}$.

Für den Beweis wird die Annahme getroffen, dass für $1 \le j \le k$ alle $\underline{u}_j$ orthonormal sind. Hiermit folgt aus (4.18) für $j \le k$:

$$\underline{u}_j^{\mathrm{T}} \underline{u}_{k+1} = \frac{1}{c_{(k+1)(k+1)}} \cdot \left(\underline{u}_j^{\mathrm{T}} \underline{a}_{k+1} - \sum_{i=1}^{k} c_{i(k+1)} \underline{u}_j^{\mathrm{T}} \underline{u}_i \right)$$

$$= \frac{1}{c_{(k+1)(k+1)}} \cdot \left(\underline{u}_j^{\mathrm{T}} \underline{a}_{k+1} - \sum_{i=1}^{k} c_{i(k+1)} \delta_{ij} \right)$$

$$= \frac{1}{c_{(k+1)(k+1)}} \cdot \left(\underline{u}_j^{\mathrm{T}} \underline{a}_{k+1} - c_{j(k+1)} \right)$$

$$\Rightarrow \quad \text{für} \quad c_{j(k+1)} = \underline{u}_j^{\mathrm{T}} \underline{a}_{k+1} \quad \text{ist} \quad \underline{u}_j^{\mathrm{T}} \underline{u}_{k+1} = 0. \tag{4.20}$$

Setzt man zudem

$$\underline{z}_{k+1} = \underline{a}_{k+1} - \sum_{i=1}^{k} c_{i(k+1)} \underline{u}_i ; \quad \underline{u}_{k+1} = \frac{\underline{z}_{k+1}}{|\underline{z}_{k+1}|} ; \quad c_{(k+1)(k+1)} = |\underline{z}_{k+1}|, \tag{4.21}$$

ist unter obiger Annahme auch $\underline{u}_{k+1}$ orthonormal, womit der Schluss von k auf $k + 1$ bestätigt wird. Wegen

$$\underline{u}_1^{\mathrm{T}} \underline{u}_2 = \frac{1}{c_{21}} \cdot \left(\underline{u}_1^{\mathrm{T}} \underline{a}_2 - c_{12} \underline{u}_1^{\mathrm{T}} \underline{u}_1 \right) = 0$$

ist damit allgemein bewiesen, dass die mit (4.20) und (4.21) konstruierten Vektoren $\underline{u}_k$ ein orthonormales System darstellen.

Schreibt man für die linke Gleichung von (4.17) $\underline{a}_{k+1} = \sum_{i=1}^{n} c_{i(k+1)} \underline{u}_i$, wird somit $c_{i(k+1)} = 0$ für $i > k + 1$ vereinbart, und es kann hierfür die Matrixschreibweise

$$\underline{A} = \underline{U}\,\underline{C} = \underline{Q}\,\underline{R} \tag{4.22}$$

herangezogen werden, in der $\underline{U}$ eine orthonormale und $\underline{C}$ eine obere/rechte Dreiecksmatrix darstellen. Gemäß (4.1) gilt dann

$$\underline{y} = \underline{U}^{\mathrm{T}} \underline{b} \quad \Rightarrow \quad y_k = \sum_{j=1}^{n} u_{jk} \cdot b_j \quad \text{für} \quad k = 1, \ldots, n \tag{4.23}$$

und $\underline{C}\underline{x} = \underline{y} \quad \Rightarrow \quad x_k = \frac{1}{c_{kk}} \cdot \left(y_k - \sum_{j=k+1}^{n} c_{kj} \cdot x_j \right) \quad \text{für} \quad k = n, \ldots, 1. \tag{4.24}$

In dem mit nachfolgendem Blockdiagramm dargestellten Operationsablauf werden die Elemente der unitären Matrix $\underline{U}$ auf den nicht mehr benötigten Speicherplätzen von $\underline{A}$ abgelegt und erhalten die Bezeichnung der ursprünglichen Elemente von $\underline{A}$. D. h., die Elemente a_{jk} des k-ten Spaltenvektors von $\underline{A}$ werden mit den Elementen u_{jk} des k-ten Spaltenvektors von $\underline{U}$ überschrieben, wobei die Speicherplatzbezeichnung von $\underline{A}$ übernommen wird [6].

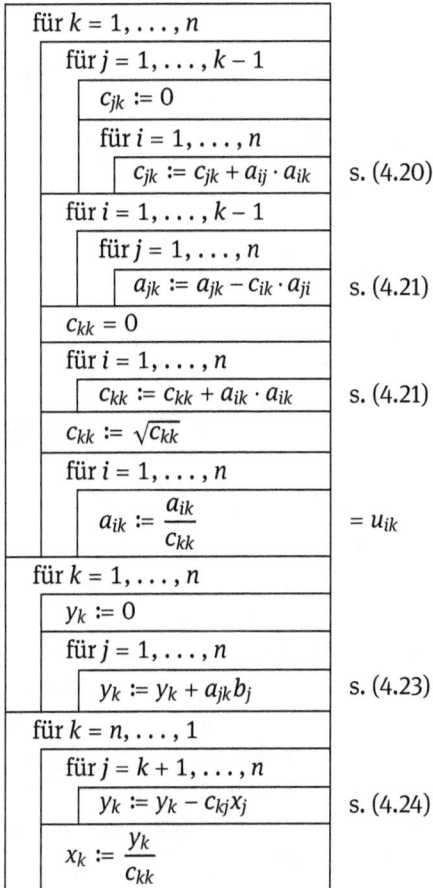

für $k = 1, \ldots, n$	
für $j = 1, \ldots, k - 1$	
$c_{jk} := 0$	
für $i = 1, \ldots, n$	
$c_{jk} := c_{jk} + a_{ij} \cdot a_{ik}$	s. (4.20)
für $i = 1, \ldots, k - 1$	
für $j = 1, \ldots, n$	
$a_{jk} := a_{jk} - c_{ik} \cdot a_{ji}$	s. (4.21)
$c_{kk} = 0$	
für $i = 1, \ldots, n$	
$c_{kk} := c_{kk} + a_{ik} \cdot a_{ik}$	s. (4.21)
$c_{kk} := \sqrt{c_{kk}}$	
für $i = 1, \ldots, n$	
$a_{ik} := \dfrac{a_{ik}}{c_{kk}}$	$= u_{ik}$
für $k = 1, \ldots, n$	
$y_k := 0$	
für $j = 1, \ldots, n$	
$y_k := y_k + a_{jk}b_j$	s. (4.23)
für $k = n, \ldots, 1$	
für $j = k + 1, \ldots, n$	
$y_k := y_k - c_{kj}x_j$	s. (4.24)
$x_k := \dfrac{y_k}{c_{kk}}$	

Gram-Schmidt-Algorithmus

4.4 QR-Zerlegung nach Givens

Bei der Givens-Methode werden alle Subdiagonalelemente spaltenweise eliminiert. Hierzu werden Drehmatrizen bezüglich $\underline{A}$ definiert, für die folgende Schreibweise gilt:

$$\underline{G}_{qp} = \left[g_{jk}^{qp}\right] \quad \text{mit} \quad q > p \quad \text{und}$$

$$g_{jk}^{qp} = \begin{cases} 1 & \text{für } j = k \neq \{p, q\} \\[2mm] \dfrac{a_{pp}}{\sqrt{a_{pp}^2 + a_{qp}^2}} & \text{für } j = k = p \quad \text{oder} \quad j = k = q \\[4mm] \dfrac{a_{qp}}{\sqrt{a_{pp}^2 + a_{qp}^2}} = -g_{kj}^{qp} & \text{für } j = p \quad \text{und} \quad k = q \\[4mm] 0 & \text{sonst} \end{cases} \tag{4.25}$$

Für das Matrizenprodukt $\underline{A}_{qp} = \underline{G}_{qp}\underline{A}$ ergibt sich dann

$$a_{jk}^{qp} = \sum_{i=1}^{n} g_{ji}^{qp}\, a_{ik} = \begin{cases} a_{jk} & \text{für } j \neq \{p, q\} \\[3mm] \dfrac{a_{pp} \cdot a_{pk} + a_{qp} \cdot a_{qk}}{\sqrt{a_{pp}^2 + a_{qp}^2}} & \text{für } j = p \\[4mm] \dfrac{a_{pp} \cdot a_{qk} - a_{qp} \cdot a_{pk}}{\sqrt{a_{pp}^2 + a_{qp}^2}} & \text{für } j = q > p \end{cases} \tag{4.26}$$

$$\Rightarrow \quad a_{qp}^{qp} = 0 \,. \tag{4.27}$$

Ausgehend von $(p-1)$ Spalten, deren Elemente unter der Hauptdiagonalen eliminiert wurden, also ausgehend von $a_{jk} = 0$ für $k < j \leq n$ und $1 \leq k \leq p-1$ und somit von $a_{pk} = a_{qk} = 0$ für $1 \leq k \leq p-1$, folgt aus (4.26) $a_{jk}^{qp} = 0$ für $k < j \leq n$ und $1 \leq k \leq p-1$, also auch für $j = p$ und $j = q$. Das bedeutet, dass bei Multiplikation von $\underline{A}$ mit $\underline{G}_{qp}$ alle bereits eliminierten Elemente in den vorangehenden Spalten nicht verändert werden. Die sukzessive Elimination aller Subdiagonalelemente in der p-ten Spalte erzielt man aufgrund von (4.27) durch mehrfache Anwendung der Drehmatrix:

$$\underline{G}_{np}\underline{G}_{(n-1)p} \cdot \ldots \cdot \underline{G}_{(p+1)p} \cdot \underline{A} = \prod_{j=n}^{p+1} \underline{G}_{jp}\underline{A} \,. \tag{4.28}$$

Anwendung von (4.28) auf jede Spalte $p < n$ führt zur Dreiecksmatrix $\underline{C}$:

$$\underline{C} = \prod_{p=n-1}^{1} \prod_{j=n}^{p+1} \underline{G}_{jp}\underline{A} \,. \tag{4.29}$$

Das Produkt der p-ten Spalte mit der q-ten Spalte von $\underline{G}_{qp}$ ergibt

$$g_{pp}^{qp} \cdot g_{pq}^{qp} + g_{qq}^{qp} \cdot g_{qp}^{qp} = g_{pp}^{qp} \cdot g_{pq}^{qp} - g_{pp}^{qp} \cdot g_{pq}^{qp} = 0 \, .$$

Multipliziert man Spalte p bzw. q mit sich selbst, erhält man

$$\left(g_{pp}^{qp}\right)^2 + \left(g_{qp}^{qp}\right)^2 = 1 \quad \text{und} \quad \left(g_{pq}^{qp}\right)^2 + \left(g_{qq}^{qp}\right)^2 = 1 \, .$$

Jeder Spaltenvektor $j \neq \{p, q\}$ ist orthogonal zu den anderen Spaltenvektoren, sein Skalarprodukt ergibt 1. Somit ist bewiesen, dass $\underline{G}_{qp}$ unitär ist, also dass gilt:

$$\underline{G}_{qp}^{\mathrm{T}} \underline{G}_{qp} = \underline{I} \, . \tag{4.30}$$

Bezeichnet man

$$\prod_{p=n-1}^{1} \prod_{j=n}^{p+1} \underline{G}_{jp} = \underline{U} = \underline{Q}^{\mathrm{T}} \, ,$$

so gilt

$$\underline{Q}^{\mathrm{T}} \underline{Q} = \left(\prod_{p=n-1}^{1} \prod_{j=n}^{p+1} \underline{G}_{jp} \right) \left(\prod_{p=n-1}^{1} \prod_{j=n}^{p+1} \underline{G}_{jp} \right)^{\mathrm{T}}$$

$$= \left(\prod_{p=n-1}^{1} \prod_{j=n}^{p+1} \underline{G}_{jp} \right) \left(\prod_{p=1}^{n-1} \prod_{j=p+1}^{n} \underline{G}_{jp}^{\mathrm{T}} \right)$$

$$= \left(\prod_{p=n-1}^{1} \prod_{j=n}^{p+1\neq2} \underline{G}_{jp} \right) \underline{I} \left(\prod_{p=1}^{n-1} \prod_{j=p+1\neq2}^{n} \underline{G}_{jp}^{\mathrm{T}} \right)$$

$$= \cdots = \underline{I}$$

$$\Rightarrow \quad \underline{R} = \underline{C} = \underline{U}\underline{A} = \underline{Q}^{\mathrm{T}}\underline{A} = \underline{Q}^{-1}\underline{A} \quad \Rightarrow \quad \underline{A} = \underline{Q}\underline{R} \, .$$

Die mehrfache Anwendung der Drehmatrix entspricht also einer QR-Zerlegung der Matrix $\underline{A}$, wobei man die obere/rechte Dreiecksmatrix $\underline{C} = \underline{R}$ als Resultat direkt erhält, ohne dass eine weitere Operation mit der orthonormalen Matrix $\underline{U} = \underline{Q}^{\mathrm{T}}$ wie beim Gram-Schmidt-Algorithmus erforderlich ist. Da

$$\underline{C}\underline{x} = \prod_{p=n-1}^{1} \prod_{j=n}^{p+1} \underline{G}_{jp}\underline{A}\underline{x} = \prod_{p=n-1}^{1} \prod_{j=n}^{p+1} \underline{G}_{jp}\underline{b} = \underline{U}\underline{b} \, , \tag{4.31}$$

ergibt sich die Lösung durch Rückwärtselimination gemäß

$$x_n = \frac{1}{c_{nn}} \cdot \sum_{i=1}^{n} u_{ni} \cdot b_i \, ; \quad x_k = \frac{1}{c_{kk}} \cdot \left(\sum_{i=1}^{n} u_{ki} \cdot b_i - \sum_{i=k+1}^{n} c_{ki} \cdot x_i \right) \tag{4.32}$$

$$\text{für} \quad k = n-1, \ldots, 1 \, .$$

Die unitäre Matrix wird aus Platzgründen nicht abgespeichert. Daher kann die Berechnung von $\underline{u}_k^{\mathrm{T}}\underline{b}$ nicht direkt erfolgen. Hierzu wird der Algorithmus gemäß (4.29) gleichermaßen auf jede Spalte von $\underline{A}$ und auch auf $\underline{b}$ angewendet. So kann man den Vektor $\underline{b}$ als $(n+1)$-te Spalte der Matrix $\underline{A}$ hinzufügen und die Zerlegung gemäß (4.26) auf die auf $(n + 1)$ Spalten erweiterte Matrix anwenden. Hierbei gilt dann $a_{j(n+1)} = b_j$ für $j = p$ und $j = q$.

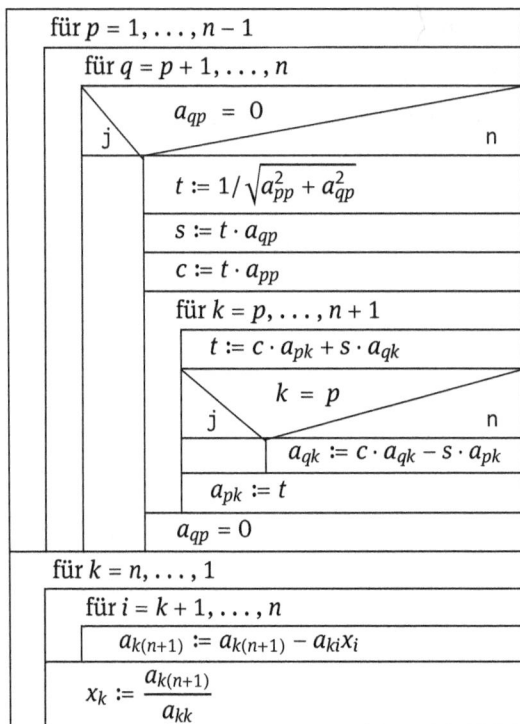

Ablauf des Givens-Verfahrens

Das obige Blockdiagramm zeigt den Operationsablauf des Givens-Verfahrens für jede beliebige Matrixstruktur [6], wobei die Anwendung des Givens-Algorithmus zeilenweise erfolgt. Die Matrix $\underline{A}$ wird auf den Speicherplätzen a_{jk} abgelegt, die Zerlegung erfolgt auf denselben Speicherplätzen, d. h., dass die Elemente c_{jk} von $\underline{C}$ den Speicherplätzen a_{jk} zugewiesen werden. Analoges gilt für die Elemente des Vektors $\underline{b}$, mit denen die Speicherplätze $a_{j(n+1)}$ überschrieben werden.

Hat $\underline{A}$ die Struktur einer Hessenberg- oder auch Tridiagonalmatrix, vereinfacht sich das Givens-Verfahren, da als Ergebnis die Erfüllung von (4.27) nur für $q = p + 1$ bei $p = 1, \ldots, n - 1$ angestrebt werden muss, womit $\underline{C}$ Dreiecksstruktur erhält:

$$\underline{C} = \prod_{p=n-1}^{1} \underline{G}_{(p+1)p}\underline{A} \quad \text{mit} \quad \underline{U} = \prod_{p=n-1}^{1} \underline{G}_{(p+1)p} \cdot \tag{4.33}$$

Hierbei werden in dem Programmablauf gemäß dem obigen Blockdiagramm die mit q indizierten Schleifen übersprungen. Alternativ kann der Givens-Algorithmus spaltenweise angewendet werden, d. h., es erfolgt der Aufbau einer Spalte k nach folgenden Operationen, die ersatzweise für (4.26) und (4.27) aufgestellt werden:

$$\text{mit} \quad \tau_j := \sqrt{b_{jj}^2 + a_{(j+1)j}^2} \,; \quad \kappa_j := \frac{b_{jj}}{\tau_j} \,; \quad \sigma_j := \frac{a_{(j+1)j}}{\tau_j} \quad \text{für} \quad 1 \le j \le k\,; \qquad (4.34)$$

$$c_{jk} := \kappa_j \cdot b_{jk} + \sigma_j \cdot a_{(j+1)k} \quad \text{für} \quad 1 \le j < k\,; \quad c_{kk} := \tau_k\,; \qquad (4.35)$$

$$b_{1k} := a_{1k}\,; \quad b_{(j+1)k} := \kappa_j \cdot a_{(j+1)k} - \sigma_j \cdot b_{jk} \quad \text{für} \quad 1 \le j < k\,; \qquad (4.36)$$
$$b_{(k+1)k} := 0\,.$$

Die Operationen (4.34) bis (4.36) werden bei jeder Spalte k für $j = 1, \ldots, k$ ausgeführt. Begonnen wird mit der Spalte $k = 1$ und dann schrittweise mit der nächst höheren Spalte fortgefahren. Die Formel (4.34) steht alternativ für (4.25), die Formeln (4.35) und (4.36) alternativ für (4.26) und (4.27).

Angewendet wird diese Variante des Givens-Algorithmus beim GMRES-Verfahren zur Auflösung einer linearen Matrizengleichung. Die Darstellung des Operationsablaufs mit einem Blockdiagramm wird noch in dem hierzu gewidmeten Abschnitt 5.1 nachgeholt.

4.5 Household-Algorithmus

Wie bei der Givens-Methode werden auch beim Household-Verfahren alle Subdiagonalelemente spaltenweise eliminiert. Im Gegensatz zum Givens-Verfahren wird für den Eliminationsvorgang je Spalte nur ein einziger Verfahrensschritt benötigt. Hierzu wird anstelle von $\underline{G}_{qp}$ die Matrix $\underline{U}_k$ definiert, mit der die Matrix $\underline{A}_{k-1}$ multipliziert wird, welche folgende Eigenschaften hat:

$$\underline{A}_k = \underline{A}' = \underline{U}_k \underline{A} = \underline{U}_k \underline{A}_{k-1} \quad \text{mit} \quad a_{ij} = (\underline{A}_{k-1})_{ij} = 0 \quad \text{für} \quad 1 < j+1 < i \text{ und } j < k. \quad (4.37)$$

Bei $k = 1$ liegt die Matrix $\underline{A}_0$ vor, in der in der ersten Spalte mindestens ein Element unterhalb der unteren Nebendiagonalen einen von Null verschiedenenen Wert aufweist. In den ersten k Spalten der Matrix $\underline{A}_k$ sollen alle Elemente unterhalb der unteren Nebendiagonalen verschwinden. Hierzu wird der Vektor $\underline{u}_k$ mit den Komponenten

$$u_j = (\underline{u}_k)_j = 0 \quad \text{für} \quad j \le k \quad \text{und} \quad u_j = (\underline{u}_k)_j = c_k \cdot a_{jk} \quad \text{für} \quad j \ge k+2 \qquad (4.38)$$

definiert, der zur Bildung des dyadischen Produkts $\underline{u}_k \underline{u}_k^{\mathrm{T}}$ herangezogen wird. Die auf diese Weise festgelegte Matrix findet sich wieder in der Definitionsgleichung

$$\underline{U}_k = \underline{I} - 2\underline{u}_k \underline{u}_k^{\mathrm{T}}\,. \qquad (4.39)$$

Einsetzen von (4.39) in (4.37) führt zu

$$\underline{A}' = \underline{A} - 2\underline{u}_k \left(\underline{u}_k^{\mathrm{T}} \underline{A}\right) = \underline{A} - 2\underline{u}_k \underline{v}_k^{\mathrm{T}} \qquad (4.40)$$

$$v_j = (\underline{v}_k)_j = \sum_{m=1}^{n} a_{mj} \cdot (\underline{u}_k)_m = a_{(k+1)j} \cdot u_{k+1} + c_k \cdot \sum_{m=k+2}^{n} a_{mj} \cdot a_{mk} \quad (j \ge k) \qquad (4.41)$$

bzw.

$$a'_{ij} = a_{ij} - 2u_i v_j \tag{4.42}$$

$$\Rightarrow \quad a'_{ij} = a_{ij} \quad \text{für} \quad i \leq k \text{ bzw. } j < k \tag{4.43}$$

$$a'_{ij} = a_{ij} - 2a_{(k+1)j} \cdot u_i u_{k+1} - 2c_k u_i \cdot \sum_{m=k+2}^{n} a_{mj} \cdot a_{mk} \tag{4.44}$$

$$\text{für} \quad i \geq k+1 \quad \text{und} \quad j \geq k.$$

Die Übertragung von (4.37) auf $\underline{A}_k = \underline{A}'$ führt zu $a'_{ik} = 0$ für $i > k + 1$, d. h.

$$a_{ik} = 2a_{(k+1)k} \cdot u_i u_{k+1} + 2c_k u_i \cdot \sum_{m=k+2}^{n} a_{mk}^2 \quad \text{für} \quad i \geq k+2. \tag{4.45}$$

Mit

$$S_k^2 = \sum_{j=k+1}^{n} a_{jk}^2 \tag{4.46}$$

und (4.38) folgt aus (4.45)

$$1 = 2a_{(k+1)k} \cdot c_k u_{k+1} + 2c_k^2 \cdot \left(S_k^2 - a_{(k+1)k}^2\right) \tag{4.47}$$

$$\Rightarrow \quad 1 - 2S_k \frac{a_{(k+1)k}}{S_k} \cdot c_k u_{k+1} = 2c_k^2 \cdot S_k^2 \left(1 - \left(\frac{a_{(k+1)k}}{S_k}\right)^2\right)$$

$$= 2c_k^2 \cdot S_k^2 \left(1 - \frac{|a_{(k+1)k}|}{S_k}\right) \cdot \left(1 + \frac{|a_{(k+1)k}|}{S_k}\right)$$

$$\Rightarrow \quad 1 - \frac{|a_{(k+1)k}|}{S_k} \cdot \text{sign}\left(a_{(k+1)k}\right) 2 S_k c_k u_{k+1} = 2c_k^2 \cdot S_k^2 \left(1 - \frac{|a_{(k+1)k}|}{S_k}\right) \cdot \left(1 + \frac{|a_{(k+1)k}|}{S_k}\right).$$

Setzt man hierin $\text{sign}(a_{(k+1)k}) 2 S_k c_k u_{k+1} = 1$ ein, d. h. also, dass c_k festgesetzt wird mit

$$c_k = \text{sign}\left(a_{(k+1)k}\right) \frac{1}{2 S_k u_{k+1}}, \tag{4.48}$$

dann ergibt sich nach Kürzung durch den ersten Klammerausdruck auf der rechten Seite:

$$1 = 2c_k^2 \cdot S_k^2 \cdot \left(1 + \frac{|a_{(k+1)k}|}{S_k}\right) = \frac{1}{2u_{k+1}^2} \cdot \left(1 + \frac{|a_{(k+1)k}|}{S_k}\right)$$

$$\Rightarrow \quad u_{k+1} = \sqrt{\frac{1}{2} \cdot \left(1 + \frac{|a_{(k+1)k}|}{S_k}\right)}. \tag{4.49}$$

Mit der Bestimmung von u_{k+1} nach (4.49) ist also sichergestellt, dass alle Elemente unter der Subdiagonalen in der k-ten Spalte von $\underline{A}_k$ auf Null gesetzt werden. So lässt sich eine vollbesetzte Matrix $\underline{A}$ mittels der Transformation $\prod_{k=n-2}^{1} \underline{U}_k \underline{A}$ in eine Fast-Dreiecks-Matrix mit einer unteren Subdiagonalen überführen.

Zur Entwicklung von $\underline{A}_k$ sind neben $a'_{(k+1)k}$ lediglich die Elemente oberhalb der k-ten Zeile und der k-ten Spalte auf Basis von (4.42) bzw. (4.44) zu berechnen. In der

k-ten Matrixspalte sind ab der $(k + 2)$-ten Zeile nur Null-Werte einzusetzen. Die Reihenfolge der Rechenoperationen geht aus dem Blockdiagramm am Ende dieses Abschnitts hervor.

Mit obigen Beziehungen folgt für die euklidische Norm des Spaltenvektors $\underline{u}_k$:

$$\sum_{j=1}^{n} u_j^2 = u_{k+1}^2 + \sum_{j=k+2}^{n} u_j^2 \overset{(4.38)}{\underset{(4.48)}{=}} \frac{1}{2} + \frac{|a_{(k+1)k}|}{2\,S_k} + c_k^2 \cdot \sum_{j=k+2}^{n} a_{jk}^2$$

$$= \frac{1}{2} + \frac{|a_{(k+1)k}|}{2\,S_k} + c_k^2 \cdot \left(S_k^2 - a_{(k+1)k}^2\right) \overset{(4.47)}{=} \frac{1}{2} + \frac{|a_{(k+1)k}|}{2\,S_k} + \frac{1}{2} - a_{(k+1)k} \cdot c_k u_{k+1}$$

$$\overset{(4.48)}{=} 1 + \frac{|a_{(k+1)k}|}{2\,S_k} - a_{(k+1)k} \cdot \text{sign}\left(a_{(k+1)k}\right) \frac{1}{2\,S_k} = 1 \, .$$

Damit ist ein Teil des Beweises erbracht, dass $\underline{U}$ eine unitäre Matrix ist. Die Orthogonalität von zwei Spaltenvektoren soll an dieser Stelle aber nicht genauer betrachtet werden.

Da der Householder-Algorithmus lediglich eine Fast-Dreiecksmatrix liefert, muss bei der Lösung eines Gleichungssystems erst die untere Nebendiagonale eliminiert werden. Hierzu eignet sich wie vorher schon gezeigt z. B. das Givens-Verfahren.

für $k = 1, \ldots, n - 2$	
$S_k := \sqrt{\sum_{j=k+1}^{n} a_{jk}^2}$	s. (4.46)
$u_{k+1} := \sqrt{\frac{1}{2} \cdot \left(1 + \frac{\|a_{(k+1)k}\|}{S_k}\right)}$	s. (4.48)
$c_k := \text{sign}(a_{(k+1)k}) \dfrac{1}{2 S_k u_{k+1}}$	s. (4.47)
für $j = k + 2, \ldots, n$	
$\quad u_j := c_k \cdot a_{jk}$	s. (4.38)
für $j = k, \ldots, n$	
$\quad v_j := \sum_{i=k+1}^{n} a_{ij} \cdot u_i$	s. (4.41)
$a_{(k+1)k} := a_{(k+1)k} - 2 u_{k+1} v_k$	s. (4.42)
für $i = k + 1, \ldots, n$	
$\quad$ für $j = k + 1, \ldots, n$	
$\quad\quad a_{ij} := a_{ij} - 2 u_i v_j$	s. (4.42)
für $j = k + 2, \ldots, n$	
$\quad a_{jk} := 0$	

Ablauf des Householder-Algorithmus

4.6 Takahashi-Verfahren

Mit dem in Abschnitt 4.1. beschriebenen Gauß-Algorithmus ist ein Gleichungssystem nach den Unbekannten x_k für $1 \le k \le n$ auflösbar. Dieser Lösungsvektor ist ein Produkt aus der Inversen von $\underline{A}$ mit dem Vektor $\underline{b}$. Der Lösungsweg liefert aber nicht die Inverse selbst. Wenn jedoch als Ergebnis die Inverse gewünscht ist, muss der Rechenweg erweitert werden. So kann z. B. das Gleichungssystem modifiziert und ergänzt werden zu

$$\underline{A}\,\underline{x}_k = \underline{e}_k \quad \text{für} \quad 1 \le k \le n \quad \text{bzw.} \quad \underline{A}\,\underline{X} = \underline{I} \tag{4.50}$$

mit $\underline{x}_k$ und $\underline{e}_k$ als Spaltenvektoren der Matrizen $\underline{X}$ bzw. $\underline{I}$. Damit gilt $\underline{X} = \underline{A}^{-1}$. Anstelle von (4.5) gilt dann für die Vorwärtselimination:

$$y_{1k} = \delta_{1k}\,; \quad y_{jk} = \delta_{jk} - \sum_{i=1}^{j-1} b_{ji} y_{ik} \quad \text{für} \quad j = 2, \dots, n \quad \text{und} \quad 1 \le k \le n. \tag{4.51}$$

Analog zu (4.6) folgt für die Rückwärtselimination:

$$x_{nk} = \frac{y_{nk}}{c_{nn}}\,; \quad x_{jk} = \frac{1}{c_{jj}} \left(y_{jk} - \sum_{i=j+1}^{n} c_{ji} x_{ik} \right) \tag{4.52}$$

$$\text{für} \quad j = n-1, \dots, 1 \quad \text{und} \quad 1 \le k \le n.$$

Effizienter bezüglich des erforderlichen Speicherbedarfs und hinsichtlich der Zahl von aufwändigen Rechenoperationen ist das Takahashi-Verfahren zur Berechnung einer Inversen. Bevor die Formeln für dieses Verfahren hergeleitet werden, soll eine hierfür wesentliche Grundeigenschaft von Dreiecksmatrizen untersucht werden.

Es seien $\underline{U}$ und $\underline{V}$ Dreiecksmatrizen derselben Form, es gelte also

$$u_{jk} = v_{jk} = 0 \quad \text{für} \quad \text{a) } j < k \quad \text{oder} \quad \text{b) } j > k.$$

Dann ergibt sich für das Matrizenprodukt $\underline{W} = \underline{U}\,\underline{V}$ mit $w_{jk} = \sum_{i=1}^{n} u_{ji} \cdot v_{ik}$:

Fall a)
$$w_{jk} = \sum_{i=k}^{j} u_{ji} \cdot v_{ik}$$

$$\Rightarrow \quad w_{jk} = 0 \quad \text{für} \quad j < k\,; \quad w_{kk} = u_{kk} \cdot v_{kk}\,, \tag{4.53}$$

Fall b)
$$w_{jk} = \sum_{i=j}^{k} u_{ji} \cdot v_{ik}$$

$$\Rightarrow \quad w_{jk} = 0 \quad \text{für} \quad j > k\,; \quad w_{kk} = u_{kk} \cdot v_{kk}\,. \tag{4.54}$$

Wenn zunächst nur $u_{jk} = 0$ für $j < k$ oder $j > k$ vorausgesetzt wird, und dabei $\underline{V} = \underline{U}^{-1}$ gelten soll, folgt wegen der Forderung $w_{jk} = 0$ für $j \neq k$, dass auch $v_{ik} = 0$ für $i \leq j < k$ oder $i \geq j > k$ erfüllt werden muss. Also hat auch die Inverse von $\underline{U}$ dieselbe Dreiecksstruktur wie $\underline{U}$. Generell hat das Matrizenprodukt also dieselbe Dreiecksstruktur wie seine Faktoren. Diese Eigenschaft macht sich das Takahashi-Verfahren zunutze. Ausgehend vom Gauß'schen Algorithmus, speziell von (4.1), kann einerseits

$$\underline{C}^{-1} - \underline{A}^{-1}\underline{B} = \underline{0} \quad\Leftrightarrow\quad \underline{A}^{-1} = \underline{C}^{-1} - \underline{A}^{-1}(\underline{B} - \underline{I})$$

und andererseits

$$\underline{Z}^{-1} = \underline{A} = (\underline{B}\,\underline{D})(\underline{D}^{-1}\,\underline{C}) \quad\Leftrightarrow\quad (\underline{B}\,\underline{D})^{-1} - (\underline{D}^{-1}\,\underline{C})\underline{Z} = \underline{0}$$

$$\Leftrightarrow\quad \underline{A}^{-1} = \underline{Z} = (\underline{B}\,\underline{D})^{-1} - (\underline{D}^{-1}\,\underline{C} - \underline{I})\underline{Z}$$

abgeleitet werden. Zusammengefasst kann hierfür geschrieben werden:

$$\underline{A}^{-1} = \underline{Z} = \underline{P} - \underline{Z}\,\underline{Q} \quad \text{mit} \quad \underline{P} = \underline{C}^{-1} \qquad \text{und} \quad \underline{Q} = \underline{B} - \underline{I} \tag{4.55}$$

$$\underline{A}^{-1} = \underline{Z} = \underline{R} - \underline{S}\,\underline{Z} \quad \text{mit} \quad \underline{R} = (\underline{B}\,\underline{D})^{-1} \quad \text{und} \quad \underline{S} = \underline{D}^{-1}\,\underline{C} - \underline{I}\,. \tag{4.56}$$

Wird mit $\underline{D}$ eine Diagonalmatrix mit den Elementen $d_{kk} = c_{kk}$ festgelegt, ergeben sich bei Anwendung von (4.53) und (4.54) folgende Beziehungen:

$$\text{für } j < k: \quad q_{jk} = r_{jk} = p_{kj} = s_{kj} = 0 \,; \quad p_{kk} = r_{kk} = \frac{1}{c_{kk}} \,; \tag{4.57}$$

$$q_{kk} = s_{kk} = 0$$

$$\text{für } j < k: \quad q_{jk} = b_{jk} \,; \quad s_{jk} = \frac{c_{jk}}{c_{jj}} \tag{4.58}$$

$$\text{für } 1 \leq j < k \leq n: \quad z_{jk} = -\sum_{i=j+1}^{n} \frac{c_{ji}}{c_{jj}} z_{ik} \,; \quad z_{kj} = -\sum_{i=j+1}^{n} b_{ij} z_{ki} \tag{4.59}$$

$$z_{kk} = \frac{1}{c_{kk}} - \sum_{i=k+1}^{n} b_{ik} z_{ki} \,; \quad z_{nn} = \frac{1}{c_{nn}} \,. \tag{4.60}$$

Mit den obigen Gleichungen (4.59) und (4.60) für die Elemente der Inversen von $\underline{A}$ wird der Gauß'sche Algorithmus, der aus den Basisgleichungen (4.2) bis (4.4) besteht, zum Takahashi-Verfahren vervollständigt. Damit ergibt sich folgender Operationsablauf:

für $i, j = 1, \ldots, n$: $z_{ij} := a_{ij}$	
für $i = 1, \ldots, n-1$	
für $j = i+1, \ldots, n$	
$a_{ji} := \dfrac{a_{ji}}{a_{ii}}$	s. (4.4)
für $k = i+1, \ldots, n$	
$a_{jk} := a_{jk} - a_{ji} \cdot a_{ik}$	s. (4.3),(4.4)
für $i = 1, \ldots, n$: $a_{ii} := \dfrac{1}{a_{ii}}$	
für $i = 1, \ldots, n-1$; $j = i+1, \ldots, n$: $a_{ij} := a_{ij} a_{ii}$	
für $k = n, \ldots, 1$	
$z_{kk} := a_{kk}$	s. (4.60)
für $j = k+1, \ldots, n$	
$z_{kk} := z_{kk} - a_{jk} z_{kj}$	s. (4.60)
für $j = k-1, \ldots, 1$	
$z_{jk} = z_{kj} := 0$	
für $i = n, \ldots, j+1$	
$z_{jk} := z_{jk} - a_{ji} z_{ik}$	s. (4.59)
$z_{kj} := z_{kj} - a_{ij} z_{ki}$	s. (4.59)

Takahashi-Verfahren (ohne Pivotisierung)

4.7 Zerlegung von Tridiagonalmatrizen

Eine Matrix, die die Struktur der Hessenberg-Matrix aufweist, lässt sich mit dem Givens-Algorithmus problemlos in eine reine Dreiecksmatrix umwandeln. Zur Transformation einer Tridiagonalmatrix auf Dreiecksstruktur eignet sich dieses Verfahren jedoch nicht, da Null-Elemente rechts der Diagonalen hierbei durch Nicht-Null-Elemente ersetzt werden können. Für diese Matrixstruktur bietet sich jedoch die LU-Zerlegung auf Basis des Gauß-Algorithmus an. Ausgehend von der Tridiagonalmatrix $\underline{A}$, für die also $a_{jk} = 0$ für $k < j - 1$ und $k > j + 1$ gilt, werden zwei bidiagonale Matrizen $\underline{B} = \underline{L}$ mit $b_{jk} = 0$ für $k < j - 1$ und $k > j$ sowie $\underline{C} = \underline{U}$ mit $c_{jk} = 0$ für $k < j$ oder $k > j + 1$ als Ergebnismatrizen der Zerlegung angesetzt. Vorausgesetzt, dass eine Zerlegung möglich ist, folgt hiermit aus (4.4)

$$b_{(k+1)k} = \frac{a_{(k+1)k}}{c_{kk}} \quad \text{für} \quad 1 \le k \le n \tag{4.61}$$

und aus (4.3)

$$c_{(k-1)k} = a_{(k-1)k} \quad \text{für} \quad 1 < k \le n \tag{4.62}$$

$$c_{11} = a_{11}; \quad c_{kk} = a_{kk} - b_{k(k-1)} \cdot c_{(k-1)k} \quad \text{für} \quad 1 < k \le n. \tag{4.63}$$

Wie bereits mit (4.2) angesetzt wurde, gilt auch hier $b_{kk} = 1$. Da $\sum_{i=1}^{n} b_{ji} \cdot c_{ik} = b_{j(j-1)} \cdot c_{(j-1)k} + b_{jj} \cdot c_{jk} = 0$, wenn $c_{(j-1)k} = 0$ und $c_{jk} = 0$, gilt $a_{jk} = 0$, wenn $k < j - 1$ oder $k > j + 1$ von den Indizes der c-Elemente eingehalten wird. Die Matrix $\underline{A}$ ist dann aber tatsächlich eine Tridiagonalmatrix mit einer Haupt- und zwei Nebendiagonalen. Mit dem durch die Gleichungen (4.61) bis (4.63) festgelegten Algorithmus wird eine Tridiagonalmatrix in zwei bidiagonale Matrizen in wenigen Operationsschritten zerlegt. Weitergehende Vorwärts- und Rückwärtselimination zur Auflösung eines linearen Gleichungssystems sind dann mit nur geringstem Aufwand möglich. Für die Zerlegung sind die Operationsschritte entsprechend dem nachfolgenden Blockdiagramm durchzuführen.

für $k = 1, \ldots, n-1$
$a_{(k+1)k} := \dfrac{a_{(k+1)k}}{a_{kk}}$
$a_{(k+1)(k+1)} := a_{(k+1)(k+1)} - a_{(k+1)k} \cdot a_{k(k+1)}$

Ablauf der LU-Zerlegung bei Tridiagonalmatrizen

4.8 Pivotisierung

Bei allen direkten Verfahren treten Divisionen durch Diagonalelemente auf, die zusätzliche Maßnahmen erfordern, wenn die Diagonale Null-Elemente enthält. Durch Vertauschen von Zeilen und/oder Spalten in der Matrix und den Vektoren des Gleichungssystems können diese Null-Elemente auf andere Matrixplätze verschoben werden. Dabei empfiehlt es sich, beim Austausch nur die betragsgrößten Matrixelemente auf die Diagonale zu setzen, da hierdurch gewährleistet wird, dass bei der Division Rundungsfehler einen geringeren Einfluss auf das Rechenergebnis haben. Die Ermittlung des betragsgrößten Matrixelements und sein Austausch mit dem betroffenen Diagonalelement nennt man Pivotisierung. Der Zeilen- bzw. Spaltenaustausch hierbei kann durch ein Matrixprodukt dargestellt werden. Für die Elemente b_{ji} des Matrizenprodukts $\underline{U}\,\underline{A} = \underline{B}$ gilt nämlich $b_{ji} = \underline{u}_j^T \underline{a}_i$, worin $\underline{u}_j^T$ den j-ten Zeilenvektor von $\underline{U}$ und $\underline{a}_i$ den i-ten Spaltenvektor von $\underline{A}$ darstellt. Mit der Definition einer Matrix $\underline{V}$, für die $\underline{v}_j^T = \underline{u}_k^T$ und $\underline{v}_k^T = \underline{u}_j^T$ gelten soll, während alle anderen Zeilen dieser beiden Matrizen identisch sind, folgt für die Elemente des Produkts $\underline{V}\,\underline{A} = \underline{C}$

$$c_{ji} = \underline{v}_j^T \underline{a}_i = \underline{u}_k^T \underline{a}_i = b_{ki} ; \quad c_{ki} = \underline{v}_k^T \underline{a}_i = \underline{u}_j^T \underline{a}_i = b_{ji} ; \quad c_{qi} = b_{qi} \quad \text{für} \quad q \neq j, k .$$

Geht also die Matrix $\underline{V}$ aus der Matrix $\underline{U}$ durch Austausch der j-ten mit der k-ten Zeile hervor, so gilt gleiches für die Matrizenprodu $\underline{C}$ und $\underline{B}$. Im Sonderfall $\underline{U} = \underline{I}$ gilt dann mit der Bezeichnung

$$\underline{P}_{jk} = \underline{P}_{kj} = \underline{V}: \quad b_{qi} = a_{qi} \quad \text{mit} \quad c_{qi} = a_{qi} \quad \text{für} \quad q \neq j, k$$
$$\text{und} \quad c_{ji} = a_{ki} \quad \text{sowie} \quad c_{ki} = a_{ji} .$$

Über die Faktorisierung $\underline{P}_{jk}\underline{A}$ werden also die Zeilen j und k der Matrix $\underline{A}$ vertauscht. Die Permutationsmatrix $\underline{P}_{jk}$ unterscheidet sich von der Einheitsmatrix $\underline{I}$ nur in den Elementen $p_{jk} = p_{kj} = 1$ sowie $p_{jj} = p_{kk} = 0$. Somit gilt:

$$\underline{P}_{jk} = \underline{P}_{jk}^{\mathrm{T}} \quad \text{und} \quad \underline{P}_{jk}^{\mathrm{T}} \cdot \underline{P}_{jk} = \underline{P}_{jk}^2 = \underline{P}_{kj}^2 = \underline{I} \quad \text{bzw.} \quad \underline{P}_{jk}^{-1} = \underline{P}_{jk}\,.$$

Hiermit folgt wiederum, dass mit der Faktorisierung $\underline{A}\,\underline{P}_{jk} = \underline{A}\,\underline{P}_{jk}^{\mathrm{T}} = (\underline{P}_{jk}\underline{A}^{\mathrm{T}})^{\mathrm{T}}$ die Zeilen j und k von $\underline{A}^{\mathrm{T}}$, d. h. also die Spalten j und k von $\underline{A}$, ausgetauscht werden. Wenn nun die Zeilen z und k sowie die Spalten s und k in der Matrix $\underline{A}$ des Gleichungssystems $\underline{A}\,\underline{x} = \underline{b}$ ausgetauscht werden sollen, so gelingt dies über die Produktbildung $\underline{P}_{zk}\underline{A}\,\underline{P}_{sk}$. Entsprechend ist folgende Umformung des Gleichungssystems vorzunehmen:

$$\underline{P}_{zk}\underline{A}\,\underline{P}_{sk}\underline{y} = \underline{P}_{zk}\underline{b} \quad \text{mit} \quad \underline{P}_{sk}\underline{y} = \underline{x} \quad \text{bzw.} \quad \underline{y} = \underline{P}_{sk}\underline{x}\,. \tag{4.64}$$

Die Spalten- und Zeilenumstellung gemäß dem Matrizenprodukt $\underline{P}_{zk}\underline{A}\,\underline{P}_{sk}$ muss vor jeder Division durch das Diagonalelement a_{kk} in dem Operationsablauf für die Matrixzerlegung beim direkten Verfahrens durchgeführt werden. Vor der Umstellung sind die Indizes z und s des Matrixelements a_{zs} zu ermitteln, das die Ungleichung $|a_{zs}| \ge |a_{ij}|$ für alle $k \le i \le n$ und $k \le j \le n$ erfüllt. Diese Forderung kann auch in folgender Schreibweise dargestellt werden:

$$z = \text{index} \max_{j=k,\dots,n} \left(\max_{i=k,\dots,n} |a_{ji}| \right); \quad s = \text{index} \max_{j=k,\dots,n} \left(\max_{i=k,\dots,n} |a_{ij}| \right). \tag{4.65}$$

Auf EDV-Ebene wäre die Zeilen- oder Spaltenumstellung über die Ausführung des Matrizenprodukts allerdings zu umständlich. Hier eignet sich besser eine indirekte Adressierung der Speicherplätze für die Matrixelemente mittels variabler Indexfelder, die jeweils mit den Ergebnissen aus (4.65) überschrieben werden.

5 Lösung einer linearen Matrizengleichung mit Krylov-Unterraum-Verfahren

5.1 Das Generalized-Minimal-Residual-Verfahren (GMRES-Verfahren)

Das Generalized Minimal Residual (GMRES)-Verfahren ist anwendbar auf beliebige reguläre Matrizen und basiert im Wesentlichen auf dem Arnoldi-Algorithmus, der durch die Beziehungen (3.6) bis (3.8) beschrieben wird, und dem Givens-Algorithmus gemäß (4.33) bis (4.36), der auf (3.40) angewendet wird. Wegen des Givens-Algorithmus ist anstelle von (3.11) die Beziehung (3.39) Grundlage für den Aufbau der Hessenberg-Matrix:

$$\prod_{k=m}^{1} \underline{G}_{(k+1)k}^{(m+1)(m+1)} \underline{H}_m^{[m+1,m]} \underline{\alpha}_m = |\underline{r}_0| \prod_{k=m}^{1} \underline{G}_{(k+1)k}^{(m+1)(m+1)} \underline{e}_1^{[m+1]}$$

$$\Rightarrow \underline{U}^{[(m+1),(m+1)]} \underline{H}_m^{[m+1,m]} \underline{\alpha}_m = \underline{C}^{[(m+1),m]} \underline{\alpha}_m = \prod_{k=m}^{1} \underline{G}_{(k+1)k}^{(m+1)(m+1)} |\underline{r}_0| \underline{e}_1^{[m+1]} = \underline{q}^{[m+1]} \quad (5.1)$$

$$\text{mit} \quad c_{(m+1)k} = 0 \quad \text{für} \quad 1 \leq k \leq n \quad \text{und} \quad c_{jk} = 0 \quad \text{für} \quad j > k ,$$

d. h., $\underline{C}^{[(m),m]}$ ist eine obere/rechte Dreiecksmatrix. Aus (5.1) folgt somit

$$\alpha_k = \frac{1}{c_{kk}} \cdot \left(q_k - \sum_{j=k+1}^{m} c_{kj} \cdot \alpha_j \right) \quad \text{für} \quad k = m, \dots, 1 . \quad (5.2)$$

Gemäß (4.35) kann für das Matrixelement $c_{mm} := \kappa_m \cdot b_{mm} + \sigma_m \cdot a_{(m+1)m}$ nach Einsetzen von (4.34) noch einfacher geschrieben werden:

$$c_{mm} = \frac{1}{\tau_m} \cdot \left(b_{mm}^2 + a_{(m+1)m}^2 \right) = \frac{\tau_m^2}{\tau_m} = \tau_m . \quad (5.3)$$

Die Anwendung von (4.35) und (4.36) auf $\underline{q}$, also die $(m + 1)$-Spalte der Operationsmatrix $\underline{H}$, führt wegen $q_{j+1} = 0$ im j-ten Schritt, also für $\prod_{k=j}^{1} \underline{G}_{(k+1)k}^{(m+1)(m+1)} \underline{e}_1^{[m+1]}$ zu

$$q_j := \kappa_j \cdot q_j + \sigma_j \cdot q_{(j+1)} = \kappa_j \cdot q_j , \quad (5.4)$$

$$q_{(j+1)} := \kappa_j \cdot q_{(j+1)} - \sigma_j \cdot q_j = -\sigma_j \cdot q_j . \quad (5.5)$$

Wenn $q_j \neq 0$ und hierbei $q_{(j+1)} = 0$ gilt, dann muss also $\sigma_j = 0$ und folglich auch $h_{(j+1)j} = 0$ sein. Weil alle folgenden Berechnungen dann auch zu Null-Elementen führen, bricht das Verfahren im Schritt m ab und liefert die entsprechende Lösung für $\underline{x}$ gemäß (3.1). Das Ergebnis $q_{(j+1)} = 0$ stellt somit das Abbruchkriterium des GMRES-Verfahrens dar.

Wenn sich mit $h_{(j+1)j} = 0$ gleichzeitig auch $h_{jj} = 0$ ergibt, führt dies zu $\tau_j = 0$ für $1 \leq j \leq m$ und damit zu verschwindenden Divisoren in (4.34). Hier bricht der Iterationsvorgang ab, ohne dass ein Ergebnis erzielt werden konnte. Werden die Ergebnisse

https://doi.org/10.1515/9783110644173-005

bei jedem Zwischenschritt des Givens-Algorithmus wiederum auf den Speicherplätzen der Elemente von $\underline{H}_m$ abgelegt, durchläuft das GMRES-Verfahren die im Blockdiagramm dargestellten Operationsschritte [6]:

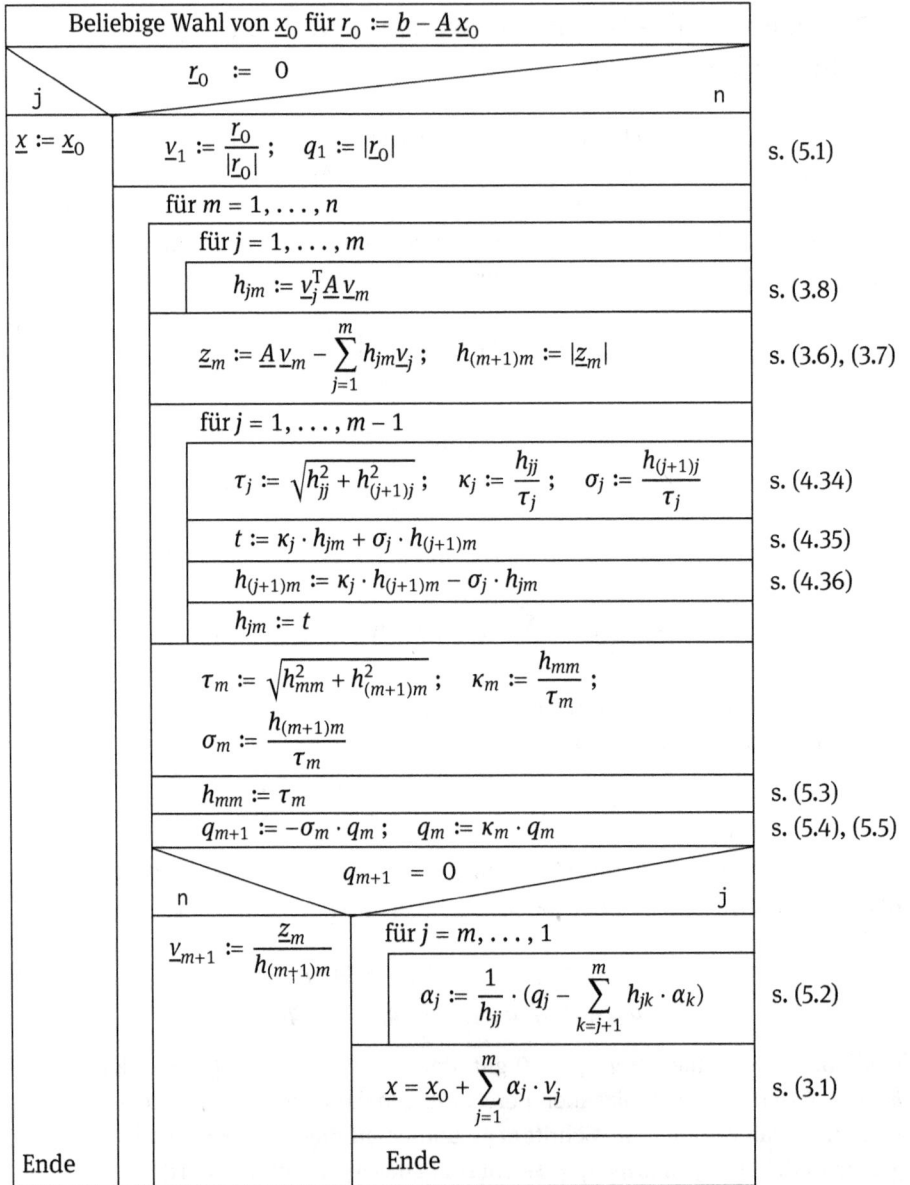

Beliebige Wahl von $\underline{x}_0$ für $\underline{r}_0 := \underline{b} - \underline{A}\,\underline{x}_0$	

$\underline{r}_0 := 0$

j n

$\underline{x} := \underline{x}_0$	$\underline{v}_1 := \dfrac{\underline{r}_0}{|\underline{r}_0|}$; $q_1 := |\underline{r}_0|$	s. (5.1)

für $m = 1, \ldots, n$

für $j = 1, \ldots, m$

$h_{jm} := \underline{v}_j^{\mathrm{T}} \underline{A}\, \underline{v}_m$	s. (3.8)
$\underline{z}_m := \underline{A}\,\underline{v}_m - \displaystyle\sum_{j=1}^{m} h_{jm}\underline{v}_j$; $h_{(m+1)m} := |\underline{z}_m|$	s. (3.6), (3.7)

für $j = 1, \ldots, m-1$

$\tau_j := \sqrt{h_{jj}^2 + h_{(j+1)j}^2}$; $\kappa_j := \dfrac{h_{jj}}{\tau_j}$; $\sigma_j := \dfrac{h_{(j+1)j}}{\tau_j}$	s. (4.34)
$t := \kappa_j \cdot h_{jm} + \sigma_j \cdot h_{(j+1)m}$	s. (4.35)
$h_{(j+1)m} := \kappa_j \cdot h_{(j+1)m} - \sigma_j \cdot h_{jm}$	s. (4.36)
$h_{jm} := t$	

$\tau_m := \sqrt{h_{mm}^2 + h_{(m+1)m}^2}$; $\kappa_m := \dfrac{h_{mm}}{\tau_m}$; $\sigma_m := \dfrac{h_{(m+1)m}}{\tau_m}$	
$h_{mm} := \tau_m$	s. (5.3)
$q_{m+1} := -\sigma_m \cdot q_m$; $q_m := \kappa_m \cdot q_m$	s. (5.4), (5.5)

$q_{m+1} = 0$

n j

$\underline{v}_{m+1} := \dfrac{\underline{z}_m}{h_{(m+1)m}}$	für $j = m, \ldots, 1$

$\alpha_j := \dfrac{1}{h_{jj}} \cdot \left(q_j - \displaystyle\sum_{k=j+1}^{m} h_{jk} \cdot \alpha_k\right)$	s. (5.2)
$\underline{x} = \underline{x}_0 + \displaystyle\sum_{j=1}^{m} \alpha_j \cdot \underline{v}_j$	s. (3.1)

Ende   Ende

Ablauf des GMRES-Verfahrens

5.2 Das Bi-Conjugate-Gradient-Verfahren (BiCG-Verfahren)

CG-Verfahren sind speziell für symmetrische Matrizen konzipiert, deren Hessenberg-Matrix Tridiagonalstruktur aufweist. Bei nicht-symmetrischen Matrizen kann die Hessenberg-Matrix ebenfalls in Tridiagonalform überführt werden, wenn die Konstruktion auf dem Bi-Lanczos-Algorithmus nach (3.19) bis (3.31) beruht. Ausgehend von (3.36) und (3.20)

$$\underline{x}_m = \underline{x}_0 + \underline{V}_m (\underline{H}_m)^{-1} \underline{W}_m^T \underline{r}_0 = \underline{x}_0 + \underline{V}_m (\underline{H}_m)^{-1} |\underline{r}_0| \underline{e}_1$$

mit der Tridiagonalmatrix $\underline{H}_m$ folgt bei Anwendung der LU-Zerlegung gemäß Abschnitt 4.7, also für $\underline{H}_m = \underline{B}^{[m,m]} \underline{C}^{[m,m]}$,

$$\Rightarrow \quad \underline{x}_m = \underline{x}_0 + \underline{V}_m^{[n,m]} \underline{C}^{-1} \underline{B}^{-1} |\underline{r}_0| \underline{e}_1^{[m]} = \underline{x}_0 + \underline{Z}^{[n,m]} \underline{\Lambda}^{[m]} = \underline{x}_0 + \sum_{k=1}^{m} \Lambda_k \cdot \underline{z}_k \qquad (5.6)$$

$$\text{mit} \quad \underline{Z}^{[n,m]} \underline{C}^{[m,m]} = \underline{V}_m^{[n,m]} \quad \text{und} \quad \underline{B}^{[m,m]} \underline{\Lambda}^{[m]} = |\underline{r}_0| \underline{e}_1^{[m]} . \qquad (5.7)$$

$\underline{B}$ und $\underline{C}$ sind jeweils bidiagonal, wobei $b_{kk} = 1$ und $c_{(k-1)k} = h_{(k-1)k}$ für alle k gilt. Demgemäß ergibt sich aus (5.7) für $1 < k \le m$

$$c_{11} \cdot \underline{z}_1 = \underline{v}_1 ; \quad h_{(k-1)k} \cdot \underline{z}_{k-1} + c_{kk} \cdot \underline{z}_k = \underline{v}_k ; \qquad (5.8)$$

$$\Lambda_1 = |\underline{r}_0| ; \quad \Lambda_k = -b_{k(k-1)} \cdot \Lambda_{k-1} . \qquad (5.9)$$

Einsetzen von (3.39) und der rechten Gleichung von (3.16) in (3.37) führt zu

$$\underline{r}_m = \underline{r}_0 - \underline{A}\,\underline{V}_m \cdot \underline{\alpha}_m = \underline{r}_0 - \underline{V}_{m+1}^{[n,m+1]} \underline{H}_m^{[m+1,m]} \cdot \underline{\alpha}_m$$

$$= \underline{r}_0 - \underline{V}_{m+1}^{[n,m+1]} \underline{H}_m^{[m+1,m]} \left(\underline{H}_m^{[m,m]} \right)^{-1} |\underline{r}_0| \underline{e}_1 . \qquad (5.10)$$

Mit Einführung eines dyadischen Produkts kann auch geschrieben werden:

$$\underline{V}_{m+1}^{[n,m+1]} \underline{H}_m^{[m+1,m]} = \underline{V}_m^{[n,m]} \underline{H}_m^{[m,m]} + h_{(m+1)m} \cdot \underline{v}_{m+1} \cdot \underline{e}_m^T$$

$$\Rightarrow \quad \underline{r}_m = \underline{r}_0 - \left(\underline{V}_m^{[n,m]} \underline{H}_m^{[m,m]} + h_{(m+1)m} \cdot \underline{v}_{m+1} \cdot \underline{e}_m^T \right) \left(\underline{H}_m^{[m,m]} \right)^{-1} |\underline{r}_0| \underline{e}_1$$

$$\Rightarrow \quad \underline{r}_m = \underline{r}_0 - \underline{V}_m^{[n,m]} |\underline{r}_0| \underline{e}_1 + h_{(m+1)m} |\underline{r}_0| \cdot \left(\underline{e}_m^T \left(\underline{H}_m^{[m,m]} \right)^{-1} \underline{e}_1 \right) \cdot \underline{v}_{m+1} .$$

Wegen $\underline{V}_m^{[n,m]} |\underline{r}_0| \underline{e}_1 = t |\underline{r}_0| \underline{v}_1 = \underline{r}_0$ und mit $\xi_m = h_{(m+1)m} |\underline{r}_0| \cdot (\underline{e}_m^T (\underline{H}_m^{[m,m]})^{-1} \underline{e}_1)$ folgt

$$\underline{r}_m = \xi_m \cdot \underline{v}_{m+1} \quad \text{und} \quad \xi_0 = |\underline{r}_0| . \qquad (5.11)$$

Verwendet man (5.11) mit dem Index k in (5.8), ergibt sich für $1 \le k < m$

$$|\underline{r}_0| \cdot c_{11} \cdot \underline{z}_1 = \underline{r}_0 ; \quad \xi_k \cdot h_{k(k+1)} \cdot \underline{z}_k + \xi_k \cdot c_{(k+1)(k+1)} \cdot \underline{z}_{k+1} = \underline{r}_k . \qquad (5.12)$$

Mit den Definitionen

$$\underline{y}_{k-1} = \xi_{k-1} \cdot c_{kk} \cdot \underline{z}_k \quad \text{und} \quad \lambda_{k-1} = \frac{\Lambda_k}{\xi_{k-1} \cdot c_{kk}}$$

gilt für die vorausgehenden Beziehungen

$$\underline{r}_0 = \underline{y}_0 \; ; \quad \underline{r}_k = \underline{y}_k + \eta_{k-1} \cdot \underline{y}_{k-1} \quad \text{mit} \quad \eta_{k-1} = \frac{\xi_k \cdot h_{k(k+1)}}{\xi_{k-1} \cdot c_{kk}} \; ; \tag{5.13}$$

$$\underline{x}_m = \underline{x}_0 + \sum_{k=0}^{m-1} \lambda_k \cdot \underline{y}_k \; ; \tag{5.14}$$

$$\underline{y}_0 = |\underline{r}_0|\underline{v}_1 \; ; \quad \underline{y}_{k-1} = \xi_{k-1} \cdot \underline{v}_k - \eta_{k-2} \cdot \underline{y}_{k-2} \quad \text{für} \quad 1 < k \le m \; ; \tag{5.15}$$

$$\lambda_0 = \frac{1}{c_{11}} \; ; \quad \lambda_{k-1} = -\frac{\xi_{k-2} \cdot b_{k(k-1)} \cdot c_{(k-1)(k-1)}}{\xi_{k-1} \cdot c_{kk}} \cdot \lambda_{k-2} \quad \text{für} \quad 1 < k \le m \; . \tag{5.16}$$

Aufgrund des Aufbaus von $\underline{H}_m$, $\underline{V}_m$ und $\underline{W}_m$ gemäß den Formeln in Kapitel 3 gilt, dass im m-ten Iterationsschritt die Elemente dieser Matrizen aus dem $(m - 1)$-ten Iterationsschritt unverändert bleiben, dass also u. a. gilt

$$\left(\underline{H}_{(m+1)}^{[(m+1),(m+1)]} \right)_{jk} = \left(\underline{H}_m^{[m,m]} \right)_{jk} \quad \text{für} \quad 1 \le j, \ k \le m . \tag{5.17}$$

Wegen ihrer Bidiagonalstruktur und der obigen Gleichungen gilt diese Eigenschaft auch für $\underline{B}$ und $\underline{C}$ und damit auch für $\underline{\Lambda}$ und $\underline{z}$ sowie $\underline{\lambda}$ und $\underline{y}$. Dies erlaubt die Modifizierung von (5.14) in

$$\underline{x}_m = \underline{x}_{m-1} + \lambda_{m-1} \cdot \underline{y}_{m-1} \tag{5.18}$$

$$\Rightarrow \quad \underline{r}_m = \underline{r}_{m-1} - \lambda_{m-1} \cdot \underline{A}\underline{y}_{m-1} . \tag{5.19}$$

Der rekursive Charakter von (5.15) legt den Ansatz

$$\underline{y}_k = \sum_{j=1}^{k+1} \beta_{kj} \cdot \underline{v}_j \tag{5.20}$$

nahe. Hierfür gilt nämlich

$$\underline{v}_{k+1} = \frac{1}{\xi_k} \cdot \underline{y}_k + \frac{\eta_{k-1}}{\xi_k} \cdot \underline{y}_{k-1} = \sum_{j=1}^{k+1} \frac{\beta_{kj}}{\xi_k} \cdot \underline{v}_j + \sum_{j=1}^{k} \beta_{(k-1)j} \cdot \frac{\eta_{k-1}}{\xi_k} \cdot \underline{v}_j . \tag{5.21}$$

Der Koeffizientenvergleich führt dann zu

$$\beta_{k(k+1)} = \xi_k \; ; \quad \beta_{kj} = -\eta_{k-1} \cdot \beta_{(k-1)j} \quad \text{für} \quad 1 \le j, \ k \le m . \tag{5.22}$$

Für den Residuenvektor kann eine (5.20) entsprechende Gleichung aufgestellt werden:

$$\underline{r}_k = \sum_{j=1}^{k+1} \gamma_{kj} \cdot \underline{v}_j . \tag{5.23}$$

Ausgehend von der Richtigkeit dieser Beziehung für $i = k$ kann durch vollständige Induktion die Allgemeingültigkeit bewiesen werden, in dem man die entsprechende Gleichung auch für $i = k + 1$ erhält. Für (5.19) folgt nämlich mit (5.20):

$$\underline{r}_{k+1} = \underline{r}_k - \lambda_k \cdot \underline{A}\,\underline{y}_k = \sum_{j=1}^{k+1} \gamma_{kj} \cdot \underline{v}_j - \sum_{j=1}^{k+1} \lambda_k \cdot \beta_{kj} \cdot \underline{A}\,\underline{v}_j$$

$$\overset{(3.19)}{=} \sum_{j=1}^{k+1} \gamma_{kj} \cdot \underline{v}_j - \sum_{j=1}^{k+1} \sum_{i=j-1}^{j+1} \lambda_k \cdot \beta_{kj} \cdot h_{ij}\underline{v}_i$$

$$\Rightarrow \quad \underline{r}_{k+1} = \sum_{j=1}^{k+1} \left(\gamma_{kj} \cdot \underline{v}_j - \lambda_k \cdot \beta_{kj} \cdot (h_{(j-1)j}\underline{v}_{j-1} + h_{jj}\underline{v}_j + h_{(j+1)j}\underline{v}_{j+1}) \right) = \sum_{j=1}^{k+2} \gamma_{(k+1)j} \cdot \underline{v}_j$$

$$\text{mit} \quad \gamma_{(k+1)(k+2)} = -\lambda_k \cdot \beta_{k(k+1)} \cdot h_{(k+2)(k+1)}$$

$$\gamma_{(k+1)j} = \gamma_{kj} - \lambda_k \cdot (\beta_{k(j-1)} \cdot h_{j(j-1)} + \beta_{kj} \cdot h_{jj} + \beta_{k(j+1)} \cdot h_{j(j+1)})$$

$$\text{für} \quad 1 \le j \le k+1 \quad (h_{j0} = 0) \, .$$

Hiermit ist der Schluss von k auf $k + 1$ bewiesen. Da (5.23) für $k = 0$, also wegen $|\underline{r}_0| \cdot \underline{v}_1 = \underline{r}_0$ auch richtig ist, ist die Gültigkeit von (5.23) für alle k bewiesen.

Alle vorausgehenden Ausführungen beziehen sich auf das Gleichungssystem $\underline{A}\,\underline{x} = \underline{b}$. Mit der Schreibweise $\underline{A}'\underline{x}' = \underline{b}'$ für ein weiteres Gleichungssystem kann parallel ein identischer Lösungsansatz entwickelt werden, bei dem in allen obigen Beziehungen sämtliche Größen mit der gestrichenen Bezeichnung ersetzt werden. Das bedeutet z. B. für die Näherungslösung $\underline{x}'_m$:

$$\underline{x}'_m = \underline{x}'_0 + \underline{V}'_m (\underline{H}'_m)^{-1} \underline{W}'^{\mathrm{T}}_m \underline{r}'_0 = \underline{x}'_0 + \sum_{k=0}^{m-1} \lambda'_k \cdot \underline{y}'_k \, , \tag{5.24}$$

$$\underline{r}'_m = \underline{r}'_{m-1} - \lambda'_{m-1} \cdot \underline{A}'\underline{y}'_{m-1} \tag{5.25}$$

mit

$$\underline{y}'_k = \sum_{j=1}^{k+1} \beta'_{kj} \cdot \underline{v}'_j \quad \text{und} \quad \underline{r}'_k = \sum_{j=1}^{k+1} \gamma'_{kj} \cdot \underline{v}'_j \, . \tag{5.26}$$

Stellt man zwischen beiden Gleichungssystem eine Verbindung her, die auf

$$\underline{A}' = \underline{A}^{\mathrm{T}} \quad \text{und} \quad \underline{b}' = \underline{b} \tag{5.27}$$

basiert, kann das BiCG-Verfahren als Gleichungslöser entwickelt werden, bei dem die Lösungen für beide Systeme simultan ermittelt werden. Die Konstruktion des Basissystems $\underline{v}'$ nach (3.19) folgt der Gleichung

$$\underline{A}^{\mathrm{T}}\underline{v}'_k = \sum_{i=k-1}^{k+1} h'_{ik}\underline{v}'_i \quad \text{für} \quad k > 0 \quad \text{mit} \quad \underline{v}'_0 = \underline{0} \quad \text{und} \quad \underline{v}'_1 = \frac{\underline{r}'_0}{|\underline{r}'_0|} \, . \tag{5.28}$$

Ein Vergleich mit (3.20) legt nahe, folgende Identitäten herzustellen:

$$\underline{v}'_k = \underline{w}_k \, ; \quad h'_{ik} = h_{ki} \quad \text{bzw.} \quad \underline{H}'_m = \underline{H}^{\mathrm{T}}_m \, ; \quad \underline{r}'_0 = \underline{r}_0 \, . \tag{5.29}$$

Führt man dieselben Überlegungen für $\underline{w}'$ mit (3.20) durch, erhält man

$$\underline{A}\,\underline{w}'_k = \sum_{i=k-1}^{k+1} h'_{ki}\underline{w}'_i \quad \text{für} \quad k > 0 \quad \text{mit} \quad \underline{w}'_0 = \underline{0} \quad \text{und} \quad \underline{w}'_1 = \frac{\underline{r}'_0}{|\underline{r}'_0|} \tag{5.30}$$

und damit

$$\underline{w}'_k = \underline{v}_k \, . \tag{5.31}$$

Wegen $\underline{H}'_m = \underline{B}'\underline{C}' = \underline{H}^{\mathrm{T}}_m = \underline{C}^{\mathrm{T}}\underline{B}^{\mathrm{T}}$ ergibt sich gemäß (5.6)

$$\underline{x}'_m = \underline{x}'_0 + \underline{W}_m (\underline{B}^{\mathrm{T}})^{-1}\,(\underline{C}^{\mathrm{T}})^{-1}\,|\underline{r}_0|\underline{e}_1 = \underline{x}'_0 + \underline{Z}'\underline{\Lambda}' = \underline{x}'_0 + \sum_{k=1}^{m} \Lambda'_k \cdot \underline{z}'_k\,. \tag{5.32}$$

Setzt man nun $\underline{y}'_{k-1} = (\Lambda'_k/\lambda_{k-1})\cdot\underline{z}'_k$, kann für (5.24) bis (5.26) auch geschrieben werden:

$$\underline{x}'_m = \underline{x}'_0 + \sum_{k=0}^{m-1} \lambda_k \cdot \underline{y}'_k = \underline{x}'_{m-1} + \lambda_{m-1} \cdot \underline{y}'_{m-1}\,, \tag{5.33}$$

$$\underline{r}'_m = \underline{r}'_{m-1} - \lambda_{m-1} \cdot \underline{A}^{\mathrm{T}}\underline{y}'_{m-1}\,, \tag{5.34}$$

$$\underline{y}'_k = \sum_{j=1}^{k+1} \beta'_{kj} \cdot \underline{w}_j \quad \text{und} \quad \underline{r}'_k = \sum_{j=1}^{k+1} \gamma'_{kj} \cdot \underline{w}_j\,. \tag{5.35}$$

Überträgt man auch (5.11) und (5.13) auf das zweite Gleichungssystem, so gilt:

$$\underline{r}'_k = \xi'_k \cdot \underline{w}_{k+1} \quad \text{und} \quad \xi'_0 = |\underline{r}_0|\,, \tag{5.36}$$

$$\underline{r}_0 = \underline{y}'_0\,; \quad \underline{r}'_k = \underline{y}'_k + \eta'_{k-1} \cdot \underline{y}'_{k-1}\,. \tag{5.37}$$

Wegen (5.35), (5.11) und (3.24) gilt:

$$\underline{y}'^{\mathrm{T}}_k \underline{r}_{k+1} = \xi_{k+1} \cdot \sum_{j=1}^{k+1} \beta'_{kj} \cdot \underline{w}^{\mathrm{T}}_j \underline{v}_{k+2} = 0\,. \tag{5.38}$$

Hiermit und wegen (5.37) ergibt sich

$$\underline{y}'^{\mathrm{T}}_k \underline{r}_k = \underline{r}'^{\mathrm{T}}_k \underline{r}_k - \eta'_{k-1} \cdot \underline{y}'^{\mathrm{T}}_{k-1} \underline{r}_k = \underline{r}'^{\mathrm{T}}_k \underline{r}_k\,. \tag{5.39}$$

Mit (5.19) und beiden vorausgehenden Beziehungen kann aber auch geschrieben werden:

$$\underline{y}'^{\mathrm{T}}_{m-1} \underline{r}_m = \underline{y}'^{\mathrm{T}}_{m-1} \underline{r}_{m-1} - \lambda_{m-1} \cdot \underline{y}'^{\mathrm{T}}_{m-1}\underline{A}\,\underline{y}_{m-1} = \underline{r}'^{\mathrm{T}}_{m-1} \underline{r}_{m-1} - \lambda_{m-1} \cdot \underline{y}'^{\mathrm{T}}_{m-1}\underline{A}\,\underline{y}_{m-1} = 0$$

$$\Rightarrow \quad \lambda_{m-1} = \frac{\underline{r}'^{\mathrm{T}}_{m-1}\underline{r}_{m-1}}{\underline{y}'^{\mathrm{T}}_{m-1}\underline{A}\,\underline{y}_{m-1}}\,. \tag{5.40}$$

Das Skalarprodukt der auf (5.36) und (5.23) basierenden Vektoren führt wegen (3.30) zu

$$\underline{r}'^{\mathrm{T}}_{m+1} \underline{r}_m = \xi'_{m+1} \cdot \sum_{j=1}^{m+1} \gamma_{mj} \cdot \underline{w}^{\mathrm{T}}_{m+2} \underline{v}_j = 0\,. \tag{5.41}$$

Verwendung von (5.37), (5.19), (5.41) und $\underline{y}'^{\mathrm{T}}_m \underline{r}_{m+1} = 0$ [s. (5.40) für λ_m] führt zu

$$\underline{y}'^{\mathrm{T}}_{m+1}\underline{A}\,\underline{y}_m = \frac{1}{\lambda_m} \cdot \left(\underline{r}'^{\mathrm{T}}_{m+1} - \eta'_m \cdot \underline{y}'^{\mathrm{T}}_m\right)(\underline{r}_m - \underline{r}_{m+1}) = \frac{1}{\lambda_m} \cdot \left(-\underline{r}'^{\mathrm{T}}_{m+1}\underline{r}_{m+1} - \eta'_m \cdot \underline{y}'^{\mathrm{T}}_m \underline{r}_m\right)$$

$$\overset{(5.39)}{\Rightarrow} \quad \underline{r}'^{\mathrm{T}}_{m+1}\underline{r}_{m+1} + \eta'_m \cdot \underline{r}'^{\mathrm{T}}_m \underline{r}_m = -\lambda_m \cdot \underline{y}'^{\mathrm{T}}_{m+1}\underline{A}\,\underline{y}_m\,. \tag{5.42}$$

Die Forderung, dass $y'_{m+1} \perp (A\,y_m)$, dass also $y'^{T}_{m+1} A\,y_m = 0$ sein soll, ergibt

$$\eta'_m = -\frac{r'^{T}_{m+1} r_{m+1}}{r'^{T}_m r_m}\,.$$

Aufgrund des dualen Charakters dieser Beziehung kann geschrieben werden:

$$\eta_m = \eta'_m = -\frac{r'^{T}_{m+1} r_{m+1}}{r'^{T}_m r_m}\,. \tag{5.43}$$

Diese Identität von η_m und η'_m ist der eigentliche Grund für die zunächst willkürlich erscheinende Festlegung $y'_{m+1} \perp (A\,y_m)$. Indirekt wird somit über (5.37) eine Regel für die Konstruktion von y'_{m+1} festgelegt. Mit Ausführung von (5.37) wird sichergestellt, dass der neu konstruierte Vektor y'_{m+1} stets senkrecht auf $A\,y_m$, also senkrecht auf der Vektordifferenz $(r_m - r_{m+1})$ steht. Wenn damit auch keine der Optimierungsregel (2.11) adäquate Bedingung erfüllt wird, besteht der Vorteil in einer zeitlichen Beschleunigung des Verfahrens, da anstelle von zwei Werten für η_m lediglich nur noch einer gemäß (5.43) berechnet werden muss. Da das BiCG-Verfahren im Gegensatz zum GMRES-Verfahren keine Minimierungsregel befolgt, ist das Konvergenzverhalten durch Oszillationen charakterisiert (s. Kapitel 8).

Das Verfahren konvergiert nicht mehr, wenn wegen $\lambda_k = 0$ aus (5.18) $x_{k+1} = x_k$ folgt. Dieser Fall tritt für $r'^{T}_k r_k = 0$ ein und führt zum Abbruch des Verfahrens. Der Iterationsprozess muss auch bei $y'^{T}_k A\,y_k = 0$ abgebrochen werden, damit in (5.40) kein Divisor Null auftritt.

Beliebige Wahl von x_0 für $r_0 := b - A\,x_0$	
$y_0 = y'_0 = r'_0 := r_0\,;\quad k := 0$	
Solange $\lvert r_k \rvert > \varepsilon$	
$\lambda_k := \dfrac{r'^{T}_k r_k}{y'^{T}_k A\,y_k}$	s. (5.40)
$x_{k+1} := x_k + \lambda_k \cdot y_k$	s. (5.18)
$r_{k+1} := r_k - \lambda_k \cdot A\,y_k$	s. (5.19)
$r'_{k+1} := r'_k - \lambda_k \cdot A^{T} y'_k$	s. (5.34)
$\eta_k := \dfrac{r'^{T}_{k+1} r_{k+1}}{r'^{T}_k r_k}$	s. (5.43)
$y_{k+1} := r_{k+1} + \eta_k \cdot y_k$	s. (5.13)
$y'_{k+1} := r'_{k+1} + \eta_k \cdot y'_k$	s. (5.37)
$k := k + 1$	

Ablauf des BiCG-Verfahrens (ohne weitere Abbruchbedingungen)

5.3 Das Verfahren der konjugierten Gradienten (CG-Verfahren)

Das CG-Verfahren kann als ein Sonderfall des BiCG-Verfahrens betrachtet werden, welcher für den Fall einer symmetrischen Matrix, also wenn $\underline{A}^T = \underline{A}$ gilt, zur Anwendung kommt. Da das zweite GLS $\underline{A}'\underline{x}' = \underline{b}'$ hier identisch mit dem ersten GLS ist, können einige Gleichungen aus Abschnitt 5.2 mit den gestrichenen Größen entfallen. Außerdem können die gestrichenen Größen durch die ihnen entsprechenden Größen des ersten GLS ersetzt werden. Diese Vereinfachung führt zu folgendem Ablauf der Operationsschritte [6]:

Beliebige Wahl von $\underline{x}_0$ für $\underline{r}_0 := \underline{b} - \underline{A}\,\underline{x}_0$		
$\underline{y}_0 := \underline{r}_0$; $\quad \rho_0 := \underline{r}_0^T\underline{r}_0$		
für $k = 0, 1, \ldots, n-1$		
$\rho_k > \varepsilon$ / n; j		
$\underline{z}_k := \underline{A}\,\underline{y}_k$; $\quad \lambda_k := \dfrac{\rho_k}{\underline{y}_k^T \underline{z}_k}$		s. (5.40)
$\underline{x}_{k+1} := \underline{x}_k + \lambda_k \cdot \underline{y}_k$		s. (5.18)
$\underline{r}_{k+1} := \underline{r}_k - \lambda_k \cdot \underline{z}_k$		s. (5.19)
$\rho_{k+1} := \underline{r}_{k+1}^T\underline{r}_{k+1}$		s. (5.43)
$\underline{y}_{k+1} := \underline{r}_{k+1} + \dfrac{\rho_{k+1}}{\rho_k} \cdot \underline{y}_k$	Ende	s. (5.13)

Ablauf des CG-Verfahrens (ohne weitere Abbruchbedingungen)

Wie der Vergleich von (5.40) mit (2.16) zeigt, basiert das CG-Verfahren auf der Optimierungsregel (2.14). Diese setzt allerdings neben der Symmetrie auch eine positiv definite Matrix voraus. Ergibt sich bei einem Iterationsschritt die Gleichung $\underline{y}_k^T\underline{z}_k = \underline{y}_k^T\underline{A}\,\underline{y}_k = 0$, ist gemäß [3] die Systemmatrix nicht positiv definit und das Verfahren muss wegen nicht erfüllter Anwendungsbedingung abgebrochen werden. Wenn darüber hinaus $|\underline{z}_k| = 0$ berechnet wird, gilt $\underline{y}_k^T(\underline{A}^T\underline{A})\underline{y}_k = 0$, was gemäß [3] gleichbedeutend mit $|\underline{A}^T|\,|\underline{A}| = 0$ ist. Die Systemmatrix ist also hierbei singulär.

Der Anwendungsbereich dieses Verfahrens kann auch auf nichtsymmetrische Matrizen erweitert werden, indem man zuvor das GLS modifiziert:

$$\underline{A}^T\underline{A}\,\underline{x} = \underline{A}^T\underline{b} \,. \tag{5.44}$$

In dem Verfahren wird ersatzweise für die nichtsymmetrische Matrix $\underline{A}$ das symmetrische Matrizenprodukt $\underline{A}^T\underline{A}$ herangezogen. Entsprechend ist $\underline{b}$ durch die rechte Seite von (5.44) zu ersetzen. Voraussetzung hierfür ist, dass $\underline{A}$ eine reguläre Matrix ist, da nur dann die Inverse von $\underline{A}^T$ existiert und somit die Lösung von (5.44) mit der des ursprünglichen GLS identisch ist.

5.4 Das Conjugate-Gradient-Squared-Verfahren (CGS-Verfahren)

Das CGS-Verfahren baut auf dem BiCG-Verfahren auf, wobei die Polynomdarstellung von (1.8) in (5.20), (5.23) und (5.37) mit Anwendung von (1.9) und (5.27) eingesetzt wird:

$$\underline{y}_k = Y_k(\underline{A}) \cdot \underline{r}_0 \quad \text{und} \quad \underline{r}_k = R_k(\underline{A}) \cdot \underline{r}_0 \,, \tag{5.45}$$

$$\underline{y}'_k = Y_k(\underline{A}^{\mathrm{T}}) \cdot \underline{r}_0 \quad \text{und} \quad \underline{r}'_k = R_k(\underline{A}^{\mathrm{T}}) \cdot \underline{r}_0 \,. \tag{5.46}$$

Wegen (5.13) und (5.19) bzw. (5.34) und (5.37) ergeben sich für die Polynome folgende Beziehungen:

$$R_k(z) = Y_k(z) + \eta_{k-1} \cdot Y_{k-1}(z) \,, \tag{5.47}$$

$$R_{k+1}(z) = R_k(z) - \lambda_k \cdot z Y_k(z) \,. \tag{5.48}$$

Da $\underline{y}'^{\mathrm{T}}_k = (Y_k(\underline{A}^{\mathrm{T}}) \cdot \underline{r}_0)^{\mathrm{T}} = \underline{r}_0^{\mathrm{T}} \cdot Y_k(\underline{A})$ und $\underline{r}'^{\mathrm{T}}_k = (R_k(\underline{A}^{\mathrm{T}}) \cdot \underline{r}_0)^{\mathrm{T}} = \underline{r}_0^{\mathrm{T}} \cdot R_k(\underline{A})$ gilt, kann mit (5.45) und (5.46) für (5.40) und (5.43) geschrieben werden:

$$\lambda_k = \frac{\underline{r}_0^{\mathrm{T}} R_k^2(\underline{A}) \underline{r}_0}{\underline{r}_0^{\mathrm{T}} \underline{A} Y_k^2(\underline{A}) \underline{r}_0} \; ; \quad \eta_k = \frac{\underline{r}_0^{\mathrm{T}} R_{k+1}^2(\underline{A}) \underline{r}_0}{\underline{r}_0^{\mathrm{T}} R_k^2(\underline{A}) \underline{r}_0} \,. \tag{5.49}$$

Mit den Definitionen

$$\hat{\underline{y}}_k = Y_k(\underline{A}) \cdot \underline{y}_k = Y_k^2(\underline{A}) \cdot \underline{r}_0 \; ; \quad \hat{\underline{r}}_k = R_k(\underline{A}) \cdot \underline{r}_k = R_k^2(\underline{A}) \cdot \underline{r}_0 \tag{5.50}$$

vereinfacht sich (5.49) zu

$$\lambda_k = \frac{\underline{r}_0^{\mathrm{T}} \hat{\underline{r}}_k}{\underline{r}_0^{\mathrm{T}} \underline{A} \, \hat{\underline{y}}_k} \; ; \quad \eta_k = \frac{\underline{r}_0^{\mathrm{T}} \hat{\underline{r}}_{k+1}}{\underline{r}_0^{\mathrm{T}} \hat{\underline{r}}_k} \,. \tag{5.51}$$

Aus (5.47) und (5.48) folgt:

$$Y_k^2(z) = R_k^2(z) + 2\eta_{k-1} \cdot R_k(z) Y_{k-1}(z) + \eta_{k-1}^2 \cdot Y_{k-1}^2(z) \,, \tag{5.52}$$

$$R_{k+1}^2(z) = R_k^2(z) - \lambda_k \cdot z \left(2R_k(z) Y_k(z) - \lambda_k \cdot z Y_k^2(z) \right)$$

$$= R_{k+1}^2(z) = R_k^2(z) - \lambda_k \cdot z \left(2R_k^2(z) + 2\eta_{k-1} \cdot R_k(z) Y_k(z) \right.$$

$$\left. -\lambda_k \cdot z Y_k^2(z) \right) \,, \tag{5.53}$$

$$R_{k+1}(z) Y_k(z) = R_k^2(z) + \eta_{k-1} \cdot R_k(z) Y_{k-1}(z) - \lambda_k \cdot z Y_k^2(z) \,. \tag{5.54}$$

Hiermit folgen die weiteren Definitionen:

$$\underline{p}_k = R_k(\underline{A}) \underline{y}_k = R_k(\underline{A}) Y_k(\underline{A}) \underline{r}_0 \; ; \quad \underline{q}_k = R_{k+1}(\underline{A}) \underline{y}_k = R_{k+1}(\underline{A}) Y_k(\underline{A}) \underline{r}_0 \,. \tag{5.55}$$

Aus obigen Definitionen und Beziehungen lässt sich herleiten:

$$\underline{p}_k \overset{(5.47)}{=} R_k^2(\underline{A}) \underline{r}_0 + \eta_{k-1} \cdot R_k(\underline{A}) Y_{k-1}(z) \underline{r}_0 \overset{(5.50),(5.55)}{=} \hat{\underline{r}}_k + \eta_{k-1} \cdot \underline{q}_{k-1} \,, \tag{5.56}$$

$$\underline{q}_k \overset{(5.54)}{=} R_k^2(\underline{A}) \underline{r}_0 + \eta_{k-1} \cdot R_k(\underline{A}) Y_{k-1}(\underline{A}) \underline{r}_0 - \lambda_k \cdot \underline{A} Y_k^2(\underline{A}) \underline{r}_0$$

$$\overset{(5.56),(5.50)}{=} \underline{q}_k = \underline{p}_k - \lambda_k \cdot \underline{A} \, \hat{\underline{y}}_k \,, \tag{5.57}$$

$$\hat{\underline{r}}_{k+1} \overset{(5.50),(5.53)}{=} R_k^2(\underline{A})\underline{r}_0 - \lambda_k \cdot \underline{A}\left(2R_k^2(\underline{A})\underline{r}_0 + 2\eta_{k-1} \cdot R_k(\underline{A})Y_{k-1}(\underline{A})\underline{r}_0 - \lambda_k \cdot \underline{A}Y_k^2(\underline{A})\underline{r}_0\right)$$

$$\hat{\underline{r}}_{k+1} \overset{(5.56),(5.50)}{=} \hat{\underline{r}}_k - \lambda_k \cdot \underline{A}(\underline{p}_k + \underline{p}_k - \lambda_k \cdot \underline{A}\hat{\underline{y}}_k) \overset{(5.57)}{=} \hat{\underline{r}}_k - \lambda_k \cdot \underline{A}(\underline{p}_k + \underline{q}_k)\,, \qquad (5.58)$$

$$\hat{\underline{y}}_{k+1} \overset{(5.50),(5.52)}{=} R_{k+1}^2(z)\underline{r}_0 + 2\eta_k \cdot R_{k+1}(z)Y_k(z)\underline{r}_0 + \eta_k^2 \cdot Y_k^2(z)\underline{r}_0$$

$$\overset{(5.50),(5.54)}{\Rightarrow} \hat{\underline{y}}_{k+1} = \hat{\underline{r}}_{k+1} + 2\eta_k \cdot \underline{q}_k + \eta_k^2 \cdot \hat{\underline{y}}_k \overset{(5.56)}{=} \hat{\underline{p}}_{k+1} + \eta_k \cdot (\eta_k \cdot \hat{\underline{y}}_k + \underline{q}_k)\,. \qquad (5.59)$$

Besteht zwischen der neu definierten Variablen $\hat{\underline{x}}$ und dem Residuenvektor $\hat{\underline{r}}$ die Beziehung $\hat{\underline{r}} = \underline{b} - \underline{A}\,\hat{\underline{x}}$, so führt die Minimierung von $\hat{\underline{r}}$ zur Lösung $\hat{\underline{x}} = \underline{A}^{-1}\underline{b}$. Dazu setzt man als Anfangswert $\hat{\underline{x}}_0 = \underline{x}_0$ ein, also $\hat{\underline{r}}_0 = \underline{r}_0$. Für die Lösung des GLS kann wegen (5.58) geschrieben werden:

$$\hat{\underline{x}}_{k+1} = \hat{\underline{x}}_k + \lambda_k \cdot (\underline{p}_k + \underline{q}_k)\,. \qquad (5.60)$$

Das Verfahren konvergiert nicht mehr, wenn wegen $\lambda_k = 0$ aus (5.60) $\hat{\underline{x}}_{k+1} = \hat{\underline{x}}_k$ folgt. Dieser Fall tritt für $\underline{r}_0^\mathsf{T}\underline{r}_k = 0$ ein und führt zum Abbruch des Verfahrens. Der Iterationsvorgang muss auch bei $\underline{r}_0^\mathsf{T}\underline{z}_k = 0$ abgebrochen werden, da der Divisor in (5.51) nicht gegen Null streben darf. In der bisher gebräuchlichen Schreibweise ohne das Superskript^ergibt sich für den Operationsablauf folgendes Blockdiagramm [6]:

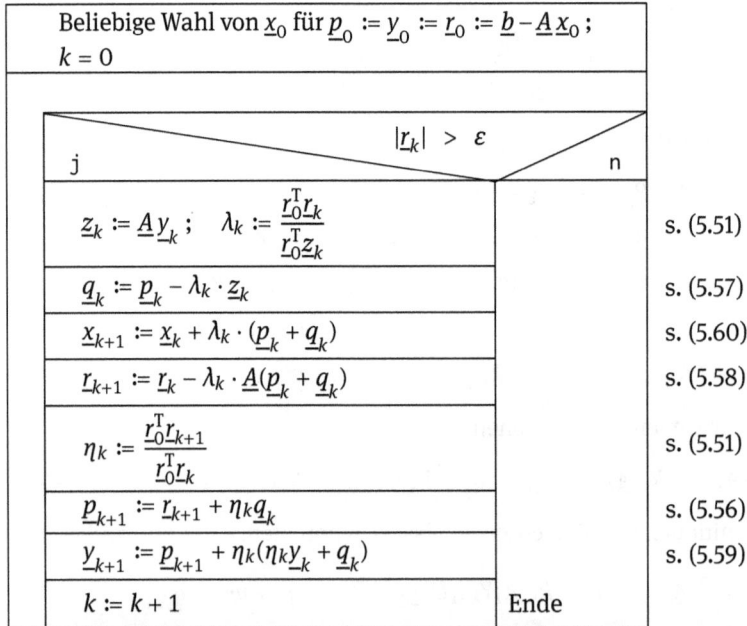

Beliebige Wahl von $\underline{x}_0$ für $\underline{p}_0 := \underline{y}_0 := \underline{r}_0 := \underline{b} - \underline{A}\underline{x}_0$; $k = 0$	
$\quad j \qquad\qquad\qquad\qquad |\underline{r}_k| > \varepsilon \qquad\qquad\qquad\qquad n$	
$\underline{z}_k := \underline{A}\,\underline{y}_k\,; \quad \lambda_k := \dfrac{\underline{r}_0^\mathsf{T}\underline{r}_k}{\underline{r}_0^\mathsf{T}\underline{z}_k}$	s. (5.51)
$\underline{q}_k := \underline{p}_k - \lambda_k \cdot \underline{z}_k$	s. (5.57)
$\underline{x}_{k+1} := \underline{x}_k + \lambda_k \cdot (\underline{p}_k + \underline{q}_k)$	s. (5.60)
$\underline{r}_{k+1} := \underline{r}_k - \lambda_k \cdot \underline{A}(\underline{p}_k + \underline{q}_k)$	s. (5.58)
$\eta_k := \dfrac{\underline{r}_0^\mathsf{T}\underline{r}_{k+1}}{\underline{r}_0^\mathsf{T}\underline{r}_k}$	s. (5.51)
$\underline{p}_{k+1} := \underline{r}_{k+1} + \eta_k\underline{q}_k$	s. (5.56)
$\underline{y}_{k+1} := \underline{p}_{k+1} + \eta_k(\eta_k\underline{y}_k + \underline{q}_k)$	s. (5.59)
$k := k + 1$	Ende

Ablauf des CGS-Verfahrens (ohne weitere Abbruchbedingungen)

5.5 Das Bi-Conjugate-Gradient-Stabilized-Verfahren (BiCGSTAB-Verfahren)

Das CGS-Verfahren wurde aus dem BiCG-Verfahren hergeleitet, indem die aus Gleichung (5.35) hervorgehenden Polynome $R'_k(\underline{A})$ und $Y'_k(\underline{A})$ mit $R_k(\underline{A}^T)$ und $Y_k(\underline{A}^T)$ gleichgesetzt wurden. In ähnlicher Weise wird hier das BiCGSTAB-Verfahren ausgehend vom CGS-Verfahren hergeleitet, indem ein neues Polynom $Z_k(\underline{A})$ definiert wird, dessen besondere Eigenschaft die Orthogonalität zum Residuenvektor $\underline{r}_{k+1}$ ist. Dass ein solches Polynom existiert, kann über eine der Gleichung (5.41) adäquate Beziehung bewiesen werden. Es gilt mit (5.11) und (5.31)

$$\underline{r}_{k+1}^T \underline{r}'_j = \sum_{i=1}^{j+1} \xi_{k+1} \gamma'_{ji} \cdot \underline{v}_{k+2}^T \underline{w}_i \overset{(3.30)}{=} 0 \quad \text{für} \quad i-1 \le j \le k$$

$$\overset{(5.46)}{\Rightarrow} \quad \underline{r}'_j = R_j(\underline{A}^T) \cdot \underline{r}_0 \perp \underline{r}_{k+1} = R_{k+1}(\underline{A}) \cdot \underline{r}_0 \quad \text{für} \quad j \le k. \tag{5.61}$$

Mit (5.61) ist also dargelegt, dass man Polynome $Z_j(\underline{A}^T)$ finden kann, für die gilt:

$$\left(Z_j(\underline{A}^T) \cdot \underline{r}_0\right)^T \cdot (R_{k+1}(\underline{A}) \cdot \underline{r}_0) = 0 \quad \text{für} \quad j \le k \tag{5.62}$$

$$\Rightarrow \quad \left(\underline{r}_0^T \cdot Z_k(\underline{A})\right) \cdot (R_k(\underline{A}) \cdot \underline{r}_0) = \left(\underline{r}_0^T \cdot Z_k(\underline{A})\right) \cdot (R_k(\underline{A}) - R_{k+1}(\underline{A})) \cdot \underline{r}_0$$

$$\overset{(5.48)}{\Rightarrow} \quad \underline{r}_0^T \cdot (Z_k(\underline{A}) \cdot R_k(\underline{A})) \cdot \underline{r}_0 = \lambda_k \underline{r}_0^T \cdot (Z_k(\underline{A})\underline{A}Y_k(\underline{A})) \cdot \underline{r}_0$$

$$\Rightarrow \quad \lambda_k = \frac{\underline{r}_0^T \cdot (Z_k(\underline{A})R_k(\underline{A})\underline{r}_0)}{\underline{r}_0^T \cdot (Z_k(\underline{A})\underline{A}Y_k(\underline{A})\underline{r}_0)} = \frac{\underline{r}_0^T \cdot \hat{\underline{r}}_k}{\underline{r}_0^T \cdot (\underline{A}\,\hat{\underline{y}}_k)} \tag{5.63}$$

$$\text{mit} \quad \hat{\underline{r}}_k = Z_k(\underline{A})R_k(\underline{A})\underline{r}_0 \quad \text{und} \quad \hat{\underline{y}}_k = Z_k(\underline{A})Y_k(\underline{A})\underline{r}_0. \tag{5.64}$$

Für das neu eingeführte Polynom $Z_k(\underline{A}^T)$ kann analog zu (5.48) die Beziehung

$$Z_{k+1}(\underline{A}) = Z_k(\underline{A}) - \mu_k \cdot \underline{A}Z_k(\underline{A}) = (\underline{I} - \mu_k \cdot \underline{A})Z_k(\underline{A}) \tag{5.65}$$

aufgestellt werden. Hiermit folgt für (5.64) und $k+1$:

$$\hat{\underline{r}}_{k+1} = (\underline{I} - \mu_k \cdot \underline{A})Z_k(\underline{A})R_{k+1}(\underline{A})\underline{r}_0 = (\underline{I} - \mu_k \cdot \underline{A})\underline{q}_k \tag{5.66}$$

$$\text{mit} \quad \underline{q}_k = Z_k(\underline{A})R_{k+1}(\underline{A})\underline{r}_0 \overset{(5.48)}{=} Z_k(\underline{A})R_k(\underline{A})\underline{r}_0 - \lambda_k \cdot Z_k(\underline{A})\underline{A}Y_k(\underline{A})\underline{r}_0$$

$$\overset{(5.64)}{\Rightarrow} \quad \underline{q}_k = \hat{\underline{r}}_k - \lambda_k \cdot \underline{A}\,\hat{\underline{y}}_k. \tag{5.67}$$

Für $k+1$ folgt aus (5.64) mit (5.47)

$$\hat{\underline{y}}_{k+1} = Z_{k+1}(\underline{A})R_{k+1}(\underline{A})\underline{r}_0 - \eta_k Z_{k+1}(\underline{A})Y_k(\underline{A})\underline{r}_0$$

$$\overset{(5.64),(5.65)}{\Rightarrow} \quad \hat{\underline{y}}_{k+1} = \hat{\underline{r}}_{k+1} - \eta_k(\underline{I} - \mu_k \cdot \underline{A})Z_k(\underline{A})Y_k(\underline{A})\underline{r}_0 = \hat{\underline{r}}_{k+1} - \eta_k(\underline{I} - \mu_k \cdot \underline{A})\hat{\underline{y}}_k. \tag{5.68}$$

Setzt man (5.47) in (5.48) ein und dekrementiert den Index jedes Terms, erhält man

$$R_k(z) = R_{k-1}(z) - \lambda_{k-1} \cdot z(R_{k-1}(z) - \eta_{k-2} \cdot Y_{k-2}(z))$$

$$= -\lambda_{k-1} \cdot zR_{k-1}(z) + R_{k-1}(z) + \eta_{k-2}\lambda_{k-1} \cdot z \cdot Y_{k-2}(z) = -\lambda_{k-1} \cdot zR_{k-1}(z) + \hat{P}_{k-1}(z) \,,$$

worin $\hat{P}_{k-1}(z) = R_{k-1}(z) + \eta_{k-2}\lambda_{k-1} \cdot z \cdot Y_{k-2}(z)$ ein Polynom vom Grad $(k-1)$ darstellt. Da die Gleichung bezüglich $R_k(z)$ rekursiv ist, wird folgender Ansatz gemacht:

$$R_k(z) = (-1)^k \prod_{j=0}^{k-1} \lambda_j \cdot z^k \cdot R_0(z) + P_{k-1}(z) \,. \tag{5.69}$$

Die Richtigkeit dieses Ansatzes kann durch vollständige Induktion bewiesen werden, indem (5.69) für $k-1$ in obige Formel eingesetzt wird:

$$R_k(z) = -\lambda_{k-1} \cdot z \left((-1)^{k-1} \prod_{j=0}^{k-2} \lambda_j \cdot z^{k-1} \cdot R_0(z) + P_{k-2}(z) \right) + \hat{P}_{k-1}(z)$$

$$= (-1)^k \prod_{j=0}^{k-1} \lambda_j \cdot z^k \cdot R_0(z) + P_{k-1}(z) \quad \text{mit} \quad P_{k-1}(z) = -\lambda_{k-1} \cdot zP_{k-2}(z) + \hat{P}_{k-1}(z) \,.$$

Wenn (5.69) für $k-1$ gilt, so ist (5.69) also auch für k richtig. Aus (5.45) folgt $R_0(z) = 1$. Somit erhält man für (5.69)

$$R_k(z) = (-1)^k \prod_{j=0}^{k-1} \lambda_j \cdot z^k + P_{k-1}(z) \tag{5.70}$$

$$\Rightarrow \quad R_1(z) = -\lambda_0 z + c_0 \,.$$

Aus (5.45) und (5.19) kann $R_1(z) = 1 - \lambda_0 z$ hergeleitet werden. Somit ist (5.70) auch für $k = 1$ und damit für jedes k gültig. Wegen der Analogie von (5.65) mit (5.48) ist neben (5.70)

$$Z_k(z) = (-1)^k \prod_{j=0}^{k-1} \mu_j \cdot z^k + Q_{k-1}(z) \tag{5.71}$$

eine adäquate Beziehung mit $Q_{k-1}(z)$ als Polynom $(k-1)$-ten Grades.

Die Übertragung der Gleichungen (1.8) bis (1.10) auf das simultane GLS $\underline{A}'\underline{x}' = \underline{b}$ mit $\underline{A}' = \underline{A}^{\mathrm{T}}$ führt zu der Darstellung

$$P_{k-1}(\underline{A}^{\mathrm{T}})\underline{r}_0 = \sum_{j=1}^{k} \kappa_{kj}\underline{w}_j \quad \text{bzw.} \quad Q_{k-1}(\underline{A}^{\mathrm{T}})\underline{r}_0 = \sum_{j=1}^{k} \kappa_{kj}\underline{w}_j \,.$$

Bei Anwendung von (5.11) und (3.26) hierauf folgt

$$\underline{r}_k^{\mathrm{T}} \cdot \sum_{j=1}^{k} \kappa_{kj}\underline{w}_j = \sum_{j=1}^{k} \xi_k \kappa_{kj} \cdot \underline{v}_{k+1}^{\mathrm{T}}\underline{w}_j = 0$$

$$\Rightarrow \quad \underline{r}_k^{\mathrm{T}} \cdot \underline{r}_k' = \underline{r}_k^{\mathrm{T}} \cdot R_k(\underline{A}^{\mathrm{T}})\underline{r}_0 = (-1)^k \prod_{j=0}^{k-1} \lambda_j \cdot \underline{r}_k^{\mathrm{T}}\underline{A}^k \cdot \underline{r}_0 + \underline{r}_k^{\mathrm{T}}P_{k-1}(\underline{A})\underline{r}_0$$

$$\Rightarrow \quad \underline{r}_k^{\mathrm{T}} \cdot \underline{r}_k' = (-1)^k \prod_{j=0}^{k-1} \lambda_j \cdot \left(\underline{r}_0^{\mathrm{T}}R_k(\underline{A}^{\mathrm{T}})\underline{A}^k\underline{r}_0 \right) \,. \tag{5.72}$$

Die identische Herleitung mit der Vektordefinition $\underline{z}'_k = Z_k(\underline{A}^T)\underline{r}_0$ ergibt.

$$\underline{r}_k^T \cdot \underline{z}'_k = \underline{z}'^T_k \cdot \underline{r}_k = \underline{r}_0^T Z_k(\underline{A})R_k(\underline{A})\underline{r}_0 = \underline{r}_0^T \cdot \hat{\underline{r}}_k = (-1)^k \prod_{j=0}^{k-1} \mu_j \cdot \left(\underline{r}_0^T R_k(\underline{A}^T)\underline{A}^k \underline{r}_0\right) \tag{5.73}$$

$$\Rightarrow \quad \frac{\underline{r}_k^T \cdot \underline{r}'_k}{\underline{r}_k^T \cdot \underline{z}'_k} = \frac{\underline{r}_k^T \cdot \underline{r}'_k}{\underline{r}_0^T \cdot \hat{\underline{r}}_k} = \prod_{j=0}^{k-1} \frac{\lambda_j}{\mu_j} . \tag{5.74}$$

Aus (5.43) folgt mit obigen Gleichungen

$$\eta_k = -\frac{\underline{r}'^T_{k+1}\underline{r}_{k+1}}{\underline{r}'^T_k \underline{r}_k} = -\frac{\underline{r}'^T_{k+1}\underline{r}_{k+1}}{\underline{r}_{k+1}^T \underline{z}'_{k+1}} \cdot \frac{\underline{r}_{k+1}^T \underline{z}'_{k+1}}{\underline{r}_k^T \underline{z}'_k} \cdot \frac{\underline{r}_k^T \underline{z}'_k}{\underline{r}_k^T \underline{r}_k} = -\prod_{j=0}^{k} \frac{\lambda_j}{\mu_j} \cdot \frac{\underline{r}_{k+1}^T \underline{z}'_{k+1}}{\underline{r}_k^T \underline{z}'_k} \cdot \prod_{j=0}^{k-1} \frac{\mu_j}{\lambda_j}$$

$$\Rightarrow \quad \eta_k = -\frac{\lambda_k}{\mu_k} \cdot \frac{\underline{r}_{k+1}^T \underline{z}'_{k+1}}{\underline{r}_k^T \underline{z}'_k} = -\frac{\lambda_k}{\mu_k} \cdot \frac{\underline{r}_0^T \cdot \hat{\underline{r}}_{k+1}}{\underline{r}_0^T \cdot \hat{\underline{r}}_k} . \tag{5.75}$$

Definiert man analog zu (2.1)

$$\hat{\underline{r}}_{k+1} = \hat{\underline{b}} - \hat{\underline{A}}\hat{\underline{x}}_{k+1} , \tag{5.76}$$

so führt die Minimierung von $\hat{\underline{r}}_{k+1}$ zur Lösung $\hat{\underline{x}}$ der Gleichung $\hat{\underline{A}}\hat{\underline{x}} = \hat{\underline{b}}$. Hierzu wird (2.10) auf (5.66) angewendet, d. h., es wird der Wert von μ_k gesucht, für den $|(\underline{I} - \mu_k \cdot \underline{A})\underline{q}_k|$ minimal ist. Die Optimierungsbedingung gemäß (2.10) lautet in diesem Fall

$$\frac{d}{d\mu_k}((\underline{I} - \mu_k \cdot \underline{A})\underline{q}_k)^T \cdot ((\underline{I} - \mu_k \cdot \underline{A})\underline{q}_k) = 2((\underline{I} - \mu_k \cdot \underline{A})\underline{q}_k)^T \cdot \frac{d}{d\mu_k}((\underline{I} - \mu_k \cdot \underline{A})\underline{q}_k) = 0$$

$$\Rightarrow \quad ((\underline{I} - \mu_k \cdot \underline{A})\underline{q}_k)^T \underline{A}\underline{q}_k = 0 \quad \Rightarrow \quad \mu_k \cdot \underline{q}_k^T \underline{A}^T \underline{A}\,\underline{q}_k = \underline{q}_k^T \underline{A}\,\underline{q}_k$$

$$\Rightarrow \quad my_k = \frac{\underline{q}_k^T \underline{A}\,\underline{q}_k}{(\underline{A}\,\underline{q}_k)^T (\underline{A}\,\underline{q}_k)} . \tag{5.77}$$

Umstellung von (5.76) und Einsetzen von (5.66) und (5.67) ergibt für $\hat{\underline{A}} = \underline{A}$ und $\hat{\underline{b}} = \underline{b}$:

$$\hat{\underline{x}}_{k+1} = \underline{A}^{-1}(\underline{b} - \hat{\underline{r}}_{k+1}) = \underline{A}^{-1}(\underline{b} - \underline{q}_k) + \mu_k \underline{q}_k = \underline{A}^{-1}(\underline{b} - \hat{\underline{r}}_k + \lambda_k \cdot \underline{A}\,\hat{\underline{y}}_k) + \mu_k \underline{q}_k$$

$$\Rightarrow \quad \hat{\underline{x}}_{k+1} = \underline{A}^{-1}(\underline{b} - \hat{\underline{r}}_k + \lambda_k \cdot \underline{A}\,\hat{\underline{y}}_k) + \mu_k \underline{q}_k = \hat{\underline{x}}_k + \lambda_k \hat{\underline{y}}_k + \mu_k \underline{q}_k . \tag{5.78}$$

Wegen der Gleichsetzung von $\hat{\underline{A}}$ und $\hat{\underline{b}}$ mit $\underline{A}$ und $\underline{b}$ ist $\hat{\underline{x}}_m$ bei $\hat{\underline{r}}_m = 0$ die Lösung des GLS $\underline{A}\hat{\underline{x}} = \underline{b}$. Im folgenden Ablaufdiagramm wird daher für sämtliche Größen wieder die bisher gebräuchliche Schreibweise ohne das Superskript $\hat{}$ verwendet [6].

Das Verfahren neigt allerdings zu instabilem Verhalten und führt zu keinem brauchbaren Ergebnis, wenn die Divisoren in (5.63) und (5.77) zu kleine Werte annehmen. Um dies für λ_k zu vermeiden, wird der Iterationsprozess neu gestartet, wenn das Skalarprodukt $\underline{r}_0^T \underline{z}_k$ einen bestimmten Wert unterschreitet. Dieser Wert wird über eine geeignet gewählte Konstante ϵ festgelegt und ist proportional zu dem Betrag des Vektors $\underline{r}_0$ sowie $\underline{z}_k$. Bei $k \geq 1$ wird für den Restart der zuletzt errechnete Näherungsvektor $\underline{x}_k$ als neuer Startvektor $\underline{x}_0$ eingesetzt. Im Fall $k = 0$ muss der bereits zu Beginn des Iterationsprozesses angesetzte Näherungsvektor $\underline{x}_0$ verändert werden, damit sich die Iterationsergebnisse nicht wiederholen.

Um einen zu kleinen Wert von μ_k zu verhindern, wird der Betrag von $\underline{q}_k$ überwacht. Wird dieser zu klein, werden bei der Berechnung von $\underline{x}_{k+1}$ und $\underline{r}_{k+1}$ im nächsten Iterationsschritt die mit μ_k faktorisierten Summanden nicht einbezogen. Außerdem wird auf die Neuberechnung von ρ_{k+1}, η_k und $\underline{y}_{k+1}$ verzichtet. Das BiCGSTAB-Verfahren muss auch abgebrochen werden, wenn der Divisor in (5.77) gegen Null strebt, also wenn sich im Iterationsverlauf $\underline{p}_k^T\underline{p}_k = 0$ ergibt. In den Fällen $\underline{q}_k^T\underline{p}_k = 0$ bzw. $\underline{r}_0^T\underline{r}_{k+1} = 0$ muss das Verfahren ebenfalls abgebrochen werden, da wegen $\mu_k = 0$ bzw. $\lambda_{k+1} = 0$ und daher $\underline{x}_{k+1} = \underline{x}_k$ die Konvergenz schwindet. Mittels einer Proberechnung kann festgestellt werden, ob die richtige Lösung gefunden wurde oder ob das Verfahren nicht konvergierte.

Beliebige Wahl von $\underline{x}_0$

$\underline{y}_0 := \underline{r}_0 := \underline{b} - \underline{A}\underline{x}_0$

$\rho_0 := \underline{r}_0^T\underline{r}_0$; $k := 0$

Solange $|\underline{r}_k| > \varepsilon_1$

  $\underline{z}_k := \underline{A}\underline{y}_k$

  $|\underline{r}_0^T\underline{z}_k| \leq \varepsilon_2 \cdot |\underline{r}_0| \cdot |\underline{z}_k|$ (n / j)

  $\lambda_k := \dfrac{\rho_k}{\underline{r}_0^T\underline{z}_k}$ s. (5.63)

  $\underline{q}_k := \underline{r}_k - \lambda_k \cdot \underline{z}_k$ s. (5.67)

  $|\underline{q}_k| \leq \varepsilon_3$ (n / j)

n	j
$\underline{p}_k := \underline{A}\underline{q}_k$; $\mu_k := \dfrac{\underline{q}_k^T\underline{p}_k}{\underline{p}_k^T\underline{p}_k}$ s. (5.77)	
$\underline{x}_{k+1} := \underline{x}_k + \lambda_k \cdot \underline{y}_k + \mu_k\underline{q}_k$	$\underline{x}_{k+1} := \underline{x}_k + \lambda_k \cdot \underline{y}_k$ s. (5.78)
$\underline{r}_{k+1} := \underline{q}_k - \mu_k \cdot \underline{p}_k$	$\underline{r}_{k+1} := \underline{q}_k$ s. (5.66)
$\rho_{k+1} := \underline{r}_0^T\underline{r}_{k+1}$; $\eta_k := \dfrac{\lambda_k}{\mu_k} \cdot \dfrac{\rho_{k+1}}{\rho_k}$ s. (5.75)	
$\underline{y}_{k+1} := \underline{r}_{k+1} + \eta_k \cdot (\underline{y}_k - \mu_k\underline{z}_k)$ s. (5.68)	
$k := k + 1$	$\underline{x}_0 := \underline{x}_k$

Ablauf des BiCGSTAB-Verfahrens (ohne weitere Abbruchbedingungen)

5.6 Das Transpose-Free-Quasi-Minimal-Residual-Verfahren (TFQMR-Verfahren)

Die Vorteile der CG-Verfahren mit denen des GMRES-Verfahrens zu verknüpfen war Auslöser für die Entwicklung des sogenannten TFQMR-Verfahrens. Hierbei werden die Beziehungen des CGS-Verfahrens durch die Einführung von neuen Größen derart umgeformt, dass sich hierauf die Herleitungen für den GMRES-Algorithmus einfach übertragen lassen. Bezugnehmend auf die Gleichungen und Vektoren in Abschnitt 5.4 werden die neuen Vektoren

$$\underline{v}_{2k+1} = \underline{p}_k \, ; \quad \underline{v}_{2k+2} = \underline{q}_k \tag{5.79}$$

definiert. Setzt man die aus der Umstellung von (5.48) gewonnene Beziehung

$$\underline{A} Y_k(\underline{A}) = \frac{1}{\lambda_k}(R_k(\underline{A}) - R_{k+1}(\underline{A})) \tag{5.80}$$

in (5.55) ein und verwendet diese in den mit $\underline{A}$ multiplizierten Gleichungen (5.79), erhält man

$$\underline{A}\,\underline{v}_{2k+1} = \underline{A}\,\underline{p}_k = R_k(\underline{A})\underline{A}Y_k(\underline{A})\underline{r}_0 = \frac{1}{\lambda_k}\left(R_k^2(\underline{A})\underline{r}_0 - R_k(\underline{A})\cdot R_{k+1}(\underline{A})\underline{r}_0\right), \tag{5.81}$$

$$\underline{A}\,\underline{v}_{2k} = \underline{A}\,\underline{q}_{k-1} = R_k(\underline{A})\underline{A}Y_{k-1}(\underline{A})\underline{r}_0 = \frac{1}{\lambda_{k-1}}\left(R_k(\underline{A})R_{k-1}(\underline{A})\underline{r}_0 - R_k^2(\underline{A})\underline{r}_0\right). \tag{5.82}$$

Mit Hilfe der unteren Gaußklammer $\lfloor x \in \mathbb{R}\rfloor = \max\{k \in \mathbb{Z} \mid k \le x\}$ kann geschrieben werden:

$$\overset{(5.79)}{\Rightarrow} \quad \underline{v}_j = \underline{p}_{\lfloor\frac{j-1}{2}\rfloor} \quad \text{für ungerade } j\,; \quad \underline{v}_j = \underline{q}_{\lfloor\frac{j-1}{2}\rfloor} \quad \text{für gerade } j$$

$$\overset{(5.81)}{\Rightarrow} \quad \underline{A}\,\underline{v}_j = \frac{1}{\lambda_{\lfloor\frac{j-1}{2}\rfloor}}\left(R^2_{\lfloor\frac{j-1}{2}\rfloor}(\underline{A})\underline{r}_0 - R_{\lfloor\frac{(j+1)-1}{2}\rfloor}(\underline{A})\cdot R_{\lfloor\frac{j+1}{2}\rfloor}(\underline{A})\underline{r}_0\right) \quad \text{für ungerade } j$$

$$\overset{(5.82)}{\Rightarrow} \quad \underline{A}\,\underline{v}_j = \frac{1}{\lambda_{\lfloor\frac{j-1}{2}\rfloor}}\left(R_{\lfloor\frac{j}{2}\rfloor}(\underline{A})R_{\lfloor\frac{j-1}{2}\rfloor}(\underline{A})\underline{r}_0 - R^2_{\lfloor\frac{(j+1)-1}{2}\rfloor}(\underline{A})\underline{r}_0\right) \quad \text{für gerade } j.$$

Definiert man die Vektoren

$$\underline{w}_k = R^2_{\lfloor\frac{k-1}{2}\rfloor}(\underline{A})\underline{r}_0 \quad \text{für ungerade } k\,, \tag{5.83}$$

$$\underline{w}_k = R_{\lfloor\frac{k}{2}\rfloor}(\underline{A})R_{\lfloor\frac{k-1}{2}\rfloor}(\underline{A})\underline{r}_0 \quad \text{für gerade } k\,, \tag{5.84}$$

so kann für gerade und ungerade j, also für jedes ganzzahlige j, geschrieben werden:

$$\underline{A}\,\underline{v}_j = \frac{1}{\lambda_{\lfloor\frac{j-1}{2}\rfloor}}(\underline{w}_j - \underline{w}_{j+1})\,. \tag{5.85}$$

Hieraus kann für $j = m = 2k - 1$ die Vorschrift für die Konstruktion von $\underline{w}_j$ abgeleitet werden:

$$\underline{w}_{m+1} = \underline{w}_m - \lambda_{k-1} \cdot \underline{A}\,\underline{v}_m\,. \tag{5.86}$$

Darüber hinaus gilt wegen (5.50) und (5.51):

$$\underline{w}_{2k+1} = \underline{r}_k \quad \text{und} \quad \underline{w}_1 = \underline{r}_0 ; \tag{5.87}$$

$$\lambda_{k-1} = \frac{\underline{r}_0^T \underline{w}_{2k-1}}{\underline{r}_0^T \underline{z}_{k-1}} ; \quad \eta_{k-1} = \frac{\underline{r}_0^T \underline{w}_{2k+1}}{\underline{r}_0^T \underline{w}_{2k-1}} \tag{5.88}$$

$$\text{mit} \quad \underline{z}_k = \underline{A}\,\underline{y}_k \overset{(5.59)}{=} \underline{A}\,\underline{p}_k + \eta_{k-1} \cdot (\eta_{k-1} \cdot \underline{A}\,\underline{y}_{k-1} + \underline{A}\,\underline{q}_{k-1})$$

$$\overset{(5.79)}{\Rightarrow} \quad \underline{z}_k = \underline{A}\,\underline{v}_{2k+1} + \eta_{k-1} \cdot (\eta_{k-1} \cdot \underline{z}_{k-1} + \underline{A}\,\underline{v}_{2k}) . \tag{5.89}$$

Für (5.79) gilt mit (5.56) und (5.57)

$$\underline{v}_{2k+1} = \underline{p}_k = \underline{r}_k + \eta_{k-1} \cdot \underline{q}_{k-1} = \underline{w}_{2k+1} + \eta_{k-1} \cdot \underline{v}_{2k} , \tag{5.90}$$

$$\underline{v}_{2k} = \underline{q}_{k-1} = \underline{p}_{k-1} - \lambda_{k-1} \cdot \underline{z}_{k-1} = \underline{v}_{2k-1} - \lambda_{k-1} \cdot \underline{z}_{k-1} . \tag{5.91}$$

Aus (5.55) und (5.50) folgt für die Startvektoren:

$$\underline{v}_1 = \underline{r}_0 ; \quad \underline{z}_0 = \underline{A}\,\underline{r}_0 . \tag{5.92}$$

Gleichung (5.85) lässt sich auch in Matrixschreibweise überführen:

$$\underline{A}^{[n,n]} \underline{V}_m^{[n,m]} = \underline{W}_m^{[n,m+1]} \underline{B}_m^{[m+1,m]} . \tag{5.93}$$

Die Spalten von $\underline{V}$ und $\underline{W}$ entsprechen obigen Vektoren, für die Elemente b_{jk} der Matrix $\underline{B}$ gilt:

$$b_{kk} = -b_{(k+1)k} = \lambda_{\left\lfloor \frac{k-1}{2} \right\rfloor}^{-1} \quad \text{für} \quad 1 \le k \le m ; \quad b_{ij} = 0 \quad \text{sonst} . \tag{5.94}$$

Die Einführung der Vektoren $\underline{v}$ und $\underline{w}$ hat zum Ziel, für den Iterationsvektor $\underline{x}_m$ eine der Darstellung (3.1) gleichlautende Beziehung zu finden. Wie bei der Herleitung von (5.81) und (5.82) bereits zu sehen ist, können $\underline{v}_{2k}$ und $\underline{v}_{2k+1}$ als Matrizenpolynome vom Grad $2k-1$ bzw. $2k$ geschrieben werden:

$$\underline{v}_{2k} = R_k(\underline{A})Y_{k-1}(\underline{A})\underline{r}_0 = Z_{2k-1}(\underline{A})\underline{r}_0 \quad \text{und} \quad \underline{v}_{2k+1} = R_k(\underline{A})Y_k(\underline{A})\underline{r}_0 = Z_{2k}(\underline{A})\underline{r}_0 .$$

Gemäß (1.10) stellt somit $\underline{v}_j$ auch hier einen Basisvektor in einem $(j-1)$-dimensionalen Krylov-Raum dar, d. h., dass die mit (5.79) definierten Vektoren $\underline{v}_1$ bis $\underline{v}_m$ einen m-dimensionalen Krylov-Raum aufspannen: $\text{span}\{\underline{v}_1, \underline{v}_2, \ldots, \underline{v}_m\} = K^m$. Deshalb ist es zulässig, Gleichung (3.1) auch hier, jedoch mit den Basisvektoren nach Definition gemäß (5.79), für die Iterierte $\underline{x}_m$ anzusetzen. Dementsprechend gilt für den Residuenvektor bei Anwendung von (5.93)

$$\underline{r}_m^{[n]} = \underline{b}^{[n]} - \underline{A}^{[n,n]} \underline{x}_m^{[n]} = \underline{r}_0^{[n]} - \underline{A}^{[n,n]} \underline{V}_m^{[n,m]} \underline{\alpha}_m^{[m]} = \underline{r}_0^{[n]} - \underline{W}_m^{[n,m+1]} \underline{B}_m^{[m+1,m]} \underline{\alpha}_m^{[m]} .$$

Setzt man für (5.87) $\underline{r}_0^{[n]} = \underline{w}_1^{[n]} = \underline{W}_m^{[n,m+1]} \underline{e}_1^{[m+1]}$, ergibt sich

$$\underline{r}_m^{[n]} = \underline{W}_m^{[n,m+1]} \left(\underline{e}_1^{[m+1]} - \underline{B}_m^{[m+1,m]} \underline{\alpha}_m^{[m]} \right) = \underline{W}_m^{[n,m+1]} \underline{D}_m^{-1} \left(\underline{D}_m \underline{e}_1^{[m+1]} - \underline{D}_m \underline{B}_m^{[m+1,m]} \underline{\alpha}_m^{[m]} \right) ,$$

wobei als Vorkonditionierer die Diagonalmatrix $\underline{D}_m^{[m+1,m+1]}$ eingeführt wird, für deren Diagonalelemente gilt:

$$\left(\underline{D}_m^{[m+1,m+1]}\right)_{kk} = d_{kk} = |\underline{w}_k| \tag{5.95}$$

$$\Rightarrow \quad \underline{D}_m^{[m+1,m+1]}\underline{e}_1^{[m+1]} = |\underline{w}_1| \cdot \underline{e}_1^{[m+1]}$$

$$\Rightarrow \quad \underline{r}_m^{[n]} = \overline{\underline{W}}_m^{[n,m+1]}\left(|\underline{w}_1| \cdot \underline{e}_1^{[m+1]} - \underline{H}_m^{[m+1,m]}\underline{\alpha}_m^{[m]}\right) \tag{5.96}$$

mit

$$\overline{\underline{W}}_m^{[n,m+1]} = \underline{W}_m^{[n,m+1]}\underline{D}_m^{-1} = \left[\frac{\underline{w}_1}{|\underline{w}_1|}, \quad \frac{\underline{w}_2}{|\underline{w}_2|}, \quad \cdots, \quad \frac{\underline{w}_{m+1}}{|\underline{w}_{m+1}|}\right], \tag{5.97}$$

$$\underline{H}_m^{[m+1,m]} = \underline{D}_m^{[m+1,m+1]}\underline{B}_m^{[m+1,m]} \quad \Rightarrow \quad \left(\underline{H}_m^{[m+1,m]}\right)_{jk} = h_{jk} = |\underline{w}_j| \cdot b_{jk} \tag{5.98}$$

$$\Rightarrow \quad h_{kk} = \frac{|\underline{w}_k|}{\lambda_{\left\lfloor\frac{k-1}{2}\right\rfloor}} ; \quad h_{(k+1)k} = -\frac{|\underline{w}_{k+1}|}{\lambda_{\left\lfloor\frac{k-1}{2}\right\rfloor}} ; \quad h_{jk} = 0 . \tag{5.99}$$

Setzt man (5.87) in (5.96) ein, so ergibt sich aus der Minimierungsbedingung für $\underline{r}_m^{[n]}$ dieselbe Beziehung, die schon zur Vorbereitung des GMRES-Verfahrens mit (3.40) formuliert wurde:

$$\underline{H}_m^{[m+1,m]}\underline{\alpha}_m^{[m]} = |\underline{r}_0| \cdot \underline{e}_1^{[m+1]} \quad \Rightarrow \quad \underline{r}_m^{[n]} = \underline{0} \quad \Rightarrow \quad \underline{A}^{[n,n]}\underline{x}_m^{[n]} = \underline{b}^{[n]} . \tag{5.100}$$

Zur Elimination der unteren Nebendiagonalen in $\underline{H}_m^{[m+1,m]}$ wird das Givens-Verfahren gemäß Abschnitt 4.4 angewendet. Wie in Abschnitt 5.1 gilt hier für $k = m$:

$$\underline{C}_k^{[(k+1),k]}\underline{\alpha}_k^{[k]} = \underline{U}_k^{(k+1)(k+1)}|\underline{r}_0| \cdot \underline{e}_1^{[k+1]} = \underline{g}_k^{[k+1]} \tag{5.101}$$

mit $\quad \underline{C}_k^{[(k+1),k]} = \underline{U}_k^{[(k+1),(k+1)]}\underline{H}_k^{[(k+1),k]} \quad$ und $\quad \underline{U}_k^{[(k+1),(k+1)]} = \prod\limits_{j=k}^{1} \underline{G}_{(j+1)j}^{(k+1)(k+1)} .$ (5.102)

Für $k < m$ ist nach obigen Annahmen $|\underline{r}_k^{[n]}| > 0$. In diesem Fall sind auch $(\underline{H}_k^{[k+1,k]})_{(k+1)k}$, $(\underline{C}_k^{[k+1,k]})_{(k+1)k}$ und $g_{k(k+1)} = (\underline{g}_k^{[k+1]})_{(k+1)}$ von Null verschieden und (5.101) ist nicht gültig. Eine hinreichende und notwendige Bedingung für einen verschwindenden Residuenvektor im m-ten Iterationsschritt, also für $|\underline{r}_m^{[n]}| = 0$, ist $(\underline{H}_m^{[m+1,m]})_{(m+1)m} = (\underline{C}_m^{[m+1,m]})_{(m+1)m} = g_{m(m+1)} = 0$. Dann gilt $(\underline{C}_m^{[m+1,m]})_{(m+1)j} = 0$ für alle j, also für $1 \leq j \leq m$. Die Auswertung der Beziehungen in Abschnitt 4.4 liefert für $k \leq m$

$$\underline{U}_k^{[(m+1),(m+1)]} = \prod\limits_{j=k}^{1} \underline{G}_{(j+1)j}^{(m+1)(m+1)} = \begin{bmatrix} \underline{U}_k^{[(k+1),(k+1)]} & \underline{0}^{[(k+1),(m-k)]} \\ \underline{0}^{[(m-k),(k+1)]} & \underline{I}^{[(m-k),(m-k)]} \end{bmatrix} \tag{5.103}$$

$$\Rightarrow \quad \underline{U}_m^{[(m+1),(m+1)]} = \underline{G}_{(m+1)m}^{(m+1)(m+1)} \cdot \prod\limits_{j=m-1}^{1} \underline{G}_{(j+1)j}^{(m+1)(m+1)}$$

$$= \begin{bmatrix} \underline{I}^{[(m-1),(m-1)]} & \underline{0}^{[m-1]} & \underline{0}^{[m-1]} \\ (\underline{0}^{[m-1]})^T & \kappa_m & \sigma_m \\ (\underline{0}^{[m-1]})^T & -\sigma_m & \kappa_m \end{bmatrix} \cdot \begin{bmatrix} \underline{U}_{m-1}^{[m,m]} & \underline{0}^{[m]} \\ (\underline{0}^{[m]})^T & 1 \end{bmatrix} \tag{5.104}$$

$$\Rightarrow \quad \underline{C}_m^{[(m+1),m]} = \begin{bmatrix} \underline{C}_m^{[m,m]} \\ (\underline{0}^{[m]})^{\mathrm{T}} \end{bmatrix}$$

$$= \begin{bmatrix} \underline{I}^{[(m-1),(m-1)]} & \underline{0}^{[m-1]} & \underline{0}^{[m-1]} \\ (\underline{0}^{[m-1]})^{\mathrm{T}} & \kappa_m & \sigma_m \\ (\underline{0}^{[m-1]})^{\mathrm{T}} & -\sigma_m & \kappa_m \end{bmatrix} \cdot \begin{bmatrix} \underline{U}_{m-1}^{[m,m]} \cdot \underline{H}_m^{[m,m]} \\ (\underline{0}^{[m-1]})^{\mathrm{T}} h_{(m+1)\,m} \end{bmatrix} \qquad (5.105)$$

$$\overset{(4.30)}{\Rightarrow} \begin{bmatrix} \underline{I}^{[(m-1),(m-1)]} & \underline{0}^{[m-1]} & \underline{0}^{[m-1]} \\ (\underline{0}^{[m-1]})^{\mathrm{T}} & \kappa_m & -\sigma_m \\ (\underline{0}^{[m-1]})^{\mathrm{T}} & \sigma_m & \kappa_m \end{bmatrix} \cdot \begin{bmatrix} \underline{C}_m^{[m,m]} \\ (\underline{0}^{[m]})^{\mathrm{T}} \end{bmatrix} = \begin{bmatrix} \underline{U}_{m-1}^{[m,m]} \cdot \underline{H}_m^{[m,m]} \\ (\underline{0}^{[m-1]})^{\mathrm{T}} h_{(m+1)\,m} \end{bmatrix}$$

$$\Rightarrow \begin{bmatrix} \underline{I}^{[(m-1),(m-1)]} & \underline{0}^{[m-1]} \\ (\underline{0}^{[m-1]})^{\mathrm{T}} & \kappa_m \end{bmatrix} \cdot \underline{C}_m^{[m,m]} = \underline{U}_{m-1}^{[m,m]} \underline{H}_m^{[m,m]}$$

$$\Rightarrow \quad \underline{C}_m^{[m,m]} = \begin{bmatrix} \underline{I}^{[(m-1),(m-1)]} & \underline{0}^{[m-1]} \\ (\underline{0}^{[m-1]})^{\mathrm{T}} & \kappa_m^{-1} \end{bmatrix} \cdot \underline{U}_{m-1}^{[m,m]} \underline{H}_m^{[m,m]} \,. \qquad (5.106)$$

Aus (5.98) ergibt sich

$$\underline{H}_m^{[m+1,m]} = \begin{bmatrix} \underline{H}_{m-1}^{[m,m-1]} & \underline{0}^{[m-1]} \\ & h_{mm} \\ (\underline{0}^{[m-1]})^{\mathrm{T}} & h_{(m+1)\,m} \end{bmatrix} \quad \Rightarrow \quad \underline{H}_m^{[m,m]} = \begin{bmatrix} \underline{H}_{m-1}^{[m,m-1]} & \underline{0}^{[m-1]} \\ & h_{mm} \end{bmatrix}$$

$$\overset{(5.106)}{\Rightarrow} \underline{C}_m^{[m,m]} = \begin{bmatrix} \underline{I}^{[(m-1),(m-1)]} & \underline{0}^{[m-1]} \\ (\underline{0}^{[m-1]})^{\mathrm{T}} & \kappa_m^{-1} \end{bmatrix} \cdot \begin{bmatrix} \underline{U}_{m-1}^{[m,m]} \cdot \underline{H}_{m-1}^{[m,m-1]} & h_{mm} \cdot \underline{u}_m^{[m]} \end{bmatrix}$$

$$= \begin{bmatrix} \underline{I}^{[(m-1),(m-1)]} & \underline{0}^{[m-1]} \\ (\underline{0}^{[m-1]})^{\mathrm{T}} & \kappa_m^{-1} \end{bmatrix} \cdot \begin{bmatrix} \underline{C}_{m-1}^{[m,m-1]} & h_{mm} \cdot \underline{u}_m^{[m]} \end{bmatrix}$$

$$= \begin{bmatrix} \underline{I}^{[(m-1),(m-1)]} & \underline{0}^{[m-1]} \\ (\underline{0}^{[m-1]})^{\mathrm{T}} & \kappa_m^{-1} \end{bmatrix} \cdot \begin{bmatrix} \underline{C}_{m-1}^{[m-1,m-1]} & h_{mm} \cdot \underline{u}_m^{[m]} \\ (\underline{0}^{[m-1]})^{\mathrm{T}} \end{bmatrix}$$

$$\overset{(5.104)}{\Rightarrow} \underline{C}_m^{[m,m]} = \begin{bmatrix} \underline{C}_{m-1}^{[m-1,m-1]} & \underline{0}^{[m-2]} \\ & c_{(m-1)\,m} \\ (\underline{0}^{[m-1]})^{\mathrm{T}} & c_{mm} \end{bmatrix} \,. \qquad (5.107)$$

Mit der Definition nach (5.101) und Anwendung von (5.104) ergibt sich

$$\underline{g}_k^{[k+1]} = \underline{U}_k^{(k+1)(k+1)} |\underline{r}_0| \cdot \underline{e}_1^{[k+1]}$$

$$= \begin{bmatrix} \underline{I}^{[(k-1),(k-1)]} & \underline{0}^{[k-1]} & \underline{0}^{[k-1]} \\ (\underline{0}^{[k-1]})^{\mathrm{T}} & \kappa_k & \sigma_k \\ (\underline{0}^{[k-1]})^{\mathrm{T}} & -\sigma_k & \kappa_k \end{bmatrix} \cdot \begin{bmatrix} \underline{U}_{k-1}^{[k,k]} & \underline{0}^{[k]} \\ (\underline{0}^{[k]})^{\mathrm{T}} & 1 \end{bmatrix} \cdot \begin{bmatrix} |\underline{r}_0| \\ (\underline{0}^{[k]}) \end{bmatrix}$$

$$= \begin{bmatrix} \underline{g}_k^{[k]} \\ (g_k)_{k+1} \end{bmatrix} = \begin{bmatrix} \underline{I}^{[(k-1),(k-1)]} & \underline{0}^{[k-1]} & \underline{0}^{[k-1]} \\ (\underline{0}^{[k-1]})^{\mathrm{T}} & \kappa_k & \sigma_k \\ (\underline{0}^{[k-1]})^{\mathrm{T}} & -\sigma_k & \kappa_k \end{bmatrix} \cdot \begin{bmatrix} \underline{g}_{k-1}^{[k-1]} \\ (g_{k-1})_k \\ 0 \end{bmatrix}$$

$$= \begin{bmatrix} \underline{g}_{k-1}^{[k-1]} \\ \kappa_k \cdot (g_{k-1})_k \\ -\sigma_k \cdot (g_{k-1})_k \end{bmatrix} \,. \qquad (5.108)$$

Die Umstellung von (5.101) und Einsetzen von (5.108) führt für $k = m$ zu

$$\underline{a}_m^{[m]} = \left(\underline{C}_m^{[m,m]}\right)^{-1} \cdot \underline{g}_m^{[m]} = \left(\underline{C}_m^{[m,m]}\right)^{-1} \cdot \begin{bmatrix} \underline{g}_{m-1}^{[m-1]} \\ \kappa_m \cdot (g_{m-1})_m \end{bmatrix}$$

$$= \left(\underline{C}_m^{[m,m]}\right)^{-1} \cdot \begin{bmatrix} \underline{C}_{m-1}^{[m-1,m-1]} \cdot \underline{a}_{m-1}^{[m-1]} \\ \kappa_m \cdot (g_{m-1})_m \end{bmatrix}$$

$$\Rightarrow \quad \underline{a}_m^{[m]} = \left(\underline{C}_m^{[m,m]}\right)^{-1} \left(\kappa_m^2 \cdot \begin{bmatrix} \underline{g}_{m-1}^{[m-1]} \\ \kappa_m^{-1} \cdot (g_{m-1})_m \end{bmatrix} + \left(1 - \kappa_m^2\right) \begin{bmatrix} \underline{C}_{m-1}^{[m-1,m-1]} \cdot \underline{a}_{m-1}^{[m-1]} \\ 0 \end{bmatrix} \right)$$

$$\Rightarrow \quad \underline{a}_m^{[m]} = \kappa_m^2 \left(\underline{C}_m^{[m,m]}\right)^{-1} \cdot \begin{bmatrix} \underline{g}_{m-1}^{[m-1]} \\ \kappa_m^{-1} \cdot (g_{m-1})_m \end{bmatrix}$$

$$+ \left(1 - \kappa_m^2\right) \left(\underline{C}_m^{[m,m]}\right)^{-1} \begin{bmatrix} \underline{C}_{m-1}^{[m-1,m-1]} & \underline{0}^{[m-2]} \\ & c_{(m-1)\,m} \\ (\underline{0}^{[m-1]})^T & c_{mm} \end{bmatrix} \begin{bmatrix} \underline{a}_{m-1}^{[m-1]} \\ 0 \end{bmatrix}$$

$$\overset{(5.107)}{\Rightarrow} \quad \underline{a}_m^{[m]} = \kappa_m^2 \underline{v}_m^{[m]} + \left(1 - \kappa_m^2\right) \begin{bmatrix} \underline{a}_{m-1}^{[m-1]} \\ 0 \end{bmatrix} \tag{5.109}$$

mit

$$\underline{v}_m^{[m]} = \left(\underline{C}_m^{[m,m]}\right)^{-1} \cdot \begin{bmatrix} \underline{g}_{m-1}^{[m-1]} \\ \kappa_m^{-1} \cdot (g_{m-1})_m \end{bmatrix}. \tag{5.110}$$

Gleichung (5.110) lässt sich in eine andere Form bringen:

$$\underline{v}_m^{[m]} = \left(\underline{C}_m^{[m,m]}\right)^{-1} \begin{bmatrix} \underline{I}^{[(m-1),(m-1)]} & \underline{0}^{[m-1]} \\ (\underline{0}^{[m-1]})^T & \kappa_m^{-1} \end{bmatrix} \begin{bmatrix} \underline{g}_{m-1}^{[m-1]} \\ (g_{m-1})_m \end{bmatrix}$$

$$= \left(\begin{bmatrix} \underline{I}^{[(m-1),(m-1)]} & \underline{0}^{[m-1]} \\ (\underline{0}^{[m-1]})^T & \kappa_m \end{bmatrix} \underline{C}_m^{[m,m]} \right)^{-1} \underline{g}_{m-1}^{[m]}$$

$$\overset{(5.106)}{\Rightarrow} \quad \underline{v}_m^{[m]} = \left(\begin{bmatrix} \underline{I}^{[(m-1),(m-1)]} & \underline{0}^{[m-1]} \\ (\underline{0}^{[m-1]})^T & \kappa_m \end{bmatrix} \begin{bmatrix} \underline{I}^{[(m-1),(m-1)]} & \underline{0}^{[m-1]} \\ (\underline{0}^{[m-1]})^T & \kappa_m^{-1} \end{bmatrix} \cdot \underline{U}_{m-1}^{[m,m]} \underline{H}_m^{[m,m]} \right)^{-1} \underline{g}_{m-1}^{[m]}$$

$$= \left(\underline{U}_{m-1}^{[m,m]} \underline{H}_m^{[m,m]} \right)^{-1} \underline{g}_{m-1}^{[m]}$$

$$\Rightarrow \quad \underline{H}_m^{[m,m]} \underline{v}_m^{[m]} = \left(\underline{U}_{m-1}^{[m,m]} \right)^{-1} \underline{g}_{m-1}^{[m]} \overset{(5.101)}{=} |\underline{r}_0| \cdot \underline{e}_1^{[m]}. \tag{5.111}$$

Mit (5.99) folgt hieraus

$$\text{für } k = 1: \quad \frac{|w_1|}{\lambda_0} v_1 = |\underline{r}_0|; \quad \text{für } k > 1: \quad \frac{|w_k|}{\lambda_{\lfloor \frac{k-1}{2} \rfloor}} v_k - \frac{|w_k|}{\lambda_{\lfloor \frac{k-2}{2} \rfloor}} v_{k-1} = 0$$

$$\Rightarrow \quad v_k = \left(\underline{v}_m^{[m]} \right)_k = \lambda_{\lfloor \frac{k-1}{2} \rfloor} \quad \text{für} \quad 1 \leq k \leq m \tag{5.112}$$

$$\Rightarrow \quad \underline{H}_m^{[m+1,m]} \underline{v}_m^{[m]} - |\underline{r}_0| \cdot \underline{e}_1^{[m+1]} = \begin{bmatrix} \underline{0}^{[m]} \\ -|\underline{w}_{m+1}| \end{bmatrix} = -|\underline{w}_{m+1}| \cdot \underline{e}_{m+1}^{[m+1]}$$

$\underset{(5.108)(5.102)}{\Rightarrow}$ $|\underline{w}_{m+1}| \cdot \underline{U}_m^{(m+1)(m+1)} \underline{e}_{m+1}^{[m+1]}$

$$= |\underline{r}_0| \cdot \underline{U}_m^{(m+1)(m+1)} \underline{e}_1^{[m+1]} - \underline{U}_m^{(m+1)(m+1)} \underline{H}_m^{[m+1,m]} \underline{v}_m^{[m]}$$

$$= \underline{g}_m^{[m+1]} - \underline{C}_m^{[m+1,m]} \underline{v}_m^{[m]} \overset{(5.108)(5.110)}{=} \begin{bmatrix} \underline{g}_{m-1}^{[m-1]} \\ \kappa_m \cdot (g_{m-1})_m \\ -\sigma_m \cdot (g_{m-1})_m \end{bmatrix} - \begin{bmatrix} \underline{g}_{m-1}^{[m-1]} \\ \kappa_m^{-1} \cdot (g_{m-1})_m \\ 0 \end{bmatrix}$$

$$= \begin{bmatrix} \underline{0}^{[m-1]} \\ (\kappa_m - \kappa_m^{-1}) \cdot (g_{m-1})_m \\ -\sigma_m \cdot (g_{m-1})_m \end{bmatrix}$$

$\Rightarrow$ $|\underline{w}_{m+1}|^2 \cdot \underline{e}_{m+1}^T \underline{U}_m^T \underline{U}_m \underline{e}_{m+1} \overset{(4.30)}{=} |\underline{w}_{m+1}|^2 = (g_{m-1})_m^2 \cdot (\sigma_m^2 + \kappa_m^2 + \kappa_m^{-2} - 2)$

$$= (g_{m-1})_m^2 (\kappa_m^{-2} - 1)$$

$\Rightarrow$ $|\underline{w}_{m+1}| = \dfrac{|\sigma_m|}{|\kappa_m|} \cdot |(g_{m-1})_m| = |\tau_m| \cdot |(g_{m-1})_m|$ mit $\kappa_m = \sqrt{\dfrac{1}{1 + \tau_m^2}}$. (5.113)

Schreibt man für (5.96)

$$\underline{r}_m^{[n]} = \underline{\overline{W}}_m^{[n,m+1]} \underline{\rho}_m^{[m+1]} \quad \text{mit} \quad \underline{\rho}_m^{[m+1]} = |\underline{w}_1| \cdot \underline{e}_1^{[m+1]} - \underline{H}_m^{[m+1,m]} \underline{\alpha}_m^{[m]} , \tag{5.114}$$

so gilt wegen (5.101), (5.102), (5.105) und (5.108):

$$\underline{U}_{m-1}^{[m,m]} \underline{\rho}_{m-1}^{[m]} = |\underline{w}_1| \cdot \underline{U}_{m-1}^{[m,m]} \underline{e}_1^{[m]} - \underline{U}_{m-1}^{[m,m]} \underline{H}_{m-1}^{[m,m-1]} \underline{\alpha}_{m-1}^{[m-1]} = \underline{g}_{m-1}^{[m]} - \underline{C}_{m-1}^{[m,m-1]} \underline{\alpha}_{m-1}^{[m-1]}$$

$$= \begin{bmatrix} \underline{g}_{m-1}^{[m-1]} \\ (g_{m-1})_m \end{bmatrix} - \begin{bmatrix} \underline{g}_{m-1}^{[m-1]} \\ 0 \end{bmatrix}$$

$$\underline{U}_m^{[m+1,m+1]} \underline{\rho}_m^{[m+1]} = \underline{g}_m^{[m+1]} - \underline{C}_m^{[m+1,m]} \underline{\alpha}_m^{[m]} = \begin{bmatrix} \underline{g}_{m-1}^{[m-1]} \\ \kappa_m \cdot (g_{m-1})_m \\ -\sigma_m \cdot (g_{m-1})_m \end{bmatrix} - \begin{bmatrix} \underline{g}_{m-1}^{[m-1]} \\ \kappa_m \cdot (g_{m-1})_m \\ 0 \end{bmatrix}$$

$$= \begin{bmatrix} \underline{0}^{[m]} \\ -\sigma_m \cdot (g_{m-1})_m \end{bmatrix}$$

$\Rightarrow$ $|\underline{\rho}_{m-1}|^2 = \underline{\rho}_{m-1}^T \underline{U}_{m-1}^T \underline{U}_{m-1} \underline{\rho}_{m-1} = \begin{bmatrix} \underline{0}^{[m-1]} \\ (g_{m-1})_m \end{bmatrix}^T \begin{bmatrix} \underline{0}^{[m-1]} \\ (g_{m-1})_m \end{bmatrix}$

$$= (g_{m-1})_m^2 \overset{(5.113)}{=} \dfrac{|\underline{w}_{m+1}|^2}{|\tau_m|^2}$$

$$|\underline{\rho}_m|^2 = \underline{\rho}_m^T \underline{U}_m^T \underline{U}_m \underline{\rho}_m = \begin{bmatrix} \underline{0}^{[m]} \\ -\sigma_m \cdot (g_{m-1})_m \end{bmatrix}^T \begin{bmatrix} \underline{0}^{[m]} \\ -\sigma_m \cdot (g_{m-1})_m \end{bmatrix}$$

$$= \sigma_m^2 \cdot (g_{m-1})_m^2 = \sigma_m^2 \cdot |\underline{\rho}_{m-1}|^2$$

$\Rightarrow$ $|\tau_m| = \dfrac{|\underline{w}_{m+1}|}{|\underline{\rho}_{m-1}|}$ und $|\underline{\rho}_m| = |\underline{\rho}_{m-1}| \cdot |\kappa_m \tau_m| .$ (5.115)

Wegen (5.114) gilt

$$\overline{W}_0^{[n]}\underline{\rho}_0^{[1]} = \frac{w_1}{|w_1|}\underline{\rho}_0^{[1]} = \frac{r_0}{|r_0|}\underline{\rho}_0^{[1]} = r_0 \quad \Rightarrow \quad |\underline{\rho}_0| = |r_0|. \tag{5.116}$$

Nach Einsetzen von (5.109) in (3.1) erhält man

$$x_m = x_0 + \kappa_m^2\, \underline{V}_m^{[n,m]}\underline{v}_m^{[m]} + \left(1 - \kappa_m^2\right)\underline{V}_m^{[n,m]}\begin{bmatrix}\underline{\alpha}_{m-1}^{[m-1]}\\0\end{bmatrix}$$

$$= \kappa_m^2\left(x_0 + \underline{V}_m^{[n,m]}\underline{v}_m^{[m]}\right) + \left(1 - \kappa_m^2\right)\left(x_0 + \underline{V}_m^{[n,m]}\begin{bmatrix}\underline{\alpha}_{m-1}^{[m-1]}\\0\end{bmatrix}\right)$$

$$= \kappa_m^2\hat{x}_m + \left(1 - \kappa_m^2\right)x_{m-1}$$

$$= x_m = x_{m-1} + \kappa_m^2(\hat{x}_m - x_{m-1}) = x_{m-1} + \xi_m\underline{d}_m \tag{5.117}$$

mit $\quad \hat{x}_m = x_0 + \underline{V}_m^{[n,m]}\underline{v}_m^{[m]} = x_0 + \underline{V}_{m-1}^{[n,m-1]}\underline{v}_{m-1}^{[m-1]} + v_m\underline{V}_m$

$$= \hat{x}_{m-1} + \lambda_{\lfloor\frac{m-1}{2}\rfloor}\underline{V}_m \tag{5.118}$$

und $\quad \xi_m = \kappa_m^2 \cdot \lambda_{\lfloor\frac{m-1}{2}\rfloor}; \quad \underline{d}_m = \frac{1}{\lambda_{\lfloor\frac{m-1}{2}\rfloor}}(\hat{x}_m - x_{m-1}) \tag{5.119}$

$$\Rightarrow \quad \underline{d}_m = \frac{1}{\lambda_{\lfloor\frac{m-1}{2}\rfloor}}\left(\hat{x}_{m-1} + \lambda_{\lfloor\frac{m-1}{2}\rfloor}\underline{V}_m - x_{m-2} - \xi_{m-1}\underline{d}_{m-1}\right)$$

$$= \underline{v}_m + \frac{1}{\lambda_{\lfloor\frac{m-1}{2}\rfloor}}\left(\lambda_{\lfloor\frac{m-2}{2}\rfloor}\underline{d}_{m-1} - \xi_{m-1}\underline{d}_{m-1}\right)$$

$$= \underline{v}_m + \frac{1}{\lambda_{\lfloor\frac{m-1}{2}\rfloor}}\left(\frac{\xi_{m-1}}{\kappa_{m-1}^2}\underline{d}_{m-1} - \xi_{m-1}\underline{d}_{m-1}\right)$$

$$\Rightarrow \quad \underline{d}_m = \underline{v}_m + \frac{\tau_{m-1}^2 \cdot \xi_{m-1}}{\lambda_{\lfloor\frac{m-1}{2}\rfloor}}\underline{d}_{m-1}. \tag{5.120}$$

Wegen

$$\underline{d}_1 = \frac{1}{\lambda_0}(\hat{x}_1 - x_0) = \frac{1}{\lambda_0}(x_0 + \lambda_0\underline{v}_1 - x_0) = \underline{v}_1 \quad \text{ergibt sich} \quad \underline{d}_0 = \underline{0} \tag{5.121}$$

Das Iterationsverfahren bricht ab, wenn für sich für den Divisor in (5.88) $r_0^T z_{k-1} = 0$ ergibt. Errechnet sich $r_0^T w_{2k-1} = 0$, konvergiert das Verfahren wegen $\lambda = 0$ und damit $\xi = 0$ und $x_k = x_{k-1}$ nicht mehr und muss beendet werden.

Die euklidische Matrixnorm [7] angewendet auf (5.114) führt wegen (5.97) zu

$$\left\|\underline{r}_m^{[n]}\right\| = \left\|\overline{W}_m^{[n,m+1]}\underline{\rho}_m^{[m+1]}\right\|$$

$$\leq \left\|\overline{W}_m^{[n,m+1]}\right\|\left\|\underline{\rho}_m^{[m+1]}\right\| = \sqrt{\sum_{k=1}^{m+1}\sum_{j=1}^{n}\frac{w_{jk}^2}{|w_k|^2}} \cdot \left\|\underline{\rho}_m^{[m+1]}\right\| = \sqrt{m+1} \cdot \left\|\underline{\rho}_m^{[m+1]}\right\|$$

und damit zu dem Abbruchkriterium bei Erreichen des Fixpunktes

$$\|\underline{r}_m\| \leq \sqrt{m+1} \cdot |\underline{\rho}_m| \leq \sqrt{\epsilon}. \tag{5.122}$$

Beliebige Wahl von ε und $\underline{x}_0$ für $\underline{v}_1 = \underline{w}_1 = \underline{r}_0 := \underline{b} - \underline{A}\,\underline{x}_0$; $\underline{x} := \underline{x}_0$	
$\lvert\underline{\rho}\rvert^2 := \underline{r}_0 \cdot \underline{r}_0$	s. (5.116)

$$\text{j} \qquad\qquad\qquad\qquad\qquad\qquad \lvert\underline{\rho}\rvert > \varepsilon \qquad\qquad \text{n}$$

$\underline{z}_0 := \underline{A}\,\underline{v}_1$; $\quad \underline{d}_0 := \underline{0}$; $\quad \tau_0 = \xi = 0$; $\quad k = 1$	s. (5.121)
$\lambda := \dfrac{\underline{r}_0^{\mathrm{T}}\underline{w}_{2k-1}}{\underline{r}_0^{\mathrm{T}}\underline{z}_{k-1}}$	s. (5.88)
$\underline{v}_{2k} := \underline{v}_{2k-1} - \lambda \cdot \underline{z}_{k-1}$	s. (5.91)
$m := 2k - 2$	
$m := m + 1$	
$\underline{w}_{m+1} := \underline{w}_m - \lambda \cdot \underline{A}\,\underline{v}_m$	s. (5.86)
$\lvert\tau_m\rvert^2 := \dfrac{\lvert\underline{w}_{m+1}\rvert^2}{\lvert\underline{\rho}\rvert^2}$	s. (5.115)
$\kappa^2 := \dfrac{1}{1+\tau_m^2}$; $\quad \underline{d}_m := \underline{v}_m + \dfrac{\tau_{m-1}^2 \cdot \xi}{\lambda}\underline{d}_{m-1}$	s. (5.113),(5.120)
$\xi = \kappa^2 \cdot \lambda$; $\quad \underline{x} := \underline{x} + \xi\underline{d}_m$	s. (5.117)
$\lvert\underline{\rho}\rvert^2 := \lvert\underline{\rho}\rvert^2 \cdot \dfrac{\tau_m^2}{1+\tau_m^2}$	s. (5.115)

$$\qquad\qquad\qquad\qquad (m+1)\cdot\lvert\underline{\rho}\rvert^2 > \varepsilon \qquad\qquad \text{s. (5.122)}$$
$$\text{j} \qquad\qquad\qquad\qquad\qquad\qquad\qquad\qquad \text{n}$$

Ende	
$m < 2k$	
$\eta := \dfrac{\underline{r}_0^{\mathrm{T}}\underline{w}_{2k+1}}{\underline{r}_0^{\mathrm{T}}\underline{w}_{2k-1}}$	s. (5.88)
$\underline{v}_{2k+1} := \underline{w}_{2k+1} + \eta \cdot \underline{v}_{2k}$	s. (5.90)
$\underline{z}_k := \underline{A}\,\underline{v}_{2k+1} + \eta \cdot (\eta \cdot \underline{z}_{k-1} + \underline{A}\,\underline{v}_{2k})$	s. (5.89)
$k := k + 1$	Ende

Ablauf des TFQMR-Verfahrens (ohne weitere Abbruchbedingungen)

5.7 Das QMRCGSTAB-Verfahren

Ähnlich wie beim TFQMR-Verfahren wird auch hier eine Verknüpfung zwischen dem GMRES-Verfahren und einem CG-Verfahren, und zwar dem BiCGSTAB-Verfahren, hergestellt. Hierzu werden zunächst die Gleichungen (5.66) und (5.67) umgestellt:

$$\underline{A}\,\underline{q}_{j-1} = \frac{1}{\mu_{j-1}}(\underline{q}_{j-1} - \underline{r}_j)\,, \tag{5.123}$$

$$\underline{A}\,\underline{y}_j = \frac{1}{\lambda_j}(\underline{r}_j - \underline{q}_j)\,. \tag{5.124}$$

Mit der Einführung neuer Variablen soll nun erreicht werden, dass beide Gleichungen durch eine einzige Beziehung ersetzt werden können, die dieselbe Gestalt hat wie (5.86) und die somit den Aufbau eines Gleichungssystems wie (5.96) ermöglicht, auf das sich der GMRES-Algorithmus anwenden lässt:

$$\underline{A}\,\underline{v}_k = \frac{1}{\beta_k}(\underline{w}_k - \underline{w}_{k+1})\,. \tag{5.125}$$

Für ungerade k gelte:

$$k = 2j + 1 \quad \Rightarrow \quad j = \left\lfloor \frac{k-1}{2} \right\rfloor = \left\lfloor \frac{(k+1)-1}{2} \right\rfloor\,. \tag{5.126}$$

In diesem Fall sind (5.124) und (5.125) identisch, wenn gesetzt wird:

$$\text{für ungerade } k: \quad \underline{v}_k = \underline{y}_j = \underline{y}_{\lfloor \frac{k-1}{2} \rfloor}\,; \quad \underline{w}_k = \underline{r}_j = \underline{r}_{\lfloor \frac{k-1}{2} \rfloor}\,; \quad \beta_k = \lambda_j = \lambda_{\lfloor \frac{k-1}{2} \rfloor} \tag{5.127}$$

$$\underline{w}_{k+1} = \underline{q}_j = \underline{q}_{\lfloor \frac{(k+1)-1}{2} \rfloor} \quad \Leftrightarrow \quad \text{für gerade } k: \quad \underline{w}_k = \underline{q}_{\lfloor \frac{k-1}{2} \rfloor}\,.$$

Für gerade k gelte:

$$k = 2j \quad \Rightarrow \quad j = \left\lfloor \frac{k}{2} \right\rfloor = \left\lfloor \frac{k-1}{2} \right\rfloor + 1\,. \tag{5.128}$$

Damit sind die Gleichungen (5.123) und (5.125) für gerade k identisch, wenn definiert wird:

$$\text{für gerade } k: \quad \underline{v}_k = \underline{q}_{j-1} = \underline{q}_{\lfloor \frac{k-1}{2} \rfloor}\,; \quad \underline{w}_k = \underline{q}_{\lfloor \frac{k-1}{2} \rfloor} = \underline{v}_k = \underline{q}_{j-1}\,;$$

$$\beta_k = \mu_{j-1} = \mu_{\lfloor \frac{k-1}{2} \rfloor} \tag{5.129}$$

$$\underline{w}_{k+1} = \underline{r}_j = \underline{r}_{\lfloor \frac{k}{2} \rfloor} = \underline{r}_{\lfloor \frac{(k+1)-1}{2} \rfloor} \overset{(5.127)}{\Leftrightarrow} \underline{w}_k = \underline{r}_{\lfloor \frac{k-1}{2} \rfloor} \quad \text{für ungerade } k\,.$$

Hiermit kann wie in Abschnitt 5.6 die Beziehung

$$\underline{A}^{[n,n]}\underline{V}_m^{[n,m]} = \underline{W}_m^{[n,m+1]}\underline{B}_m^{[m+1,m]} \tag{5.130}$$

aufgestellt werden, in der für die Elemente der Matrix $\underline{B}_m^{[m+1,m]}$ gilt:

$$\left(\underline{B}_m^{[m+1,m]}\right)_{kk} = b_{kk} = \frac{1}{\beta_k}\,; \quad \left(\underline{B}_m^{[m+1,m]}\right)_{(k+1)k} = b_{(k+1)k} = -b_{kk}\,; \tag{5.131}$$

$$b_{ij} = 0 \quad \text{sonst}\,.$$

Für die Anfangswerte kann aus vorangehenden Gleichungen abgeleitet werden:

$$\underline{v}_1 = \underline{w}_1 = \underline{r}_0 \, . \tag{5.132}$$

Aus (5.127) und (5.129) lässt sich ableiten, dass

$$\underline{v}_{2j+1} = \underline{y}_j \, ; \quad \underline{v}_{2j+2} = \underline{q}_j \, . \tag{5.133}$$

Nach (5.64) ist $\underline{y}_j$ und somit $\underline{v}_{2j+1}$ ein Polynom vom Grad $2j$ und nach (5.67) ist $\underline{q}_j$ und $\underline{v}_{2j+2}$ ein Polynom vom Grad $2j + 1$. Laut (1.10) sind damit $\underline{v}_k$ und $\underline{v}_{k+1}$ Vektoren in den Krylov-Unterräumen K^k und K^{k+1} und können als linear unabhängige Basisvektoren zur Aufstellung der Iterationsgleichung (3.1) herangezogen werden. Entsprechend folgt hiermit wiederum

$$\underline{r}_m^{[n]} = \underline{b}^{[n]} - \underline{A}^{[n,n]}\underline{x}_m^{[n]} = \underline{r}_0^{[n]} - \underline{A}^{[n,n]}\underline{V}_m^{[n,m]}\underline{\alpha}_m^{[m]} = \underline{r}_0^{[n]} - \underline{W}_m^{[n,m+1]}\underline{B}_m^{[m+1,m]}\underline{\alpha}_m^{[m]} \, .$$

Setzt man wieder $\underline{r}_0^{[n]} = \underline{w}_1^{[n]} = \underline{W}_m^{[n,m+1]}\underline{e}_1^{[m+1]}$ ein, ergibt sich wie in Abschnitt 5.6

$$\begin{aligned}
\underline{r}_m^{[n]} &= \underline{W}_m^{[n,m+1]}\left(\underline{e}_1^{[m+1]} - \underline{B}_m^{[m+1,m]}\underline{\alpha}_m^{[m]}\right) \\
&= \underline{W}_m^{[n,m+1]}\underline{D}_m^{-1}\left(\underline{D}_m\underline{e}_1^{[m+1]} - \underline{D}_m\underline{B}_m^{[m+1,m]}\underline{\alpha}_m^{[m]}\right) \, ,
\end{aligned} \tag{5.134}$$

wobei als Vorkonditionierer die Diagonalmatrix $\underline{D}_m^{[m+1,m+1]}$ eingeführt wird, für deren Diagonalelemente gilt:

$$\left(\underline{D}_m^{[m+1,m+1]}\right)_{kk} = d_{kk} = |\underline{w}_k| \tag{5.135}$$

$$\Rightarrow \quad \underline{D}_m^{[m+1,m+1]}\underline{e}_1^{[m+1]} = |\underline{w}_1| \cdot \underline{e}_1^{[m+1]} \, .$$

Aufgrund der Gleichheit von (5.134) und (5.96) können die Beziehungen (5.97) bis (5.111) übernommen werden. Wegen (5.131) ist (5.99) jedoch nur für ungerade k übertragbar, für gerade k gilt hingegen:

$$h_{kk} = \frac{|\underline{w}_k|}{\beta_k} = \frac{|\underline{w}_k|}{\mu_{\lfloor\frac{k-1}{2}\rfloor}} \, ; \quad h_{(k+1)k} = -\frac{|\underline{w}_{k+1}|}{\beta_k} = -\frac{|\underline{w}_{k+1}|}{\mu_{\lfloor\frac{k-1}{2}\rfloor}} \, ; \quad h_{jk} = 0 \quad \text{sonst} \, . \tag{5.136}$$

Damit folgt analog zu (5.112) ff.:

$$\text{für } k = 1: \; \frac{|\underline{w}_1|}{\beta_1}v_1 = |\underline{r}_0| \, ; \quad \text{für } k > 1: \; \frac{|\underline{w}_k|}{\beta_k}v_k - \frac{|\underline{w}_k|}{\beta_{k-1}}v_{k-1} = 0$$

$$\Rightarrow \quad v_k = \left(\underline{v}_m^{[m]}\right)_k = \beta_k \quad \text{für} \quad 1 \le k \le m \, . \tag{5.137}$$

Die Beziehungen (5.113) bis (5.117) des TFQMR-Verfahrens können ebenfalls übernommen werden. Ersatzweise für (5.118) bis (5.121) gilt:

$$\hat{\underline{x}}_m = \underline{x}_0 + \underline{V}_m^{[n,m]}\underline{v}_m^{[m]} = \underline{x}_0 + \underline{V}_{m-1}^{[n,m-1]}\underline{v}_{m-1}^{[m-1]} + v_m\underline{v}_m = \hat{\underline{x}}_{m-1} + \beta_m\underline{v}_m \tag{5.138}$$

$$\text{und} \quad \xi_m = \kappa_m^2 \cdot \beta_m \, ; \quad \underline{d}_m = \frac{1}{\beta_m}(\hat{\underline{x}}_m - \underline{x}_{m-1}) \tag{5.139}$$

$$\Rightarrow \quad \underline{d}_m = \underline{v}_m + \frac{\tau_{m-1}^2 \cdot \xi_{m-1}}{\beta_m} \underline{d}_{m-1} \quad \text{mit} \quad \underline{d}_0 = \underline{0} \,. \tag{5.140}$$

Für ungerade m, also $m = 2k - 1$, ergeben sich aus obigen Beziehungen:

$$\overset{(5.115)}{\Rightarrow} \quad |\tau_{2k-1}| = \frac{|\underline{w}_{2k}|}{|\underline{\rho}_{2(k-1)}|} \overset{(5.129)}{=} \frac{|\underline{q}_{k-1}|}{|\underline{\rho}_{2(k-1)}|} \tag{5.141}$$

$$\overset{(5.133),(5.127)}{\Rightarrow} \quad \underline{d}_{2k-1} = \underline{y}_{k-1} + \frac{\tau_{2(k-1)}^2 \cdot \xi_{2(k-1)}}{\lambda_{k-1}} \underline{d}_{2(k-1)} \tag{5.142}$$

$$\overset{(5.139),(5.127)}{\Rightarrow} \quad \xi_{2k-1} = \kappa_{2k-1}^2 \cdot \lambda_{k-1} \,. \tag{5.143}$$

Für gerade $m = 2k$ gilt:

$$\overset{(5.115)}{\Rightarrow} \quad |\tau_{2k}| = \frac{|\underline{w}_{2k+1}|}{|\underline{\rho}_{2k-1}|} \overset{(5.127)}{=} \frac{|\underline{r}_k|}{|\underline{\rho}_{2k-1}|} \,, \tag{5.144}$$

$$\overset{(5.133),(5.129)}{\Rightarrow} \quad \underline{d}_{2k} = \underline{q}_{k-1} + \frac{\tau_{2k-1}^2 \cdot \xi_{2k-1}}{\mu_{k-1}} \underline{d}_{2k-1} \,, \tag{5.145}$$

$$\overset{(5.139),(5.129)}{\Rightarrow} \quad \xi_{2k} = \kappa_{2k}^2 \cdot \mu_{k-1} \,. \tag{5.146}$$

Zwei verschiedene Effekte führen zu einem Abbruch der Iteration, d. h., dass in diesen Fällen mit dem QMRCGSTAB-Verfahren i. d. R. keine Lösung ermittelt werden kann. Der erste Effekt tritt auf, wenn im Verfahrensablauf ein Divisor gegen Null strebt, so zum einen, wenn sich $\underline{r}_0^T \underline{z}_{k-1} = 0$ bei der Berechnung von λ_{k-1} und zum anderen $(\underline{A}\,\underline{q}_{k-1})^T (\underline{A}\,\underline{q}_{k-1}) = \underline{q}_{k-1}^T (\underline{A}^T \underline{A}) \underline{q}_{k-1} = 0$ bei der Berechnung von μ_{k-1} ergibt. Die letzte Gleichung beschreibt eine quadratische, semidefinite Form, welche gemäß [3] und [23] die Beziehung $|\underline{A}^T \underline{A}| = |\underline{A}^T| \cdot |\underline{A}| = 0$ bedingt. Die Gleichung $\underline{p}_{k-1}^T \underline{p}_{k-1} = 0$ führt somit zum Abbruch des Iterationsvorgangs aufgrund einer singulären Systemmatrix $\underline{A}$. Der zweite Effekt, welcher zu einem Abbruch des Iterationsprozesses führt, tritt ein, wenn sich entweder $\underline{r}_0^T \underline{r}_{k-1} = 0$ oder $\underline{q}_{k-1}^T \underline{p}_{k-1} = 0$ oder $\underline{r}_0^T \underline{r}_k = 0$ ergibt. Damit folgt $\lambda_{k-1} = 0$ oder $\mu_{k-1} = 0$ oder $\eta_{k-1} = 0$ bzw. $\lambda_k = 0$ und hieraus wiederum $\xi_{2k-1} = 0$ oder $\xi_{2k} = 0$ oder $\xi_{2k+1} = 0$. Gemäß (5.117) gilt dann jeweils $\underline{x}_{2k-1} = \underline{x}_{2k-2}$ oder $\underline{x}_{2k} = \underline{x}_{2k-1}$ oder $\underline{x}_{2k+1} = \underline{x}_{2k}$, d. h., dass der Näherungsvektor bereits der Lösungsvektor ist oder aber nicht weiter gegen den Lösungsvektor konvergiert. Mittels einer Proberechnung kann festgestellt werden, ob die richtige Lösung gefunden wurde oder ob das Verfahren nicht konvergierte.

Zu Gunsten einer größeren Übersichtlichkeit werden die beschriebenen Abbruchkriterien in dem nachfolgenden Ablaufdiagramm für das QMRCGSTAB-Verfahren nicht dargestellt. Hierfür ergibt sich sodann folgendes Bild [6]:

Beliebige Wahl von ε und $\underline{x}_0$ für $\underline{y}_0 = \underline{r}_0 := \underline{b} - \underline{A}\,\underline{x}_0$	
$\lvert \underline{\rho}_0 \rvert := \lvert \underline{r}_0 \rvert$	s. (5.116)

j $\lvert \underline{\rho}_0 \rvert > \varepsilon$ n

$\underline{z}_0 := \underline{A}\,\underline{y}_0$; $\underline{d}_0 := \underline{0}$; $\tau_0 = \xi_0 = 0$; $k = 1$	s. (5.140)
$\lambda_{k-1} := \dfrac{\underline{r}_0^{\mathrm{T}} \underline{r}_{k-1}}{\underline{r}_0^{\mathrm{T}} \underline{z}_{k-1}}$	s. (5.88), (5.127)
$\underline{q}_{k-1} := \underline{r}_{k-1} - \lambda_{k-1} \cdot \underline{z}_{k-1}$	s. (5.67)
$\tau_{2k-1} := \dfrac{\lvert \underline{q}_{k-1} \rvert}{\lvert \underline{\rho}_{2(k-1)} \rvert}$; $\kappa_{2k-1} := \sqrt{\dfrac{1}{1+\tau_{2k-1}^2}}$	s. (5.141), (5.113)
$\underline{d}_{2k-1} := \underline{y}_{k-1} + \dfrac{\tau_{2(k-1)}^2 \cdot \xi_{2(k-1)}}{\lambda_{k-1}} \underline{d}_2(k-1)$; $\xi_{2k-1} := \kappa_{2k-1}^2 \cdot \lambda_{k-1}$	s. (5.142), (5.143)
$\underline{x}_{2k-1} := \underline{x}_{2(k-1)} + \xi_{2k-1} \underline{d}_{2k-1}$	s. (5.117)
$\lvert \underline{\rho}_{2k-1} \rvert := \lvert \underline{\rho}_{2(k-1)} \rvert \cdot \lvert \kappa_{2k-1} \tau_{2k-1} \rvert$	s. (5.115)
$\underline{p}_{k-1} := \underline{A}\,\underline{q}_{k-1}$; $\mu_{k-1} := \dfrac{\underline{q}_{k-1}^{\mathrm{T}} \underline{p}_{k-1}}{\underline{p}_{k-1}^{\mathrm{T}} \underline{p}_{k-1}}$	s. (5.77)
$\underline{r}_k := \underline{q}_{k-1} - \mu_{k-1} \cdot \underline{p}_{k-1}$	s. (5.66)
$\tau_{2k} := \dfrac{\lvert \underline{r}_k \rvert}{\lvert \underline{\rho}_{2k-1} \rvert}$; $\kappa_{2k} := \sqrt{\dfrac{1}{1+\tau_{2k}^2}}$	s. (5.144), (5.113)
$\underline{d}_{2k} := \underline{q}_{k-1} + \dfrac{\tau_{2k-1}^2 \cdot \xi_{2k-1}}{\mu_{k-1}} \underline{d}_{2k-1}$; $\xi_{2k} := \kappa_{2k}^2 \cdot \mu_{k-1}$	s. (5.145), (5.146)
$\underline{x}_{2k} := \underline{x}_{2k-1} + \xi_{2k} \underline{d}_{2k}$	s. (5.117)
$\lvert \underline{\rho}_{2k} \rvert := \lvert \underline{\rho}_{2k-1} \rvert \cdot \lvert \kappa_{2k} \tau_{2k} \rvert$	s. (5.115)

j $\sqrt{2k+1} \cdot \lvert \underline{\rho}_{2k} \rvert > \varepsilon$ n s. (5.122)

$\eta_{k-1} := \dfrac{\lambda_{k-1}}{\mu_{k-1}} \cdot \dfrac{\underline{r}_0^{\mathrm{T}} \underline{r}_k}{\underline{r}_0^{\mathrm{T}} \underline{r}_{k-1}}$	s. (5.75)
$\underline{y}_k := \underline{r}_k + \eta_{k-1} \cdot (\underline{y}_{k-1} - \mu_{k-1} \underline{z}_{k-1})$	s. (5.68)
$\underline{z}_k := \underline{A}\,\underline{y}_k$	
$k := k + 1$	Ende

Ende

Ablauf des QMRCGSTAB-Verfahrens (ohne weitere Abbruchbedingungen)

5.8 Ergänzungen zu den Krylov-Unterraum-Verfahren

In Kapitel 2 wurde gezeigt, wie rekursive Formeln zur Lösung eines Gleichungssystems aus Optimierungskriterien gewonnen werden können. Für nicht-symmetrische Systemmatrizen ergab sich die Bedingung (2.11), nach der $\underline{r}_{m+1} \perp \underline{A}\,\underline{y}_m$ zu erfüllen ist, wobei die Suchvektoren $\underline{y}_m$ bei den Krylov-Unterraum-Verfahren Elemente jeweils m-dimensionaler Räume K^m sind, denen auch die Näherungslösungen $\underline{x}_m$ angehören. Da $\underline{A}\,\underline{y}_m$ kein Vektor des Unterraums K^m sein kann, spricht man hier von einer schiefen Projektionsmethode. Die Forderung (2.11) wird als Petrov-Galerkin-Bedingung bezeichnet. Dementsprechend liegt z. B. bei dem GMRES-Verfahren oder auch dem BiCG-Verfahren eine schiefe Projektionsmethode vor, was in Kapitel 3 gerade durch die Beziehung (3.3) und in Abschnitt 5.2 durch die Gleichung (5.38) deutlich wird. Bei symmetrischen, positiv definiten Systemmatrizen folgt aus dem Optimierungskriterium die als Galerkin-Bedingung bezeichnete Formel (2.15), also $\underline{r}_{m+1} \perp \underline{y}_m$. In diesem Fall steht der Residuenvektor des $(m+1)$-ten Iterationsschritts senkrecht auf dem Krylov-Unterraum K^m, so dass man von einer orthogonalen Projektionsmethode spricht. Beispiel hierfür ist das Verfahren der konjugierten Gradienten, dessen Herleitung am Ende des Kapitels 3 auf (2.15) aufbaut.

Sämtliche hier behandelten Krylov-Unterraum-Verfahren basieren auf (3.4) und haben somit die Eigenschaft, dass sie spätestens im n-ten Iterationsschritt die exakte Lösung für die lineare Matrizengleichung liefern. Die Begründung hierfür liefert Gleichung (3.5), wobei jedoch unterstellt wird, dass die Berechnungen nicht durch Rundungsfehler o. ä. verfälscht werden. Man spricht von einem Verfahrensabbruch, wenn das Endresultat bereits im m-ten Iterationsschritt erzielt wird, wobei $m < n$ gilt. Prinzipiell ist ein solcher Verfahrensabbruch gewünscht, da dieser mit kürzeren Rechenzeiten und einem geringeren Speicherbedarf – also die wesentlichen Gründe für die Anwendung eines iterativen Verfahrens – verbunden ist. Jedoch sind vorzeitige Verfahrensabbrüche, bei denen das Näherungsergebnis noch zu große Abweichungen von der exakten Lösung aufweist, auch möglich und müssen zur Vermeidung fehlerhafter Ergebnisse erkannt werden. Unter diesem Aspekt eignet sich das GMRES-Verfahren besonders, da es nicht vor Erreichen der exakten Lösung abbrechen kann. Zum Beweis dieser Eigenschaft ist die Äquivalenz folgender Aussagen zu bestätigen:

Das GMRES-Verfahren liefert im m-ten Schritt die exakte Lösung , $\qquad$ (5.147)

$$K^{(1)} \subset K^{(2)} \subset \cdots \subset K^{(m)} = K^{(m+1)} , \qquad (5.148)$$

$$h_{(m+1)\,m} = 0 , \qquad (5.149)$$

$$\underline{z}_m = \underline{0} \quad \text{gemäß (3.6)} . \qquad (5.150)$$

Im ersten Schritt wird gezeigt, dass (5.148) $\Leftrightarrow$ (5.150) richtig ist:

$$
\begin{aligned}
K^{(m)} = K^{(m+1)} \quad \Leftrightarrow \quad & \operatorname{span}\left\{\underline{r}_0, \underline{A}\,\underline{r}_0, \ldots, \underline{A}^{m-1}\underline{r}_0\right\} = \operatorname{span}\left\{\underline{r}_0, \underline{A}\,\underline{r}_0, \ldots, \underline{A}^{m}\underline{r}_0\right\} \\
\Leftrightarrow \quad & \operatorname{span}\{\underline{v}_1, \underline{v}_2, \ldots, \underline{v}_m\} = \operatorname{span}\{\underline{v}_1, \underline{v}_2, \ldots, \underline{v}_m, \underline{z}_m\} \\
\Leftrightarrow \quad & \underline{z}_m \in \operatorname{span}\{\underline{v}_1, \underline{v}_2, \ldots, \underline{v}_m\} \\
\Leftrightarrow \quad & \text{wegen } \underline{v}_k^T \cdot \underline{z}_m = \underline{v}_k^T \cdot \sum_{j=1}^{m} \zeta_j \underline{v}_j = 0 \text{ für } k \le m: \\
& \zeta_j = 0 \quad \text{für} \quad 1 \le j \le m \text{ bzw. } \underline{z}_m = \underline{0} \,.
\end{aligned}
$$

Die Richtigkeit von (5.149) $\Leftrightarrow$ (5.150) folgt aus (3.7). Damit gilt auch (5.149) $\Leftrightarrow$ (5.148). Für den letzten Beweisschritt, dass (5.147) $\Leftrightarrow$ (5.149) gültig ist, wird wie bei der Herleitung von (3.37) verfahren, wobei (3.39) berücksichtigt wird:

$$
\underline{r}_k = \underline{r}_0 - \underline{V}_{k+1}^{[n,k+1]} \underline{H}_k^{[k+1,k]} \underline{\alpha}_k \overset{(3.14)}{=} \underline{V}_{k+1}^{[n,k+1]} \left(|\underline{r}_0| \underline{e}_1^{[k+1]} - \underline{H}_k^{[k+1,k]} \underline{\alpha}_k^{[k]} \right) \,. \tag{5.151}
$$

Unter der Annahme, dass $\underline{v}_{k+1} \ne \underline{0}$ gilt, kann wegen (3.9) sowie (4.30) geschrieben werden:

$$
\underline{V}_{k+1}^{[n,k+1]\,T} \underline{V}_{k+1}^{[n,k+1]} = \underline{I}^{[k+1,k+1]} = \underline{U}^{[k+1,k+1]\,T} \underline{U}^{[k+1,k+1]} \,. \tag{5.152}
$$

Somit gilt für $|\underline{r}_k|^2 = \underline{r}_k^T \underline{r}_k$:

$$
\begin{aligned}
|\underline{r}_k|^2 = &\left(\underline{U}^{[k+1,k+1]} \left(|\underline{r}_0| \underline{e}_1^{[k+1]} - \underline{H}_k^{[k+1,k]} \underline{\alpha}_k^{[k]} \right) \right)^T \\
&\cdot \left(\underline{U}^{[k+1,k+1]} \left(|\underline{r}_0| \underline{e}_1^{[k+1]} - \underline{H}_k^{[k+1,k]} \underline{\alpha}_k^{[k]} \right) \right) \,.
\end{aligned} \tag{5.153}
$$

Mit den Definitionen in (5.1) erhält die Gleichung folgende Form:

$$
|\underline{r}_k| = \left| \underline{q}^{[k+1]} - \underline{C}^{[k+1,k]} \underline{\alpha}_k^{[k]} \right| = \sqrt{q_{k+1}^2 + \left| \underline{q}^{[k]} - \underline{C}^{[k,k]} \underline{\alpha}_k^{[k]} \right|^2} \ge q_{k+1} \,. \tag{5.154}
$$

Im Fall, dass $\underline{v}_{k+1} = \underline{0}$ gilt, ist $\underline{V}_{k+1}^{[n,k+1]} \underline{H}_k^{[k+1,k]}$ in (5.151) durch $\underline{V}_k^{[n,k]} \underline{H}_k^{[k,k]}$ zu ersetzen. Die Gleichungen (5.152) und (5.153) können damit auf jeweils k-zeilige/-spaltige Matrizen übertragen werden, so dass sich analog zu (5.154) ergibt:

$$
|\underline{r}_k| = \left| \underline{q}^{[k]} - \underline{C}^{[k,k]} \underline{\alpha}_k^{[k]} \right| \,. \tag{5.155}
$$

In Kapitel 2 wurde gezeigt, dass die quadratische Form $|\underline{r}_k|^2$ für die exakte Lösung $\underline{x}_k = \underline{A}^{-1}\underline{b}$ minimal wird bezüglich der Variablen y_k, die hier der Vektorkomponente α_k entspricht. Wie hieraus unmittelbar hervorgeht, nimmt $|\underline{r}_k|$ für die exakte Lösung das absolute Minimum, also den Wert Null an. Für das Eintreten von (5.147) ist es gemäß (5.154) und (5.155) notwendig und hinreichend, dass gilt:

a) $\underline{C}^{[m,m]} \underline{\alpha}_m^{[m]} = \underline{q}^{[m]}$ und

b) $\underline{v}_{m+1} = \underline{0}$ oder $q_{m+1} = 0$. $\tag{5.156}$

Da die Äquivalenz von (5.149) und (5.150) bereits bewiesen wurde, kann die Beziehung $\underline{v}_{m+1} = \underline{0}$ unter b) mit $h_{(m+1)\,m} = 0$ gleichgesetzt werden. Ebenso folgt die Äquivalenz von $q_{m+1} = 0$ unter b) mit $h_{(m+1)\,m} = 0$ aus der Folgerung aus den Formeln (5.4) und (5.5) in Abschnitt 5.1 und direkt aus (5.108) nach Übertragung dieser Formel auf die Schreibweise von (5.1). Damit kann die Bedingung b) lediglich auf $h_{(m+1)\,m} = 0$ beschränkt werden. Wie in Abschnitt 5.1 nachzulesen ist, werden sämtliche Formeln des GMRES-Algorithmus von (5.1) abgeleitet. Diese Gleichung entspricht für $h_{(m+1)\,m} = 0$ exakt der Bedingung a), d. h., dass allein durch den Algorithmus die Gültigkeit der Bedingung a) schon sichergestellt ist, wenn b) zutrifft. Die Bedingungen a) und b) sind also äquivalent und man kann schreiben:

$$\underline{x}_m = \underline{A}^{-1}\underline{b} \;\;\Leftrightarrow\;\; h_{(m+1)\,m} = 0 \quad \text{bzw.} \quad (5.147) \;\;\Leftrightarrow\;\; (5.149)\,.$$

Mit der somit bewiesenen Äquivalenz der Aussagen und Gleichungen (5.147) bis (5.150) ist auch der Beweis erbracht, dass das GMRES-Verfahren stets durch einen regulären Abbruch beendet wird und nie durch einen vorzeitigen Abbruch, der auch als ernsthafter Abbruch (serious break-down) bezeichnet wird. Das GMRES-Verfahren liefert also, wenn man Rundungsfehler ausschließt, sicher die exakte Lösung, wobei nur im ungünstigsten Fall n Iterationen, im Idealfall aber wesentlich weniger Durchläufe erforderlich sind. Allerdings sind Rundungsfehler nicht vermeidbar und können sogar die Unwirksamkeit der Abbruchbedingung herbeiführen. Eine mögliche Ursache besteht beispielsweise darin, dass wegen der Rundungsfehler die Orthonormalität der generierten Basisvektoren verlorengeht. Auf Gegenmaßnahmen zur Verhinderung solcher Effekte soll aber an dieser Stelle nicht näher eingegangen werden.

Neben Rundungsfehlern gibt es auch weitere Gründe für das Versagen eines iterativen Verfahrens. Bei Methoden, die auf dem Bi-Lanczos-Algorithmus beruhen, kann im Gegensatz zum GMRES-Verfahren durchaus ein ernsthafter Abbruch auftreten, wodurch das Ergebnis nicht akzeptable Abweichungen von der richtigen Lösung aufweisen kann. Der Grund hierfür wird durch Gleichung (3.34) deutlich, nach der das Abbruchkriterium $h_{(m+1)\,m} = 0$ nicht nur für $\underline{v}_{m+1} = \underline{0}$ oder $\underline{w}_{m+1} = \underline{0}$ erfüllt wird, sondern auch dann, wenn $\underline{v}_{m+1} \perp \underline{w}_{m+1}$ gilt. Diese ungünstige Eigenschaft liegt z. B. beim BiCG- und CGS-Verfahren vor.

Auch beim BiCGSTAB-Algorithmus in der in Abschnitt 5.5 gezeigten Form kann ein ernsthafter Abbruch nicht ausgeschlossen werden. Mit weiteren Eingriffen, auf die hier nicht näher eingegangen wird, lassen sich aber Verbesserungen hinsichtlich dieser Eigenschaft erreichen [6].

Das Verfahren der konjugierten Gradienten zählt zu den älteren der hier beschriebenen Krylov-Unterraum-Verfahren und wurde bereits 1952 von Hestenes und Stiefel veröffentlicht. Seine Weiterentwicklung durch Fletcher führte zu dem 1975 bekannt gewordenen BiCG-Verfahren. Eine andere Richtung in der Weiterentwicklung schlugen Saad und Schultz ein und stellten 1986 das GMRES-Verfahren vor. Während Sonneveld 1989 das CGS-Verfahren als Weiterentwicklung aus dem BiCG-Verfahren veröffentlichte, kombinierten Freund und Nachtigall die Methoden vom BiCG- und GMRES-Verfahren, woraus sich das QMR-Verfahren ergab, welches eine Reduzierung des Speicher-platzbedarfs gegenüber dem GMRES-Verfahren ermöglicht.

Auf Basis des BiCG- und des CGS-Verfahrens gelang es van der Vorst 1992 mit dem sogenannten BiCGSTAB-Verfahren, die Oszillation des Residuums zu minimie-ren. Freund nutzte wiederum die Kombination von QMR- und CGS-Verfahren zur Ver-meidung von Multiplikationen mit der Matrix $\underline{A}^\mathrm{T}$, woraus 1993 das TFQMR-Verfah-ren resultierte. Das QMRCGSTAB-Verfahren nach Chan von 1994 stellt wiederum eine Kombination von TFQMR- und BiCGSTAB-Verfahren dar und ist charakterisiert durch einen nicht oszillierenden Residuenvektor bei geringstmöglichem Speicherbedarf und Rechenaufwand. Bei sämtlichen QMR-Verfahrens sind die Basisvektoren wegen des zugrundeliegenden Bi-Lanczos-Algorithmus jedoch nicht notwendigerweise orthogo-nal, so dass also im Gegensatz zum GMRES-Verfahren nur von einer Quasiminimie-rung gesprochen werden kann.

Die wesentlichen Merkmale, an denen die Eignung eines Iterationsverfahrens festgemacht werden kann, sind neben Speicherbedarf und Rechenumfang des Al-gorithmus, welcher mit der Rechendauer direkt zusammenhängt, insbesondere das Konvergenzverhalten, das ebenfalls die Rechendauer entscheidend beeinflusst und dem ein eigenes Kapitel gewidmet ist. Speicherbedarf und Rechendauer werden se-parat in einem nachfolgenden Kapitel behandelt und für die einzelnen Verfahren ver-glichen bzw. einander gegenübergestellt. Der Einfluss von Rundungsfehlern auf die Stabilität des Verfahrens und die Qualität der Ergebnisse, was auch ein wichtiges Be-urteilungskriterium für das jeweilige Lösungsverfahren darstellt, wird in Abschnitt 7.2 angesprochen.

6 Lösung einer linearen Matrizengleichung mit der Splitting-Methode

Neben den Krylov-Unterraum-Verfahren gehören auch Verfahren, die auf der Splitting-Methode basieren, zu den iterativen Algorithmen. Der Grundgedanke der Splitting-Methode kann mit der Gleichung

$$\underline{b} = \underline{A}\,\underline{x} = c \cdot \underline{B}\underline{x}_{m+1} + (\underline{A} - c \cdot \underline{B})\underline{x}_m \tag{6.1}$$

beschrieben werden, deren Richtigkeit für $\lim \underline{x}_{m+1} = \lim \underline{x}_m = \underline{x}$ sofort plausibel wird. Noch deutlicher wird dies mit folgender Darstellung von (6.1):

$$c \cdot \underline{B}(\underline{x}_{m+1} - \underline{x}_m) = \underline{A}(\underline{x} - \underline{x}_m) = \underline{b} - \underline{A}\underline{x}_m = \underline{r}_m \tag{6.2}$$

$$\Rightarrow \quad \underline{x}_{m+1} = (\underline{I} - c^{-1} \cdot \underline{B}^{-1}\,\underline{A})\underline{x}_m + c^{-1} \cdot \underline{B}^{-1}\underline{b} = \underline{x}_m + c^{-1} \cdot \underline{B}^{-1}\underline{r}_m\,. \tag{6.3}$$

Der Vergleich von (6.3) mit (3.1) zeigt, dass $\underline{B}^{-1}\underline{r}_m$ an die Stelle von $\alpha_m \underline{v}_m$ tritt. Während alle $\underline{v}_k$ für $1 \leq k \leq m$ einen m-dimensionalen Krylov-Unterraum aufspannen, ist dies bei den Vektoren $\underline{B}^{-1}\underline{r}_k$ nicht der Fall. Mit den Definitionen für die Matrizen $\underline{R}, \underline{D}, \underline{L}$

$$(\underline{R})_{jk} = a_{jk} \quad \text{für} \quad j < k\,; \quad (\underline{D})_{jk} = a_{jk} \quad \text{für} \quad j = k\,; \quad (\underline{L})_{jk} = a_{jk} \quad \text{für} \quad j > k\,, \tag{6.4}$$

wobei alle anderen Elemente auf Null gesetzt werden, so dass also

$$\underline{R} + \underline{D} + \underline{L} = \underline{A} \tag{6.5}$$

gilt, können folgende Festsetzungen getroffen werden:

$$\text{Jacobi-Verfahren:} \qquad \underline{B} = \underline{D}\,, \tag{6.6}$$

$$\text{Gauß-Seidel-Verfahren:} \qquad \underline{B} = \underline{D} + c^{-1}\underline{L}\,, \tag{6.7}$$

$$\text{Richardson-Verfahren:} \qquad \underline{B} = \underline{I}\,. \tag{6.8}$$

Beim Jacobi- und Gauß-Seidel-Verfahren gilt $c = 1$. Für beide Verfahren kann wie beim Richardson-Verfahren aber auch $c \neq 1$ eingesetzt werden, in diesem Fall spricht man von dem Jacobi- bzw. Gauß-Seidel-Relaxationsverfahren. Geeignete Werte für c ergeben sich aus Konvergenzkriterien, die in Kapitel 7 behandelt werden.

Setzt man (6.6) bzw. (6.7) in (6.3) ein, erhält man für $c = 1$

$$\underline{x}_{m+1} = \hat{\underline{A}}\underline{x}_m + \hat{\underline{b}} \quad \text{mit} \quad (\hat{\underline{A}})_{jk} = -\frac{a_{jk}}{a_{jj}} \quad \text{für} \quad j \neq k\,; \quad (\hat{\underline{A}})_{kk} = 0\,; \quad (\hat{\underline{b}})_j = \frac{b_j}{a_{jj}}\,; \tag{6.9}$$

$$\underline{x}_{m+1} = \left(\underline{I} - (\underline{D} + \underline{L})^{-1}(\underline{D} + \underline{L} + \underline{R})\right)\underline{x}_m + (\underline{D} + \underline{L})^{-1}\underline{b} = -(\underline{D} + \underline{L})^{-1}(\underline{R}\underline{x}_m - \underline{b})$$

$$\Rightarrow \quad (\underline{D} + \underline{L})\underline{x}_{m+1} = \underline{b} - \underline{R}\underline{x}_m\,. \tag{6.10}$$

https://doi.org/10.1515/9783110644173-006

Damit ergeben sich für die einzelnen Vektorkomponenten

Jacobi-Verfahren: $\quad (\underline{x}_{m+1})_j = \dfrac{1}{a_{jj}} \left(b_j - \displaystyle\sum_{\substack{k=1 \\ k \neq j}}^{n} a_{jk} \cdot (\underline{x}_m)_k \right) , \qquad$ (6.11)

Gauß-Seidel-Verfahren: $\quad (\underline{x}_{m+1})_j = \dfrac{1}{a_{jj}} \left(b_j - \displaystyle\sum_{k=1}^{j-1} a_{jk} \cdot (\underline{x}_{m+1})_k - \displaystyle\sum_{k=j+1}^{n} a_{jk} \cdot (\underline{x}_m)_k \right) .$

(6.12)

Wenn $c \neq 1$ gilt, liegt ein sogenanntes Relaxationsverfahren vor. Ausgehend von (6.2) ergibt sich mit (6.6) für das Jacobi-Relaxationsverfahren in Komponentenschreibweise:

$$(\underline{x}_{m+1})_j = (\underline{x}_m)_j + \frac{1}{c a_{jj}} \left(b_j - \sum_{k=1}^{n} a_{jk} \cdot (\underline{x}_m)_k \right)$$

⇒ Jacobi-Relaxationsverfahren:

$$(\underline{x}_{m+1})_j = (1 - c^{-1})(\underline{x}_m)_j + \frac{1}{c a_{jj}} \left(b_j - \sum_{\substack{k=1 \\ k \neq j}}^{n} a_{jk} \cdot (\underline{x}_m)_k \right) . \qquad (6.13)$$

Analog folgt mit (6.7) aus (6.2):

$$(c \cdot \underline{D} + \underline{L}) \underline{x}_{m+1} = (c \cdot \underline{D} + \underline{L}) \underline{x}_m + \underline{b} - (\underline{D} + \underline{L} + \underline{R}) \underline{x}_m = (c-1) \cdot \underline{D} \underline{x}_m + \underline{b} - \underline{R} \underline{x}_m$$
$$\Rightarrow \quad c \cdot \underline{D} \underline{x}_{m+1} = (c-1) \cdot \underline{D} \underline{x}_m + \underline{b} - \underline{R} \underline{x}_m - \underline{L} \underline{x}_{m+1}$$

⇒ Gauß-Seidel-Relaxationsverfahren:

$$(\underline{x}_{m+1})_j = (1 - c^{-1}) \cdot (\underline{x}_m)_j + \frac{1}{c \cdot a_{jj}} \left(b_j - \sum_{k=j+1}^{n} a_{jk} \cdot (\underline{x}_m)_k - \sum_{k=1}^{j-1} a_{jk} \cdot (\underline{x}_{m+1})_k \right) . \qquad (6.14)$$

Mit (6.8) folgt aus (6.2) in Komponentenschreibweise:

Richardson-Verfahren: $\quad (\underline{x}_{m+1})_j = (\underline{x}_m)_j + \dfrac{1}{c} \left(b_j - \displaystyle\sum_{k=1}^{n} a_{jk} \cdot (\underline{x}_m)_k \right) . \qquad$ (6.15)

Zur vereinfachten Darstellung eines Splitting-Verfahrens kann (6.3) ersetzt werden durch

$$\underline{x}_{m+1} = \underline{M} \, \underline{x}_m + \underline{N} \, \underline{b} \quad \text{mit} \quad \underline{M} = \underline{I} - \underline{N} \underline{A} \quad \text{und} \quad \underline{N} = c^{-1} \cdot \underline{B}^{-1} \qquad (6.16)$$
$$\Rightarrow \quad \underline{M} = \underline{N} \cdot (c \underline{B} - \underline{A}) . \qquad (6.17)$$

Für Konvergenzuntersuchungen und zur Bestimmung eines optimalen Werts von c werden in Kapitel 7 die Eigenwerte λ_k der Matrix $\underline{M}$ benötigt. Für diese gilt mit den Eigenvektoren $\underline{u}_k$:

$$c = 1: \quad \underline{M} \underline{u}_k = \lambda_k \underline{u}_k \quad \text{und} \quad |\underline{M} - \lambda_k \underline{I}| = 0 \quad \text{für} \quad 1 \leq k \leq n . \qquad (6.18)$$

Zwischen diesen und den Eigenwerten des zugehörigen Relaxationsverfahrens $\mu_k = \lambda_k (c \neq 1)$ lässt sich beim Jacobi-Verfahren folgende Beziehung herstellen:

$$(\underline{I} - c^{-1} \cdot \underline{D}^{-1} \underline{A}) \underline{u}_k = \mu_k \underline{u}_k = \left((1 - c^{-1}) \underline{I} - c^{-1} \cdot \underline{D}^{-1} (\underline{R} + \underline{L}) \right) \underline{u}_k \,.$$

Da sich die Eigenwerte des Jacobi-Verfahrens hieraus für $c = 1$ ergeben, gilt also

$$\lambda_k \underline{u}_k = \underline{M} \, \underline{u}_k = (\underline{I} - \underline{D}^{-1} \underline{A}) \underline{u}_k = -\underline{D}^{-1} (\underline{R} + \underline{L}) \underline{u}_k$$

und somit $\quad \mu_k \underline{u}_k = \left((1 - c^{-1}) \underline{I} + c^{-1} \cdot \lambda_k \right) \underline{u}_k$

$$\Rightarrow \quad \mu_k = (1 - c^{-1}) + c^{-1} \cdot \lambda_k = 1 + c^{-1} \cdot (\lambda_k - 1) = \frac{c - 1 + \lambda_k}{c} \,. \qquad (6.19)$$

Die Herleitung einer äquivalenten Beziehung für das Gauß-Seidel-Verfahren ist verknüpft mit Konvergenzbetrachtungen, die im nachfolgenden Kapitel 7 behandelt werden.

7 Konvergenzverhalten von iterativen Lösungsverfahren

7.1 Banach'scher Fixpunktsatz

Ein iteratives Verfahrens zur Bestimmung der Lösung von $\underline{A}\,\underline{x} = \underline{b}$ konvergiert, wenn die Reihe der Residuen $|\underline{r}_k|$ eine Nullfolge darstellt. Je größer die Degression der Folge ist, umso schneller führt das Verfahren zur gesuchten Lösung. Aussagen über diese Verfahrensmerkmale liefert der Banach'sche Fixpunktsatz, der sich auf die allgemeiner formulierte Iterationsvorschrift

$$\underline{x}_{k+1} = f(\underline{x}_k) \qquad k = 0, 1, 2, \dots \tag{7.1}$$

bezieht. Wenn $\underline{x}_{k+1} = \underline{x}_k = \underline{x}$ gilt, spricht man bei $\underline{x}$ von einem Fixpunkt bezüglich der Funktion respektive des Operators f:

Definition:

$$\underline{x} \text{ ist ein Fixpunkt des Operators } f \;\;\Leftrightarrow\;\; f : D \subset X \to X \text{ und } \underline{x} = f(\underline{x}) . \tag{7.2}$$

Hierbei wird das Element $\underline{x}_k = \underline{x}$ der Menge D, die eine Teilmenge von X ist, auf X abgebildet. Ist X ein normierter Raum (siehe Abschnitt 7.2) und gilt

$$f : D \subset X \to X \quad \text{und} \quad \|f(\underline{x}) - f(\underline{y})\| \le q \cdot \|\underline{x} - \underline{y}\| \quad \text{mit} \quad 0 \le q < 1 , \quad \forall \underline{x}, \underline{y} \in D , \tag{7.3}$$

dann ist f ein kontrahierender Operator und q die zugehörige Kontraktionszahl. In diesem Fall folgt unter der Voraussetzung, dass $\lim_{k \to \infty} \underline{x}_k = \underline{x}$ gilt, die Ungleichung

$$0 \le \|f(\underline{x}_k) - f(\underline{x})\| \le q \cdot \|\underline{x}_k - \underline{x}\| \to 0 \quad \text{für} \quad k \to \infty$$

$$\Rightarrow \quad \lim_{k \to \infty} f(\underline{x}_k) = f(\underline{x}) = f(\lim_{k \to \infty} \underline{x}_k) . \tag{7.4}$$

Gemäß [8] folgt aus obiger Ungleichung, dass f ein stetiger Operator ist. Außerdem besitzt er höchstens einen Fixpunkt, wie folgender Beweis zeigt:

Wenn $\underline{x}$ und $\underline{y}$ Fixpunkte von f sind, dann gilt

$$\|\underline{x} - \underline{y}\| = \|f(\underline{x}) - f(\underline{y})\| \le q \cdot \|\underline{x} - \underline{y}\| \quad \text{und somit} \quad (1 - q) \cdot \|\underline{x} - \underline{y}\| \le 0 .$$

Aus (7.3) folgt aber, dass $(1 - q) > 0$ sein muss, und damit ist $\|\underline{x} - \underline{y}\| = 0$ die einzige Möglichkeit, denn die Norm kann keine negativen Werte annehmen. Das heißt also $\underline{x} = \underline{y}$, womit belegt ist, dass es nur höchstens einen Fixpunkt gibt.

Der Banach'sche Fixpunktsatz lautet: f sei ein kontrahierender Operator, durch den ein Element aus der Teilmenge D eines normierten Raums X wiederum auf diese Teilmenge abgebildet wird, also es gelte analog zu (7.3):

$$f : D \subset X \to D \quad \text{und} \quad \|f(\underline{x}) - f(\underline{y})\| \le q \cdot \|\underline{x} - \underline{y}\| \quad \text{mit} \quad 0 \le q < 1 , \quad \forall \underline{x}, \underline{y} \in D . \tag{7.5}$$

https://doi.org/10.1515/9783110644173-007

Dann gelten folgende Aussagen:

1. Es existiert genau ein Fixpunkt $\underline{x} \in D$ von f und die durch (7.1) dargestellte Folge konvergiert für jeden beliebigen Startwert $\underline{x}_0 \in D$ gegen $\underline{x}$.

2. $\|\underline{x}_k - \underline{x}\| \leq \dfrac{q^k}{1-q} \cdot \|\underline{x}_1 - \underline{x}_0\|$ (a-priori-Fehlerabschätzung) . $\qquad$ (7.6)

3. $\|\underline{x}_k - \underline{x}\| \leq \dfrac{q}{1-q} \cdot \|\underline{x}_k - \underline{x}_{k-1}\|$ (a-posteriori-Fehlerabschätzung) . $\qquad$ (7.7)

Beweis des Satzes:

$$\|\underline{x}_{k+1} - \underline{x}_k\| \overset{(7.1)}{=} \|f(\underline{x}_k) - f(\underline{x}_{k-1})\| \overset{(7.5)}{\leq} q \cdot \|\underline{x}_k - \underline{x}_{k-1}\| \leq \cdots \leq q^k \cdot \|\underline{x}_1 - \underline{x}_0\| \quad (7.8)$$

$$\text{für } k < n: \quad \|\underline{x}_k - \underline{x}_n\| = \left\| \sum_{j=k}^{n-1} (\underline{x}_j - \underline{x}_{j+1}) \right\| \overset{[9]}{\leq} \sum_{j=k}^{n-1} \|\underline{x}_j - \underline{x}_{j+1}\| \overset{(7.8)}{\leq} \sum_{j=k}^{n-1} q^j \cdot \|\underline{x}_1 - \underline{x}_0\|$$

$$\Rightarrow \quad \|\underline{x}_k - \underline{x}_n\| \leq q^k \cdot \sum_{j=0}^{\infty} q^j \cdot \|\underline{x}_1 - \underline{x}_0\| \overset{[10]}{=} \frac{q^k}{1-q} \cdot \|\underline{x}_1 - \underline{x}_0\| . \qquad (7.9)$$

Der Summenausdruck in (7.9) ist eine geometrische Reihe, die wegen $q < 1$ zum obigen Ergebnis führt. Für $k \to \infty$ gilt ebenfalls wegen $q < 1$:

$$\lim_{k \to \infty} \|\underline{x}_k - \underline{x}_n\| = 0 . \qquad (7.10)$$

Nach dem Konvergenzkriterium von Cauchy strebt diese sogenannte Cauchy-Folge gegen einen festen Wert, der hier als Fixpunkt $\underline{x}$ bezeichnet wird [11, 12]. Hierzu sind k und n nur beliebig groß zu wählen. Damit folgt für den Fixpunkt

$$\lim_{n \to \infty} \|\underline{x} - \underline{x}_n\| = 0 \quad \Leftrightarrow \quad \underline{x} = \lim_{n \to \infty} \underline{x}_n . \qquad (7.11)$$

Einsetzen von (7.1) und (7.4) ergibt hierfür

$$\underline{x} = \lim_{n \to \infty} \underline{x}_n = \lim_{n \to \infty} f(\underline{x}_{n-1}) = f(\lim_{n \to \infty} \underline{x}_{n-1}) = f(\underline{x}) . \qquad (7.12)$$

Da es nach obigen Ausführungen höchstens einen Fixpunkt geben kann und mit (7.12) belegt wird, dass dieser Fixpunkt für $n \to \infty$ tatsächlich existiert, ist Aussage 1 bewiesen. Des Weiteren gilt mit (7.9):

$$\|\underline{x}_k - \underline{x}\| = \lim_{n \to \infty} \|\underline{x}_k - \underline{x}_n\| \leq \frac{q^k}{1-q} \cdot \|\underline{x}_1 - \underline{x}_0\| .$$

Damit ist auch Aussage 2 bewiesen. Die Anwendung der Dreiecksungleichung gemäß [9] führt mit (7.1) und (7.5) zu:

$$\|\underline{x}_k - \underline{x}\| = \|f(\underline{x}_{k-1}) - f(\underline{x})\| = \|f(\underline{x}_{k-1}) - f(\underline{x}_k) + f(\underline{x}_k) - f(\underline{x})\|$$

$$\leq \|f(\underline{x}_{k-1}) - f(\underline{x}_k)\| + \|f(\underline{x}_k) - f(\underline{x})\| \leq q \cdot \|\underline{x}_{k-1} - \underline{x}_k\| + q \cdot \|\underline{x}_k - \underline{x}\|$$

$$\Rightarrow \quad (1-q)\|\underline{x}_k - \underline{x}\| \leq q \cdot \|\underline{x}_{k-1} - \underline{x}_k\|$$

Diese Gleichung entspricht (7.7), womit auch Aussage 3 bewiesen ist. Gleichung (7.1) stellt auch eine Grundlage für das Aufsuchen von Nullstellen einer Funktion mit der Gestalt $y = f(x) - x$ dar.

7.2 Normen, Spektralradius und Konditionszahl

Der allgemeine Normbegriff wird bereits beim Beweis des Satzes für den Banach'schen Fixpunkt im vorangehenden Abschnitt 7.1 verwendet, wobei auf die nachfolgend zusammengestellten Grundeigenschaften unter Verweis auf hierzu weiterführende Literatur Bezug genommen wurde. Bei der Herleitung von (5.122) wurde auch schon der Begriff der Matrixnorm verwendet. Dieser steht in engem Zusammenhang mit der Vektornorm.

Die Norm eines Vektors oder einer Matrix ist gleichbedeutend mit einer Abbildungsvorschrift $f(.) = \|.\|$, die auf den Vektor oder die Matrix angewendet wird und eine reelle Zahl als Ergebnis liefert. Man nennt diese Abbildung eine Norm auf X und schreibt hierfür $\|.\| : X \to \mathbb{R}$. Die Norm erfüllt für einen linearen Raum X folgende vier Grundeigenschaften:

1. $\|\underline{x}\| \geq 0$ (Positivität) , $\hspace{4cm}$ (7.13)

2. $\|\underline{x}\| = 0 \iff \underline{x} = \underline{0}$ (Definitheit) , $\hspace{3cm}$ (7.14)

3. $\|c \cdot \underline{x}\| = |c| \cdot \|\underline{x}\| \quad \forall \underline{x} \in X ; \quad \forall c \in \mathbb{C}$ bzw. $\mathbb{R}$ (Homogenität) , $\hspace{1cm}$ (7.15)

4. $\|\underline{x} + \underline{y}\| \leq \|\underline{x}\| + \|\underline{y}\| \quad \forall \underline{x}, \underline{y} \in X$ (Dreiecksungleichung) . $\hspace{1.5cm}$ (7.16)

Ist X ein mehrdimensionaler Raum, also $X = \mathbb{C}^n$ bzw. $\mathbb{R}^n$, so liegt eine Vektornorm vor. Jede Abbildungsvorschrift kann zur Norm erklärt werden, wenn sie obige Definitionen erfüllt. Verbreitet sind folgende Normbegriffe, die zu ihrer Unterscheidung jeweils mit einem Index gekennzeichnet sind:

1. $\|\underline{x}\|_1 = \sum_{k=1}^{n} |x_k|$ (Betragssummennorm) , $\hspace{3cm}$ (7.17)

2. $\|\underline{x}\|_2 = \sqrt{\sum_{k=1}^{n} |x_k|^2} = |\underline{x}|$ (Euklidische Norm) , $\hspace{2.5cm}$ (7.18)

3. $\|\underline{x}\|_\infty = \max_{k=1,\ldots,n} |x_k|$ (Maximumnorm) . $\hspace{3cm}$ (7.19)

Es kann leicht überprüft werden, dass alle mit (7.17) bis (7.19) definierten Normen die Eigenschaften (7.13) bis (7.16) erfüllen. Die Betrachtungen können nun durch Einführung der Matrix $\underline{A}^{[m,n]}$, die als linearer Operator auf den Vektor $\underline{x}$ angewendet wird und so den Vektor $\underline{y} = \underline{A}\underline{x}$ generiert, erweitert werden. Während $\|\underline{x}\|$ eine Norm auf dem Raum X darstellt, kann analog hierzu mit $\|\underline{y}\|$ eine Norm auf dem Raum Y deklariert werden, dessen Elemente die Vektoren $\underline{y} \in Y$ sind. Zu ihrer Unterscheidung kennzeichnet man die Normen mit $\|.\|_X$ und $\|.\|_Y$. Zwischen beiden Normen besteht folgender Zusammenhang:

$$\|\underline{y}\|_Y = \|\underline{A}\underline{x}\|_Y = \|\underline{x}\|_X \cdot \left\| \underline{A}\left(\frac{\underline{x}}{\|\underline{x}\|_X} \right) \right\|_Y = \|\underline{x}\|_X \cdot \|\underline{A}\underline{z}\|_Y \quad \text{mit} \quad \|\underline{z}\|_X = 1 \quad \text{und} \quad \underline{z} \in X .$$

Es sei Z eine Teilmenge von X, und zwar gelte: $X \supset Z = \{\underline{x} \in X \mid \|\underline{x}\| = 1\}$. Es sei ferner $\underline{\hat{z}} \in Z$, für den $\|\underline{A}\,\underline{\hat{z}}\|_Y \geq \|\underline{A}\,\underline{z}\|_Y; \forall \underline{z} \in Z$ gilt. Dann ist $\|\underline{A}\,\underline{\hat{z}}\|_Y$ die kleinste obere Schranke der Menge aller Elemente $\|\underline{A}\,\underline{z}\|_Y$, also das Supremum dieser Menge, mit dem dann gilt:

$$\|\underline{A}\,\underline{x}\|_Y \leq \|\underline{x}\|_X \cdot \|\underline{A}\,\underline{\hat{z}}\|_Y = \|\underline{x}\|_X \cdot \sup \|\underline{A}\,\underline{z}\|_Y = \|\underline{x}\|_X \cdot \sup_{\|\underline{x}\|_X=1} \|\underline{A}\,\underline{x}\|_Y \,.$$

$\Rightarrow$ Mit der oberen Schranke bzw. der Norm des Operators $\|\underline{A}\| = \sup\limits_{\|\underline{x}\|_X=1} \|\underline{A}\,\underline{x}\|_Y$ (7.20)

gilt: $\quad \|\underline{A}\,\underline{x}\|_Y \leq \|\underline{A}\| \cdot \|\underline{x}\|_X \,.$ (7.21)

Ungleichung (7.21) wird als Verträglichkeitsbedingung bezeichnet. Betrachtet man X und Y als Unterräume von $\mathbb{R}^n$ bzw. $\mathbb{C}^n$ und bezieht die Normen von $\underline{x}$ und $\underline{y}$ hierauf, kann die Indizierung in (7.20) und (7.21) entfallen und damit für die Matrixnorm geschrieben werden:

$$\|\underline{A}\| = \sup_{\|\underline{x}\|=1} \|\underline{A}\,\underline{x}\| \geq \frac{\|\underline{A}\,\underline{x}\|}{\|\underline{x}\|} \,.$$ (7.22)

Die Norm $\|\underline{x}\|_1$ nach (7.17) nimmt nur dann den Wert 1 an, wenn höchstens eine Komponente x_k einen Betrag von 1 aufweist, der jeweilige Betrag sämtlicher anderer Komponenten aber kleiner als 1 ist. Ist zudem die Norm der k-ten Spalte in $\underline{A}$ gleich oder größer als die der anderen Spaltenvektoren, also wenn gilt $\|\underline{a}_k\| \geq \|\underline{a}_j\|$ für alle $j \neq k$, dann gilt auch

$$\|\underline{y}\|_1 = \|\underline{A}\,\underline{x}\|_1 = \left\| \sum_{j=1}^{n} x_j \cdot \underline{a}_j \right\|_1 \stackrel{(7.15),(7.16)}{\leq} \sum_{j=1}^{n} |x_j| \cdot \|\underline{a}_j\|_1 \leq 1 \cdot \|\underline{a}_k\|_1$$

$\Rightarrow \quad \|\underline{A}\|_1 = \sup\limits_{\|\underline{x}\|=1} \|\underline{A}\,\underline{x}\|_1 = \max\limits_{k=1,\ldots,n} \|\underline{a}_k\|_1 = \max\limits_{k=1,\ldots,n} \sum\limits_{j=1}^{n} |a_{jk}|$ (Spaltensummennorm) .

(7.23)

Setzt man in (7.22) die Transponierte von $\underline{A}$ ein, erhält man

$$\|\underline{A}\|_\infty = \sup_{\|\underline{x}\|=1} \|\underline{A}^T \underline{x}\|_\infty = \max_{j=1,\ldots,n} \sum_{k=1}^{n} |a_{jk}| \quad \text{(Zeilensummennorm) .}$$ (7.24)

Die Spalten- und Zeilensummennorm sind von der Vektornorm induzierte Matrixnormen. Wenn die euklidische Norm (7.18) auf den Vektor $\underline{y} = \underline{A}\,\underline{x}$ angewendet wird, gilt:

$$\|\underline{y}\|_2 = \|\underline{A}\,\underline{x}\|_2 = \sqrt{\sum_{j=1}^{m} |y_j|^2} = \sqrt{\sum_{j=1}^{m} \left| \sum_{k=1}^{n} a_{jk} x_k \right|^2} \,.$$

Zieht man den Satz über die Cauchy-Schwarz'sche Ungleichung [13] heran, ergibt sich

$$\|\underline{A}\,\underline{x}\|_2 \leq \sqrt{\sum_{j=1}^{m} \left(\sum_{k=1}^{n} |a_{jk}|^2 \cdot \sum_{k=1}^{n} |x_k|^2 \right)} = \sqrt{\sum_{j=1}^{m} \sum_{k=1}^{n} |a_{jk}|^2 \cdot |\underline{x}|^2} \,,$$

$$\|\underline{A}\|_2 = \sup_{\|\underline{x}\|=1} \|\underline{A}\,\underline{x}\|_2 \leq \|\underline{A}\|_F = \sqrt{\sum_{j=1}^{m} \sum_{k=1}^{n} |a_{jk}|^2} \quad \text{(Frobenius-Norm) .}$$ (7.25)

Die Beziehungen (7.20) bis (7.25) gelten auch für nicht quadratische Matrizen, d. h. für $m \neq n$. Somit ist es auch zulässig, die Formeln (7.22) und (7.25) für die Herleitung von (5.122) heranzuziehen.

Für die Expansion der Verträglichkeitsbedingung auf ein Matrizenprodukt wird der Vektor $\underline{z} = \underline{B}\,\underline{y}$ zusätzlich eingeführt, mit dem aus (7.20) und (7.21) folgt:

$$\|\underline{B}\,\underline{A}\underline{x}\|_Z = \|\underline{B}\,\underline{y}\|_Z \leq \|\underline{B}\| \cdot \|\underline{y}\|_Y = \|\underline{B}\| \cdot \|\underline{A}\,\underline{x}\|_Y \leq \|\underline{B}\| \cdot \|\underline{A}\| \cdot \|\underline{x}\|_X$$

$$\Rightarrow \quad \|\underline{B} \cdot \underline{A}\| = \sup_{\|\underline{x}\|_X = 1} \|\underline{B}\,\underline{A}\underline{x}\|_Z \leq \sup_{\|\underline{x}\|_X = 1} \|\underline{B}\| \cdot \|\underline{A}\| \cdot \|\underline{x}\|_X = \|\underline{B}\| \cdot \|\underline{A}\|$$

$$\Rightarrow \quad \|\underline{B} \cdot \underline{A}\| \leq \|\underline{B}\| \cdot \|\underline{A}\| \,. \tag{7.26}$$

Ist $\underline{x}$ ein Eigenvektor der Matrix $\underline{A}$, gilt also $\lambda\underline{x} = \underline{A}\,\underline{x}$, dann folgt aus (7.22):

$$\|\underline{A}\| \geq \frac{\|\underline{A}\,\underline{x}\|}{\|\underline{x}\|} = \frac{\|\lambda\underline{x}\|}{\|\underline{x}\|} = |\lambda| \,.$$

Die Nullstellen der charakteristischen Gleichung für $\underline{A}$ liefern die Eigenwerte und ihre Vielfachheit. Die zu einer Menge zusammengefassten Eigenwerte $\{\lambda_1, \ldots, \lambda_n\}$ wird als Spektrum und das betragsmäßig größte Element hierin als Spektralradius bezeichnet. Obige Ungleichung besagt, dass dieser Wert von einer induzierten Norm nicht unterschritten wird. Mit der Definition des Spektralradius

$$\rho(\underline{A}) = |\lambda_{\max}| \tag{7.27}$$

gilt also

$$\rho(\underline{A}) \leq \|\underline{A}\| \,. \tag{7.28}$$

Ein Zusammenhang zwischen der euklidischen Norm $\|\underline{A}\|_2$ und dem Spektralradius ergibt sich aus (7.22) in Verbindung mit (7.18):

$$\|\underline{A}\|_2^2 = \sup_{\|\underline{x}\|_2 = 1} \|\underline{A}\,\underline{x}\|_2^2 = \sup_{\|\underline{x}\|_2 = 1} |\underline{A}\,\underline{x}|^2 = \sup_{\|\underline{x}\|_2 = 1} (\underline{A}\,\underline{x})^{\mathrm{T}}(\underline{A}\,\underline{x}) = \sup_{\|\underline{x}\|_2 = 1} \underline{x}^{\mathrm{T}}(\underline{A}^{\mathrm{T}}\underline{A}\,\underline{x}) \,.$$

Das Matrizenprodukt $\underline{A}^{\mathrm{T}}\underline{A}$ ist symmetrisch bzw. bei komplexen Elementen hermitesch, womit n unitäre Eigenvektoren $\underline{u}_k$ existieren, welche die Spalten der Matrix $\underline{U}$ bilden. Das Produkt $\underline{U}^{\mathrm{T}}\underline{A}^{\mathrm{T}}\underline{A}\,\underline{U} = \underline{D}$ ist eine Diagonalmatrix $\underline{D}$ mit den reellen Eigenwerten $\mu_1, \ldots, \mu_n$ des Matrizenprodukts auf der Hauptdiagonalen [14]. Setzt man $\underline{y} = \underline{U}^{\mathrm{T}}\underline{x}$, wodurch wegen $\underline{U}^{\mathrm{T}}\underline{U} = \underline{I}$ der Vektor $\underline{x} = \underline{U}\,\underline{y}$ ersetzt werden kann, folgt bei Berücksichtigung von $\|\underline{U}\,\underline{y}\|_2 = \sqrt{(\underline{U}\,\underline{y})^{\mathrm{T}}\underline{U}\,\underline{y}} = \sqrt{\underline{y}^{\mathrm{T}}\underline{y}} = \|\underline{y}\|_2$

$$\|\underline{A}\|_2^2 = \sup_{\|\underline{U}\,\underline{y}\|_2 = 1} \underline{y}^{\mathrm{T}}(\underline{U}^{\mathrm{T}}\underline{A}^{\mathrm{T}}\underline{A}\,\underline{U}\,\underline{y}) = \sup_{\|\underline{y}\|_2 = 1} \underline{y}^{\mathrm{T}}(\underline{D}\,\underline{y}) = \sup_{\|\underline{y}\|_2 = 1} \sum_{k=1}^{n} \mu_k y_k^2 \,.$$

Auch hier nimmt die Norm $\|\underline{y}\|_2$ gemäß (7.18) nur dann den Wert 1 an, wenn höchstens eine Komponente y_k einen Betrag von 1 aufweist, der jeweilige Betrag sämtlicher anderer Komponenten aber kleiner als 1 ist. Ist zudem $\mu_k \geq \mu_j$ für alle $j \neq k$, also gilt $\mu_k = \mu_{max}$, dann folgt bei Erfüllung der Bedingung $\|\underline{y}\|_2 = 1$ die Ungleichung $\sum_{k=1}^{n} \mu_k y_k^2 \leq \mu_{max}$. Somit gilt:

$$\|\underline{A}\|_2 = \sqrt{\mu_{max}} \, . \tag{7.29}$$

Die Eigenwerte μ_k der Produktmatrix $\underline{A}^T\underline{A}$ erfüllen die zugehörige charakteristische Gleichung, d. h., für sie gilt die Beziehung $|\mu_k\underline{I}-\underline{A}^T\underline{A}| = 0$. Ihre Wurzeln werden als Singulärwerte und $\|\underline{A}\|_2$ als Spektralnorm oder auch Hilbert-Norm bezeichnet. Für die Radikanden wurden stillschweigend positive Werte vorausgesetzt. Diese Annahme trifft bei positiv (semi-)definiten Produktmatrizen zu. Mit

$$\rho(\underline{A}^T\underline{A}) = |\mu_{max}| \tag{7.30}$$

als Spektralradius für die Produktmatrix $\underline{A}^T\underline{A}$ ergibt sich für die Spektralnorm (Hilbert-Norm)

$$\|\underline{A}\|_2 = \sqrt{\rho(\underline{A}^T\underline{A})} \, . \tag{7.31}$$

Wenn $\underline{A}$ hermitesch bzw. symmetrisch ist, also wenn $\underline{A} = \underline{A}^T$ gilt, dann folgt wegen $\underline{A}^T\underline{A} = \underline{A}^2$ die Beziehung $\mu_k = \lambda_k^2$ [15]. In diesem Fall ist die Spektralnorm gleich dem betragsmäßig größten Eigenwert von $\underline{A}$ und entspricht dem Spektralradius von $\underline{A}$:

$$\underline{A} \text{ hermitesch} \quad \Rightarrow \quad \|\underline{A}\|_2 = \sqrt{\rho(\underline{A}^T\underline{A})} = \rho(\underline{A}) = |\lambda_{max}| \, . \tag{7.32}$$

Nachdem bewiesen wurde, dass der Spektralradius eine untere Schranke der Norm ist, soll nun der Beweis für die Ungleichung

$$\|\underline{A}\| \leq \rho(\underline{A}) + \epsilon \quad \text{mit} \quad \epsilon > 0 \tag{7.33}$$

erbracht werden. Hierzu wird von der Existenz einer unitären Matrix $\underline{U}$ ausgegangen, mit der nach dem Satz von Schur [16] eine rechte/obere Dreiecksmatrix $\underline{U}^*\underline{A}\,\underline{U} = \underline{R}$ konstruiert werden kann, deren Diagonalelemente die Eigenwerte von $\underline{A}$ sind:

$$(\underline{R})_{kk} = r_{kk} = \lambda_k \, .$$

Im reellen Raum kann die komplexe Matrix $\underline{U}^*$ durch $\underline{U}^T$ ersetzt werden. Mit der Diagonalmatrix $\underline{D}$, welche die Diagonalelemente $0 < (\underline{D})_{kk} = \delta^{k-1} \leq 1$ besitzt, ergibt sich für das Matrizenprodukt

$$\underline{C} = \underline{D}^{-1}\underline{R}\,\underline{D} = \underline{D}^{-1}\underline{U}^*\underline{A}\,\underline{U}\underline{D} \quad \text{mit} \quad c_{jk} = \delta^{k-j} \cdot r_{jk} \, ,$$

wobei $c_{jk} = r_{jk} = 0$ für $j > k$ gilt. Einsetzen dieser Gleichung und von $\underline{y} = \underline{D}^{-1}\underline{U}^*\underline{x} = \underline{D}^{-1}\underline{U}^{-1}\underline{x}$ führt zu

$$\|\underline{A}\| = \sup_{\|\underline{x}\|=1} \|\underline{A}\,\underline{x}\| = \sup_{\|\underline{x}\|=1} \|\lambda\underline{x}\| = \sup_{\|\underline{y}\|=1} \|\lambda\underline{y}\|$$

$$= \sup_{\|\underline{D}^{-1}\underline{U}^{-1}\underline{x}\|=1} \|\underline{D}^{-1}\underline{U}^{-1}\lambda\underline{x}\| = \sup_{\|\underline{D}^{-1}\underline{U}^{-1}\underline{x}\|=1} \|\underline{D}^{-1}\underline{U}^{-1}\underline{A}\,\underline{x}\|$$

$$\Rightarrow \quad \|\underline{A}\| = \sup_{\|\underline{y}\|=1} \|\underline{D}^{-1}\underline{U}^{-1}\underline{A}\,\underline{U}\underline{D}\underline{y}\| = \sup_{\|\underline{y}\|=1} \|\underline{C}\,\underline{y}\| = \|\underline{C}\| \, .$$

Legt man fest, dass die Norm des Vektors y nach (7.24) gebildet wird, dass also die Zeilensummennorm $\|y\|_\infty$ hierfür gelten soll, dann ist dementsprechend

$$\|\underline{A}\| = \|\underline{C}\| = \|\underline{C}\|_\infty = \max_{j=1,\ldots,n} \sum_{k=1}^{n} |c_{jk}| = \max_{j=1,\ldots,n} \left(|c_{jj}| + \sum_{k=j+1}^{n} |\delta^{k-j} \cdot r_{jk}| \right) .$$

Es sei $|r_{jm}| = \max_{i,k=1,\ldots,n} |r_{ik}|$ das betragsgrößte Elemente der Matrix $\underline{R}$. Da δ positiv ist, gilt

$$\|\underline{A}\| \leq \max_{j=1,\ldots,n} |c_{jj}| + \delta \cdot |r_{jm}| \cdot \sum_{k=j+1}^{n} \delta^{k-(j+1)} = \max_{j=1,\ldots,n} |c_{jj}| + \delta \cdot |r_{jm}| \cdot \sum_{k=0}^{n-(j+1)} \delta^{k} ,$$

$$\|\underline{A}\| \leq \max_{j=1,\ldots,n} |c_{jj}| + \delta \cdot |r_{jm}| \cdot (n-j) \leq \max_{j=1,\ldots,n} |c_{jj}| + \delta \cdot |r_{jm}| \cdot (n-1) .$$

Wegen $c_{kk} = r_{kk} = \lambda_k$ gilt $\max_{j=1,\ldots,n} |c_{jj}| = \lambda_{\max} = \rho(\underline{A})$. Setzt man $\epsilon \geq \delta \cdot |r_{jm}| \cdot (n-1)$ ein, wobei $0 < \delta \leq 1$ zwischen diesen Grenzen beliebig gewählt werden kann, ergibt sich die Richtigkeit von (7.33). Für ϵ kann bei endlichem n, also bei endlich dimensionalen Räumen, ein beliebig kleiner positiver Wert angesetzt werden. Zusammen mit (7.28) führt dies zu der Gleichung

$$\rho(\underline{A}) = \|\underline{A}\| . \tag{7.34}$$

Spektralradius und Normen dienen als Instrumente für die Beurteilung der Konvergenz eines Iterationsverfahrens, wie in den nachfolgenden Abschnitten gezeigt wird. Auch die Konditionszahl übernimmt in diesem Kontext eine wichtige Funktion. Vorrangig jedoch wird sie definiert, um den Einfluss von Rundungsfehlern und auch die Konvergenzgeschwindigkeit bei iterativen Methoden abschätzen zu können. Ausgangsbasis ist das exakte Gleichungssystem, das mit $\underline{A}\,x = \underline{b}$ dargestellt wird. Durch Rundungsfehler und andere Einflussfaktoren verändert sich dieses System in

$$\underline{A}(\underline{x} + \Delta\underline{x}) = \underline{b} + \Delta\underline{b} . \tag{7.35}$$

Hierfür folgt $\Delta\underline{x} = \underline{A}^{-1}\Delta\underline{b}$ und damit wegen (7.22)

$$\|\Delta\underline{x}\| \leq \|\underline{A}^{-1}\|\|\Delta\underline{b}\| \quad \text{und} \quad \|\underline{b}\| = \|\underline{A}\,\underline{x}\| \leq \|\underline{A}\|\|\underline{x}\|$$

$$\Rightarrow \quad \frac{\|\Delta\underline{x}\|}{\|\underline{x}\|} \leq \frac{\|\underline{A}^{-1}\|\|\Delta\underline{b}\|}{\|\underline{A}\|^{-1}\|\underline{b}\|} = \|\underline{A}\|\|\underline{A}^{-1}\| \frac{\|\Delta\underline{b}\|}{\|\underline{b}\|} .$$

Mit der Definition der Konditionszahl

$$\text{cond}(\underline{A}) = \|\underline{A}\|\|\underline{A}^{-1}\| \tag{7.36}$$

folgt also

$$\frac{\|\Delta\underline{x}\|}{\|\underline{x}\|} \leq \text{cond}(\underline{A}) \frac{\|\Delta\underline{b}\|}{\|\underline{b}\|} . \tag{7.37}$$

Der Einfluss eines Rundungsfehlers auf das Ergebnis $\underline{x}$ ist also umso kleiner, je kleiner die Konditionszahl ist. Die untere Grenze der Konditionszahl ist vorgegeben durch

$$\|\underline{I}^{-1}\| = \|\underline{I}\| = \sup_{\|\underline{x}\|=1}\|\underline{I}\,\underline{x}\| = 1 \quad \Rightarrow \quad 1 = \|\underline{I}\| \cdot \|\underline{I}^{-1}\| = \text{cond}(\underline{I}) = \|\underline{I}\| = \|\underline{A}\,\underline{A}^{-1}\| \le \|\underline{A}\|\|\underline{A}^{-1}\|$$

$$\Rightarrow \quad \text{cond}(\underline{A}) \ge 1 . \tag{7.38}$$

Zwischen dem Residuenvektor nach (2.1) und dem Fehlervektor

$$\underline{d}_m = \underline{x} - \underline{x}_m = \underline{A}^{-1}\underline{b} - \underline{x}_m \tag{7.39}$$

besteht der Zusammenhang

$$\underline{r}_m = \underline{A} \cdot \underline{d}_m . \tag{7.40}$$

Hiermit folgt

$$\|\underline{r}_m\| = \|\underline{A} \cdot \underline{d}_m\| \le \|\underline{A}\| \cdot \|\underline{d}_m\| \quad \text{und} \quad \|\underline{d}_m\| = \|\underline{A}^{-1} \cdot \underline{r}_m\| \le \|\underline{A}^{-1}\| \cdot \|\underline{r}_m\|$$

$$\Rightarrow \quad \frac{\|\underline{d}_m\|}{\|\underline{d}_0\|} \ge \frac{1}{\|\underline{A}\| \cdot \|\underline{A}^{-1}\|}\frac{\|\underline{r}_m\|}{\|\underline{r}_0\|} \quad \text{und} \quad \frac{\|\underline{d}_m\|}{\|\underline{d}_0\|} \le \|\underline{A}\| \cdot \|\underline{A}^{-1}\| \cdot \frac{\|\underline{r}_m\|}{\|\underline{r}_0\|}$$

$$\Rightarrow \quad \frac{1}{\text{cond}(\underline{A})}\frac{\|\underline{r}_m\|}{\|\underline{r}_0\|} \le \frac{\|\underline{d}_m\|}{\|\underline{d}_0\|} \le \text{cond}(\underline{A}) \cdot \frac{\|\underline{r}_m\|}{\|\underline{r}_0\|} \le \text{cond}(\underline{A})^2 \cdot \frac{\|\underline{d}_m\|}{\|\underline{d}_0\|} . \tag{7.41}$$

7.3 Konvergenz von Splitting-Verfahren

Allgemein ist ein Iterationsverfahren $f(\underline{x}, \underline{b})$ konvergent, wenn es für jeden beliebigen Vektor $\underline{b} \in \mathbb{C}$ und jeden beliebig gewählten Startwert $\underline{x}_0 \in \mathbb{C}$ einen vom Startwert unabhängigen Grenzwert gibt, also wenn gilt:

$$\underline{x} = \lim_{m\to\infty}\underline{x}_m = \lim_{m\to\infty}f(\underline{x}_{m-1}, \underline{b}) . \tag{7.42}$$

Grundlage für Splitting-Verfahren ist Gleichung (6.16), für die somit die Konvergenzbedingung

$$\rho(\underline{M}) < 1 \quad (\Leftrightarrow \quad \text{für } f(\underline{x}, \underline{b}) = \underline{M}\,\underline{x} + \underline{N}\,\underline{b} \text{ ist } \underline{x}_{m+1} = f(\underline{x}_m, \underline{b}) \text{ konvergent}) \tag{7.43}$$

erfüllt werden muss. Zunächst wird bewiesen, dass Konvergenz vorliegt, wenn der Spektralradius einen kleineren Betrag als 1 aufweist. In diesem Fall kann für ϵ folgender Zusammenhang festgesetzt werden:

$$0 < \epsilon = \frac{1}{2}(1 - \rho(\underline{M})) \overset{(7.33)}{\Rightarrow} \|\underline{M}\| \le \rho(\underline{M}) + \epsilon = \frac{1}{2}(1 + \rho(\underline{M})) < 1$$

$$\Rightarrow \quad \|f(\underline{x}, \underline{b}) - f(\underline{y}, \underline{b})\| = \|\underline{M}(\underline{x} - \underline{y})\| \le \|\underline{M}\|\,\|\underline{x} - \underline{y}\| = q\,\|\underline{x} - \underline{y}\|$$

$$\text{mit} \quad \|\underline{M}\| = q < 1 . \tag{7.44}$$

Damit existiert gemäß dem Banach'schen Fixpunktsatz (7.5) genau ein Fixpunkt, gegen den die Folge $\underline{x}_m$ strebt. Für die Umkehrung der Beweisrichtung wird nun von der Voraussetzung ausgegangen, dass die Folge $\underline{x}_m$ konvergiert, wobei o. B. d. A. $\underline{b} = \underline{0}$ angesetzt wird. Dann gilt:

$$\underline{x}_{m+1} = f(\underline{x}_m, \underline{b}) = \underline{M}\,\underline{x}_m = \lambda\underline{x}_m = \lambda f(\underline{x}_{m-1}, \underline{b}) = \cdots = \lambda^{m+1}\underline{x}_0 \ .$$

Für $\lambda > 1$ divergiert die Folge $\underline{x}_m$ und für $\lambda = 1$ ist die Folge von der Wahl des Startvektors $\underline{x}_0$ abhängig. Somit ist Konvergenz nur dann erzielbar, wenn $\lambda < 1$ gilt. Da der Betrag des größten Eigenwerts dem Spektralradius entspricht, folgt die Richtigkeit von (7.43) auch für diese Beweisrichtung.

Die mit (7.43) beschriebene Konvergenzbedingung wird auch in dem ungeeigneten Fall $\underline{M} = \underline{0}$ erfüllt. Zum Ausschluss derartiger Fälle wird die Konvergenzbedingung um ein weiteres Kriterium, und zwar die Konsistenz zur Matrix $\underline{A}$, ergänzt, für die folgende Definition getroffen wird: Ein Iterationsverfahren $f(\underline{x}, \underline{b})$ wird als konsistent zur Matrix $\underline{A}$ bezeichnet, wenn für jeden beliebigen Vektor $\underline{b} \in \mathbb{C}$ die Lösung $\underline{A}^{-1}\underline{b}$ ein Fixpunkt von $f(\underline{x}, \underline{b})$ ist. Hierfür gilt der Satz:

Ein lineares Iterationsverfahren ist konsistent zur Matrix $\underline{A}$

$$\Leftrightarrow \quad \underline{M} = \underline{I} - \underline{N}\,\underline{A} \ . \tag{7.45}$$

Zum Beweis des Satzes wird zunächst von der Annahme ausgegangen, dass für $\underline{M}$ die in (7.45) aufgestellte Gleichung gilt. Mit $\underline{x} = \underline{A}^{-1}\underline{b}$ als Fixpunkt des Iterationsverfahrens gilt gemäß (6.16)

$$f(\underline{x}, \underline{b}) = \underline{M}\,\underline{x} + \underline{N}\,\underline{b} = \underline{x} - \underline{N}\,\underline{A}\underline{x} + \underline{N}\,\underline{A}\underline{x} = \underline{x} \ .$$

Gleichung (7.2) wird also tatsächlich erfüllt, womit feststeht, dass aus dem vorgegebenen Zusammenhang für $\underline{M}$ die Eigenschaft von $\underline{x}$ als Fixpunkt des Verfahrens und somit auch die Konsistenz des linearen Iterationsverfahrens folgt. Bei Umkehr der Beweisrichtung wird nun davon ausgegangen, dass das Iterationsverfahren konsistent ist, dass also für jedes beliebige $\underline{b}$ die Gleichung $\underline{x} = \underline{A}^{-1}\underline{b}$ mit $\underline{x}$ als Fixpunkt gilt. Dann folgt wiederum mit Hilfe von (7.2) und (6.16)

$$\underline{A}^{-1}\underline{b} = \underline{x} = f(\underline{x}, \underline{b}) = \underline{M}\,\underline{x} + \underline{N}\,\underline{b} = \underline{M}\,\underline{A}^{-1}\underline{b} + \underline{N}\,\underline{b}$$

$$\Rightarrow \quad \underline{M}\,\underline{A}^{-1} + \underline{N} = \underline{A}^{-1} \quad \Rightarrow \quad \underline{M} = \underline{I} - \underline{N}\,\underline{A} \ .$$

Somit ist bewiesen, dass die Gleichung für $\underline{M}$ gemäß (7.45) notwendig und hinreichend für die Konsistenz eines linearen Iterationsverfahrens ist. Wie an (6.16) und (6.17) leicht abzulesen ist, sind sämtliche Splitting-Verfahren als lineare Iterationsverfahren einzuordnen. Damit ist die Konsistenz der Splitting-Verfahren zur Matrix $\underline{A}$ in jedem Fall sichergestellt. Voraussetzung hierfür ist allerdings die Existenz der Matrix $\underline{N}$ und damit die Regularität von $\underline{B}$ in (6.16). Um das Konvergenzverhalten bewerten zu können, muss lediglich auf Gleichung (7.43) zugegriffen werden. Gleichbedeutend mit (7.43) ist, wie bereits bei der Herleitung von (7.44) aus dem Banach'schen Fixpunkt-satz gezeigt wurde, das Konvergenzkriterium

$$\|\underline{M}\| < 1 \quad \Leftrightarrow \quad \text{für } f(\underline{x}, \underline{b}) = \underline{M}\,\underline{x} + \underline{N}\,\underline{b} \text{ ist } \underline{x}_{m+1} = f(\underline{x}_m, \underline{b}) \text{ konvergent}. \quad (7.46)$$

Setzt man für ein konvergentes Iterationsverfahren gemäß (7.44) $q = \|\underline{M}\| < 1$ in (7.6) ein, ergibt sich für die a-priori-Fehlerabschätzung des Banach'schen Fixpunktsatzes

$$\|\underline{x}_m - \underline{A}^{-1}\underline{b}\| = \|\underline{x}_m - \underline{x}\| \leq \frac{q^m}{1-q} \cdot \|\underline{x}_1 - \underline{x}_0\| = \frac{\|\underline{M}\|^m}{1 - \|\underline{M}\|} \cdot \|\underline{x}_1 - \underline{x}_0\|.$$

Soll die Norm der Abweichung des Näherungsvektors $\underline{x}_m$ vom Ergebnis eine vorge-gebene Differenz ϵ nicht überschreiten dürfen, soll also $\|\underline{x}_m - \underline{A}^{-1}\underline{b}\| \leq \epsilon$ sein, sind demnach mindestens

$$m \geq \frac{\ln \frac{\epsilon \cdot (1 - \|\underline{M}\|)}{\|\underline{x}_1 - \underline{x}_0\|}}{\ln \|\underline{M}\|}. \quad (7.47)$$

Iterationsschritte zur Gewährleistung dieser Differenz erforderlich. Ein Iterationsver-fahren eignet sich umso mehr, je schneller es konvergiert, also je kleiner m ist. Wegen (7.47) wird das Problem der Wahl eines geeigneten Algorithmus allein auf die Festle-gung einer hierfür optimalen Matrix $\underline{M}$ bzw. einer Matrix $\underline{N}$ oder bei den Splitting-Ver-fahren gemäß (6.6) bis (6.8) einer Matrix $\underline{B}$ und eines geeigneten Parameters c zurück-geführt. Bei der Suche nach einem bestgeeigneten $\underline{B}$ ist aber auch der Rechenaufwand für die Inversenbildung zu beachten. Je komplexer der Aufbau von $\underline{B}$ ist, umso zeitauf-wändiger wird das Verfahren trotz einer kleinen Iterationszahl. Aber auch bei einem sehr einfachen Aufbau von $\underline{B}$ wie z. B. beim Richardson-Verfahren mit $\underline{B} = \underline{I}$ wirkt sich dann die hohe Zahl der Iterationsschritte negativ auf die Rechendauer aus. Die opti-male Lösung kann nur als ein Kompromiss zwischen der Komplexität von $\underline{B}$ und der Iterationszahl gefunden werden.

Beim Jacobi-Verfahren ist die Inversenbildung für $\underline{B}$ vergleichsweise einfach und es gilt für (6.16) in Verbindung mit (6.6)

$$j \neq k: (\underline{M})_{jk} = m_{jk} = -\frac{a_{jk}}{a_{jj}}; \quad m_{kk} = 0. \quad (7.48)$$

Die Anwendung von (7.23) bis (7.25) ergibt hiermit folgende Konvergenzkriterien

$$\|\underline{M}\|_1 = \max_{k=1,\dots,n} \sum_{\substack{j=1 \\ j \neq k}}^{n} \frac{|a_{jk}|}{|a_{jj}|} < 1 \quad \text{(starkes Spaltensummenkriterium)}, \quad (7.49)$$

$$\|\underline{M}\|_\infty = \max_{k=1,\dots,n} \sum_{\substack{j=1 \\ j \neq k}}^{n} \frac{|a_{kj}|}{|a_{kk}|} < 1 \quad \text{(starkes Zeilensummenkriterium)}, \quad (7.50)$$

$$\|\underline{M}\|_2^2 \leq \|\underline{M}\|_F^2 = \sum_{j=1}^{n} \sum_{\substack{k=1 \\ k \neq j}}^{n} \frac{|a_{jk}|^2}{|a_{jj}|^2} < 1 \quad \text{(Quadratsummenkriterium)}. \quad (7.51)$$

Wegen (7.34) kann mit den obigen Zusammenhängen der Spektralradius bestimmt werden:

$$\rho(\underline{M}) = \min\{\|\underline{M}\|_1, \|\underline{M}\|_\infty, \|\underline{M}\|_2\} < 1 \;. \tag{7.52}$$

Beim Gauß-Seidel-Verfahren ist die Herleitung eines Konvergenzkriteriums etwas umständlicher. Ausgehend von (6.10) folgt mit $\underline{x} = \underline{x}_m$

$$(\underline{D} + \underline{L})\underline{y} = (\underline{D} + \underline{L})\underline{x}_{m+1} - \underline{b} = -\underline{R}\,\underline{x}$$

$$\Rightarrow \quad \underline{y} = \underline{x}_{m+1} - (\underline{D} + \underline{L})^{-1}\underline{b} = -(\underline{D} + \underline{L})^{-1}\underline{R}\,\underline{x} = \underline{M}\,\underline{x}$$

$$\Rightarrow \quad y_k = -\sum_{j=1}^{k-1} \frac{a_{kj}}{a_{kk}}y_j - \sum_{j=k+1}^{n} \frac{a_{kj}}{a_{kk}}x_j \quad \Rightarrow \quad |y_1| \le \sum_{j=2}^{n} \frac{|a_{1j}|}{|a_{11}|}|x_j|$$

und für $k > 1$ gemäß [9]:

$$|y_k| \le \sum_{j=1}^{k-1} \frac{|a_{kj}|}{|a_{kk}|}|y_j| + \sum_{j=k+1}^{n} \frac{|a_{kj}|}{|a_{kk}|}|x_j| \;.$$

Nach (7.46) ist $\underline{y}$ und damit auch die Folge der $\underline{x}_m$ genau dann konvergent, wenn $\|\underline{M}\| < 1$ erfüllt wird. Anwendung der Maximumnorm nach (7.19) und von (7.20) führt somit zu der Bedingung

$$1 > \|\underline{M}\|_\infty = \sup_{\|\underline{x}\|_\infty=1} \|\underline{M}\,\underline{x}\|_\infty = \sup_{\|\underline{x}\|_\infty=1} \|\underline{y}\|_\infty = \max_{k=1,\dots,n} |y_k| \;,$$

$$\text{wobei} \quad \max_{k=1,\dots,n} |x_k| = 1 \quad \text{ist}\;. \tag{7.53}$$

Diese Ungleichung ist notwendig und hinreichend für die Konvergenz des Gauß-Seidel-Verfahrens. Wegen der Nebenbedingung $\|\underline{x}\|_\infty = 1$, d. h. $|x_j| \le 1$, gilt mit der Rekursionsgleichung

$$|z_k| = \sum_{j=1}^{k-1} \frac{|a_{kj}|}{|a_{kk}|}|z_j| + \sum_{j=k+1}^{n} \frac{|a_{kj}|}{|a_{kk}|} \quad (k > 1)\;; \quad |z_1| = \sum_{j=2}^{n} \frac{|a_{1j}|}{|a_{11}|} \tag{7.54}$$

$$\Rightarrow \quad |y_k| \le |z_k|\;.$$

Wenn für die größte Zahl $\max_{k=1,\dots,n} |z_k| < 1$ gilt, dann ist auch $\max_{k=1,\dots,n} |y_k| < 1$, und somit die Bedingung (7.53) erfüllt. Damit gilt als Konvergenzkriterium für das Gauß-Seidel-Verfahren:

$$\max_{k=1,\dots,n} |z_k| < 1 \tag{7.55}$$

mit z_k gemäß Rekursionsformel (7.54) $\Leftrightarrow$ Das Gauß-Seidel-Verfahren ist konvergent.

Wenn $\sum_{j=1, j\neq k}^{n} |a_{kj}|/|a_{kk}| < 1$ für alle k gilt, dann ist nach (7.54) stets $|z_k| < 1$. Eine Matrix, für die also

$$\sum_{j=1}^{n} \frac{|a_{kj}|}{|a_{kk}|} < 2 \quad (k = 1, \ldots, n) \tag{7.56}$$

erfüllt wird, wird als strikt diagonaldominant bezeichnet. Mit ihr konvergiert das Gauß-Seidel-Verfahren bei jedem beliebigem Startvektor $\underline{x}_0$ und für jedes beliebige $\underline{b}$.

Bei den Relaxationsverfahren gilt in (6.16) für den Relaxationsparameter $c^{-1} \neq 1$. In diesem Fall ist $\underline{M}$ und damit auch der Spektralradius abhängig von c: $(\underline{M}(c)) \leq \|\underline{M}(c)\|$.

Wie aus dem Banach'schen Fixpunktsatz hervorgeht, ist die Norm der Abweichung des Näherungsvektors vom Lösungsvektor umso geringer, je kleiner die Kontraktionszahl q und, wegen (7.44), je kleiner $\|\underline{M}(c)\|$ ist. Hieraus folgt, dass das Iterationsverfahren umso besser konvergiert, je kleiner der Spektralradius ist. Die Festlegung des Relaxationsparameters c^{-1} sollte also nach dem Grundsatz der Minimierung von $\rho(\underline{M}(c))$ erfolgen:

$$c^{-1} = \arg\min_{p \in \mathbb{R}^+} (\rho(\underline{M}(p))) \,. \tag{7.57}$$

Man kann für die Eigenwerte von $\underline{M}$ beim Jacobi-Verfahren o. B. d. A. annehmen, dass $\lambda_1 \leq \lambda_2 \leq \cdots \leq \lambda_n$ gilt. Wegen (6.19) folgt dann für die Eigenwerte von $\underline{M}$ beim Jacobi-Relaxationsverfahren unter der Voraussetzung $c > 0$:

$$\mu_1 \leq \cdots \leq \mu_k = 1 + c^{-1}(\lambda_k - 1) \leq \cdots \leq \mu_n \,.$$

Bei Anwendung von (7.27) erhält man den optimalen Wert für den Relaxationsparameter c^{-1} nach (7.57), wenn $|\mu_n|$ den kleinstmöglichen Wert annimmt. Geht man hierbei von der weitere Annahme $\mu_1 > 0$ aus und setzt als Konstante $d = \mu_n - \mu_1 > 0$ ein, so ergibt sich

$$\mu_n = \frac{1}{2}(\mu_n + \mu_1) + \frac{1}{2}d \geq \frac{1}{2}d \,.$$

Für $\mu_1 = -\mu_n$ nimmt $|\mu_n|$ den kleinstmöglichen Wert $d/2$ an. Auch für $\mu_1 < 0$ bleibt diese Aussage richtig, denn wenn hierbei $|\mu_1| \neq |\mu_n|$ gilt, ist entweder $|\mu_n| > d/2$ oder $|\mu_1| > d/2$, womit auch

$$\rho(\|\underline{M}\|) = \max(|\mu_1|, |\mu_n|) > \frac{1}{2}d$$

ist und somit nicht den optimalen Wert für den Relaxationsparameter liefert. Die Minimierungsbedingung $|\mu_1| = |\mu_n|$ bzw. $\mu_n + \mu_1 = 0$ führt zu

$$1 + c_{\text{opt}}^{-1}(\lambda_1 - 1) + 1 + c_{\text{opt}}^{-1}(\lambda_n - 1) = 0 \Rightarrow c_{\text{opt}}^{-1} = -\frac{2}{\lambda_1 + \lambda_n - 2}$$

$$\Rightarrow c_{\text{opt}} = 1 - \frac{1}{2}(\lambda_{\min} + \lambda_{\max}) \quad \text{für das Jacobi-Relaxationsverfahren} \,. \tag{7.58}$$

Nach (7.27) und (7.43) dürfen die Beträge der Eigenwerte λ_k von $\underline{M}$ beim Jacobi-Verfahren nur kleiner als 1 sein, damit das Verfahren konvergiert. Somit gilt in jedem Fall $c_{opt} > 0$, womit auch die oben getroffene Annahme sich als richtig erweist. Für den Spektralradius des Jacobi-Relaxationsverfahrens gilt nach (7.27):

$$\rho(\underline{M}(c)) = |\mu_n| = |\mu_1| = \left|1 + c_{opt}^{-1}(\lambda_1 - 1)\right| = \frac{|\lambda_1 - \lambda_n|}{|2 - \lambda_1 - \lambda_n|}. \tag{7.59}$$

Für die Bereichsermittlung des optimalen Relaxationsparameters beim Gauß-Seidel-Relaxationsverfahren wird im charakteristischen Polynom $|\underline{M} - \mu\underline{I}| = (-1)^n \prod_{k=1}^{n}(\mu - \mu_k)$ die Variable μ auf Null gesetzt [17]. Daraus folgt mit (6.7) und (6.17)

$$\prod_{k=1}^{n} \mu_k = |\underline{M}| = \left|(c\underline{D} + \underline{L})^{-1}(c\underline{D} + \underline{L} - (\underline{L} + \underline{D} + \underline{R}))\right| = |c\underline{D} + \underline{L}|^{-1} \cdot |(c-1)\underline{D} - \underline{R}|.$$

Da $\underline{L}$ und $\underline{R}$ keine Diagonalelemente besitzen, setzen sich die beiden Determinanten auf der rechten Seite der obigen Gleichung nur aus den Diagonalelementen von $\underline{D}$ zusammen [18]:

$$|c\underline{D} + \underline{L}| = c^n|\underline{D}| \; ; \quad |(c-1)\underline{D} - \underline{R}| = (c-1)^n|\underline{D}|$$

$$\Rightarrow \quad \prod_{k=1}^{n} \mu_k = \left(\frac{c-1}{c}\right)^n = (1 - c^{-1})^n \leq \mu_n^n = \left(\max_{k=1,\dots,n} \mu_k\right)^n$$

$$\Rightarrow \quad \max_{k=1,\dots,n} |\mu_k| = \rho(\underline{M}(c)) \geq |1 - c^{-1}|. \tag{7.60}$$

Überträgt man die Konvergenzbedingung (7.43) auf Gleichung (7.60), dann folgt hieraus

$$0 < c^{-1} < 2 \quad \text{bzw.} \quad \frac{1}{2} < c < \infty. \tag{7.61}$$

Das Gauß-Seidel-Relaxatonsverfahren konvergiert also höchstens dann, wenn der Relaxationsparameter innerhalb der in (7.61) dargestellten Grenzen liegt. Demnach muss c_{opt} auf jeden Fall den Wert $1/2$ überschreiten. Zur Herleitung einer Beziehung für den optimalen Relaxationsparameter c_{opt}^{-1} als Funktion des Spektralradius beim Jacobi-Verfahren wird von der Voraussetzung ausgegangen, dass die Matrix $\underline{A}$ konsistent geordnet ist [6]. Da diese Voraussetzung den Anwendungsbereich einschränkt, soll an dieser Stelle auf eine weitergehende Betrachtung verzichtet werden.

In den vorangehenden Untersuchungen für den optimalen Relaxationsparameter wurden Zusammenhänge zwischen den Eigenwerten μ von $\underline{M}(c \neq 1)$ und $\lambda = \mu(c=1)$ von $\underline{M}(c = 1)$ hergestellt. Die Eigenwerte ergaben sich in diesen Fällen aus den Säkulargleichungen $|\lambda\underline{I} - \underline{M}(c = 1)| = 0$ und $|\mu\underline{I} - \underline{M}(c \neq 1)| = 0$. Zur Herleitung des optimalen Wertes für c beim Richardson-Verfahren werden die Eigenwerte κ der Matrix $\underline{A}$ herangezogen, die sich aus der Säkulargleichung $|\kappa\underline{I} - \underline{A}| = 0$ ergeben. Dabei wird vorausgesetzt, dass sämtliche Eigenwerte positiv und reell sind, d. h. also $\kappa_k \in \mathbb{R}^+$ für

$1 \leq k \leq n$. Das trifft auf jeden Fall zu, wenn $\underline{A}$ eine positiv definite Matrix ist [14]. Mit Verwendung von (6.8) und (6.16) folgt demgemäß für das Richardson-Verfahren

$$0 = |\kappa\underline{I} - \underline{A}| = c^{-n}|\underline{A} - \kappa\underline{I}| = |c^{-1}\underline{A} - \kappa c^{-1}\underline{I}| = \left|c^{-1}\underline{A} - \underline{I} + (1 - \kappa c^{-1})\underline{I}\right|$$

$$\Rightarrow \quad 0 = \left|(1 - \kappa c^{-1})\underline{I} - \underline{M}\right| = |\mu\underline{I} - \underline{M}| \Rightarrow \quad \mu = 1 - \kappa c^{-1}$$

$$\Rightarrow \quad |\mu| < 1 \quad \text{für} \quad 0 < c^{-1} < 2\kappa^{-1} \quad \text{bzw.} \quad \frac{1}{2}\kappa < c < \infty.$$

Wegen

$$|\mu|_{max} = \max\left(\left|1 - \kappa_{min}c^{-1}\right|, \left|1 - \kappa_{max}c^{-1}\right|\right) < 1 \quad \text{für} \quad 0 < c^{-1} < 2\kappa_{max}^{-1}$$

folgt mit (7.27) $\rho(\underline{M}(c)) < 1$ und daher gemäß (7.43):

$$\text{Bei einem positiven Parameter } c^{-1} < \frac{2}{\kappa_{max}} \text{ ist das} \tag{7.62}$$
$$\text{Richardson-Verfahren konvergent.}$$

Als Nebenbedingung ist hierbei $\kappa_k \in \mathbb{R}^+$ für alle k zu beachten.

Die lineare Funktion $|\mu|_2 = |1 - \kappa_{min}c^{-1}|$ bzw. $|\mu|_1 = |1 - \kappa_{max}c^{-1}|$ besitzt eine Nullstelle bei $c_2^{-1} = \kappa_{min}^{-1}$ bzw. $c_1^{-1} = \kappa_{max}^{-1} < \kappa_{min}^{-1} = c_2^{-1}$. Hiermit folgt

$$|\mu|_1 = 1 - \kappa_{min}c^{-1} \quad \text{für} \quad c^{-1} \leq c_2^{-1};$$
$$|\mu|_2 = \kappa_{max}c^{-1} - 1 \quad \text{für} \quad c^{-1} \geq c_1^{-1}.$$

Beide Funktionen schneiden sich in c_s^{-1}, für den $|\mu|_1 = |\mu|_2$ und somit gilt

$$\kappa_{max}c_s^{-1} - 1 = 1 - \kappa_{min}c_s^{-1} \Rightarrow \quad c_1^{-1} < c_s^{-1} = \frac{2}{\kappa_{min} + \kappa_{max}} < c_2^{-1}.$$

Da die Anwendung von (7.27) zu den Gleichungen

$$\rho(\underline{M}(c)) = \max_{\kappa=\kappa_{min},\kappa_{max}}(|\mu|_1, |\mu|_2) = |\mu|_1 \geq \rho(\underline{M}(c_s)) \quad \text{für} \quad 0 < c^{-1} \leq c_s^{-1},$$
$$\rho(\underline{M}(c)) = \max_{\kappa=\kappa_{min},\kappa_{max}}(|\mu|_1, |\mu|_2) = |\mu|_2 \geq \rho(\underline{M}(c_s)) \quad \text{für} \quad c_s^{-1} \leq c^{-1} < \infty$$

führt, folgt aus dem Minimierungsprinzip (7.57) für das Richardson-Verfahren unter der Voraussetzung $\kappa_k \in \mathbb{R}^+$ für alle k

$$c_{opt} = c_s = \frac{\kappa_{min} + \kappa_{max}}{2}. \tag{7.63}$$

Hiermit ergibt sich schließlich

$$\rho(\underline{M}(c_{opt})) = \kappa_{max}c_{opt}^{-1} - 1 = \frac{\kappa_{max} - \kappa_{min}}{\kappa_{max} + \kappa_{min}}. \tag{7.64}$$

7.4 Konvergenz von Krylov-Unterraum-Verfahren (GMRES-Verfahren)

Verwendet man für die Berechnung des Residuums nach (2.1) die Basisgleichung für die Krylov-Unterraum-Verfahren (3.4), ergibt sich als Basis für die Konvergenzbetrachtungen

$$\underline{r}_m = \underline{b} - \underline{A}\,\underline{x}_m = \underline{r}_0 - \underline{A}\,\underline{V}_m \left(\underline{W}_m^T \underline{A}\,\underline{V}_m\right)^{-1} \underline{W}_m^T \underline{r}_0 = \underline{M}_m \underline{r}_0 \quad \text{mit}$$

$$\underline{M}_m = \underline{I} - \underline{A}\,\underline{V}_m \left(\underline{W}_m^T \underline{A}\,\underline{V}_m\right)^{-1} \underline{W}_m^T \tag{7.65}$$

$$\Rightarrow \quad \underline{M}_m \underline{A}\,\underline{V}_m = \underline{A}\,\underline{V}_m - \underline{A}\,\underline{V}_m \left(\underline{W}_m^T \underline{A}\,\underline{V}_m\right)^{-1} \left(\underline{W}_m^T \underline{A}\,\underline{V}_m\right) = \underline{0}$$

$$\Rightarrow \quad \underline{r}_m = \underline{M}_m(\underline{r}_0 + \underline{A}\,\underline{V}_m \underline{\alpha}_m) = \underline{M}_m \left(\underline{r}_0 + \underline{A} \cdot \sum_{k=1}^{m} \alpha_k \underline{v}_k\right)$$

$$\overset{(1.10)}{=} \underline{M}_m \left(\underline{r}_0 + \underline{A} \cdot \sum_{k=1}^{m} \alpha_k \cdot P_{k-1}(\underline{A})\underline{r}_0\right)$$

$$\Rightarrow \quad \underline{r}_m = \underline{M}_m \cdot p_m(\underline{A})\underline{r}_0 \quad \text{mit} \quad p_m(\underline{A}) = \underline{I} + \sum_{k=1}^{m} \alpha_k \cdot \underline{A} \cdot P_{k-1}(\underline{A}) . \tag{7.66}$$

Hierin stellt $p_m(\underline{A})$ ein Matrizenpolynom vom Höchstgrad m dar, wobei $p_m(\underline{0}) = \underline{I}$ eine zusätzliche Nebenbedingung ist, welche dieses Polynom erfüllen soll. Da $\underline{A}$, $\underline{b}$ und $\underline{x}_0$ als fix vorgegebene Größen anzusehen sind, ist der Wert der Norm $\|p_m(\underline{A})\underline{r}_0\|$ abhängig von der Wahl der α_k. Bei der Herleitung des GMRES-Verfahrens wurde das Minimierungsprinzip der euklidischen Norm gemäß (2.2) zugrunde gelegt. D. h. also für (7.66):

$$\|\underline{r}_m\|_2 = \min_{p_m \in P^{(m)}} \|\underline{M}_m \cdot p_m(\underline{A})\underline{r}_0\|_2 , \tag{7.67}$$

worin $P^{(m)}$ die Menge aller möglichen Polynome $p_m(\underline{A})$ bezeichnet, für deren Wertekombinationen α_k sich das Minimum des Residuums einstellt. Wegen (7.22) gilt hierfür

$$\|\underline{r}_m\|_2 \leq \|\underline{M}_m\|_2 \cdot \min_{p_m \in P^{(m)}} \|p_m(\underline{A})\underline{r}_0\|_2 . \tag{7.68}$$

Des Weiteren gilt

$$\underline{M}_m^2 = \underline{I} - 2\underline{A}\,\underline{V}_m \left(\underline{W}_m^T \underline{A}\,\underline{V}_m\right)^{-1} \underline{W}_m^T + \underline{A}\,\underline{V}_m \left(\underline{W}_m^T \underline{A}\,\underline{V}_m\right)^{-1} \underline{W}_m^T$$

$$= \underline{I} - \underline{A}\,\underline{V}_m \left(\underline{W}_m^T \underline{A}\,\underline{V}_m\right)^{-1} \underline{W}_m^T$$

$$\Rightarrow \quad \underline{M}_m^2 = \underline{M}_m \quad \Rightarrow \quad \|\underline{M}_m\| = \|\underline{M}_m^2\| \overset{(7.26)}{\leq} \|\underline{M}_m\|^2 .$$

Die Ungleichung ist nur für $\|\underline{M}_m\| \geq 1$ erfüllbar. Das Residuum $\|\underline{r}_m\|_2$ erreicht nur für den kleinsten Wert der Norm $\|\underline{M}_m\|$, also für $\|\underline{M}_m\| = 1$ sein Minimum. Derselbe Effekt kann auch erzielt werden, wenn $\underline{M}_m = \underline{I}$ gilt. Hiermit folgt aus (7.67) und mit (7.22)

$$\|\underline{r}_m\|_2 = \min_{p_m \in P^{(m)}} \|p_m(\underline{A})\underline{r}_0\|_2 \leq \min_{p_m \in P^{(m)}} \|p_m(\underline{A})\|_2 \cdot \|\underline{r}_0\|_2 . \tag{7.69}$$

Für $m = 1$ sei entsprechend (7.66) $p_1(\underline{A}) = \underline{I} - \alpha \cdot \underline{A}$, also ein Polynom ersten Grades. Demgemäß ist $p_1^m(\underline{A})$ ein Polynom m-ten Grades, das zur Menge $P^{(m)}$ gehört, und für das bei Berücksichtigung von (7.26) die Ungleichung

$$\min_{p_m \in P^{(m)}} \|p_m(\underline{A})\|_2 \le \|p_1^m(\underline{A})\|_2 \le \|p_1(\underline{A})\|_2^m \tag{7.70}$$

gilt. Wendet man auf $\|p_1(\underline{A})\|_2$ Gleichung (7.22) an, folgt:

$$\|p_1(\underline{A})\|_2^2 = \sup_{\|\underline{x}\|_2=1} \frac{\|p_1(\underline{A}) \cdot \underline{x}\|_2^2}{\|\underline{x}\|_2^2} = \sup_{\|\underline{x}\|_2=1} \frac{(\underline{x} - \alpha \cdot \underline{A} \cdot \underline{x})^\mathrm{T}(\underline{x} - \alpha \cdot \underline{A} \cdot \underline{x})}{\underline{x}^\mathrm{T}\underline{x}}$$

$$= \sup_{\|\underline{x}\|_2=1} \left(1 - \alpha \frac{\underline{x}^\mathrm{T}(\underline{A}^\mathrm{T} + \underline{A})\underline{x}}{\underline{x}^\mathrm{T}\underline{x}} + \alpha^2 \frac{\underline{x}^\mathrm{T}\underline{A}^\mathrm{T}\underline{A}\underline{x}}{\underline{x}^\mathrm{T}\underline{x}} \right).$$

Bezeichnet man mit $\lambda = \lambda(\underline{A})$, $\mu = \lambda((\underline{A}^\mathrm{T} + \underline{A})/2)$, $\kappa = \lambda(\underline{A}^\mathrm{T}\underline{A})$ die Eigenwerte der Matrizen $\underline{A}$, $(\underline{A}^\mathrm{T} + \underline{A})/2$ und $(\underline{A}^\mathrm{T}\underline{A})$, so gelten die Gleichungen

$$|\underline{I} - \lambda\underline{A}| = 0; \left| \underline{I} - \mu\left(\frac{\underline{A}^\mathrm{T} + \underline{A}}{2} \right)\right| = 0; \left| \underline{I} - \kappa(\underline{A}^\mathrm{T}\underline{A})\right| = 0 ;$$

$$\underline{A}\,\underline{u} = \lambda\underline{u}; \left(\frac{\underline{A}^\mathrm{T} + \underline{A}}{2} \right)\underline{u} = \mu\underline{u}; (\underline{A}^\mathrm{T}\underline{A})\underline{u} = \kappa\underline{u}$$

$$\Rightarrow \quad \|p_1(\underline{A})\|_2^2 = \sup_{\|\underline{u}\|_2=1} \left(1 - 2\alpha\mu\frac{\underline{u}^\mathrm{T}\underline{u}}{\underline{u}^\mathrm{T}\underline{u}} + \alpha^2\kappa\frac{\underline{u}^\mathrm{T}\underline{u}}{\underline{u}^\mathrm{T}\underline{u}} \right) = \sup(1 - 2\alpha\mu + \alpha^2\kappa).$$

Die Matrizen $(\underline{A}^\mathrm{T} + \underline{A})/2$ und $(\underline{A}^\mathrm{T}\underline{A})$ sind hermitesch und somit sind alle Eigenwerte μ und κ reell [14]. Bei positiv definiter Matrix $\underline{A}$ sind die Eigenwerte zudem positiv. Daher muss für das Supremum der kleinste Wert für μ und der größte Wert κ aus der jeweiligen Menge aller Eigenwerte eingesetzt werden. Da das Supremum die kleinste obere Schranke bedeutet, folgt

$$\|p_1(\underline{A})\|_2^2 \le \min_{\alpha \in \mathbb{R}} \left(1 - 2\alpha\mu_{\min} + \alpha^2\kappa_{\max} \right).$$

Diese von der Veränderlichen α abhängige Funktion hat ein Extremum an der Stelle α_{ext}, die sich aus der Ableitung der Funktion und ihrer Nullsetzung ergibt:

$$-2\mu_{\min} + 2\alpha_{\mathrm{ext}}\kappa_{\max} = 0 \quad \Rightarrow \quad \alpha_{\mathrm{ext}} = \frac{\mu_{\min}}{\kappa_{\max}} > 0 .$$

Dass dieses Extremum ein Minimum darstellt, geht aus der 2. Ableitung der Funktion hervor, die wegen $\kappa_{\max} > 0$ nur positive Werte annimmt.

$$\Rightarrow \quad 0 \le \|p_1(\underline{A})\|_2^2 \le 1 - 2\frac{\mu_{\min}^2}{\kappa_{\max}} + \frac{\mu_{\min}^2}{\kappa_{\max}} = 1 - \frac{\mu_{\min}^2}{\kappa_{\max}} < 1 .$$

Hiermit ergibt sich aus (7.69) und (7.70) für das GMRES-Verfahren mit positiv definitem $\underline{A}$

$$\|\underline{r}_m\|_2 \le \|p_1(\underline{A})\|_2^m \cdot \|\underline{r}_0\|_2 \le \left(1 - \frac{\mu_{\min}^2}{\kappa_{\max}} \right)^{\frac{m}{2}} \cdot \|\underline{r}_0\|_2 \tag{7.71}$$

$$\Rightarrow \quad \|\underline{r}_{m+1}\|_2 < \|\underline{r}_m\|_2 .$$

Da der Klammerausdruck kleiner als 1 ist, konvergiert die euklidische Norm, also der Betrag des Residuenvektors $\underline{r}_m$ mit zunehmendem m monoton gegen Null. In Kapitel 3 wurde bereits belegt, dass spätestens im n-ten Iterationsschritt das Residuum verschwindet. Für die Verkürzung der Rechenzeit ist eine möglichst kleine Iterationszahl $m < n$ wünschenswert, bei der das Ergebnis nur eine noch eine akzeptable Abweichung ϵ von der exakten Lösung aufweist. Die mathematische Formulierung dieser Forderung lautet mit (7.22) und (7.71)

$$|\underline{x}_m - \underline{x}| = \left|\underline{x}_m - \underline{A}^{-1}\underline{b}\right| = \|\underline{A}^{-1}(\underline{b} - \underline{A}\,\underline{x}_m)\|_2 \leq \|\underline{A}^{-1}\|_2 \cdot \|\underline{r}_m\|_2 \leq \|\underline{A}^{-1}\|_2 \left(1 - \frac{\mu_{\min}^2}{\kappa_{\max}}\right)^{\frac{m}{2}} \cdot \|\underline{r}_0\|_2.$$

Für $|\underline{x}_m - \underline{x}| \leq \epsilon$ muss also gelten:

$$\left(1 - \frac{\mu_{\min}^2}{\kappa_{\max}}\right)^{\frac{m}{2}} \leq \frac{\epsilon}{\|\underline{A}^{-1}\|_2 \cdot \|\underline{r}_0\|_2} \leq \frac{\epsilon}{\|\underline{A}^{-1} \cdot \underline{r}_0\|_2} = \frac{\epsilon}{\|\underline{A}^{-1} \cdot \underline{b} - \underline{x}_0\|_2} = \frac{\epsilon}{|\underline{x} - \underline{x}_0|}$$

$$\Rightarrow \quad \frac{m}{2} \ln\left(1 - \frac{\mu_{\min}^2}{\kappa_{\max}}\right) \leq \ln \epsilon - \ln|\underline{x} - \underline{x}_0| \quad \text{und} \quad \ln\left(1 - \frac{\mu_{\min}^2}{\kappa_{\max}}\right) \leq 0$$

$$\Rightarrow \quad m \geq 2\frac{\ln \epsilon - \ln|\underline{x} - \underline{x}_0|}{\ln\left(1 - \frac{\mu_{\min}^2}{\kappa_{\max}}\right)} = 2\frac{\ln|\underline{x} - \underline{x}_0| - \ln \epsilon}{\left|\ln\left(1 - \frac{\mu_{\min}^2}{\kappa_{\max}}\right)\right|} = 2\frac{\ln|\underline{A}^{-1}\underline{r}_0| - \ln \epsilon}{\left|\ln\left(1 - \frac{\mu_{\min}^2}{\kappa_{\max}}\right)\right|}. \qquad (7.72)$$

Für $\epsilon < 1$ ist $\ln \epsilon < 0$, womit der Zählerbetrag und somit m umso stärker wächst, je kleiner der zugelassene Fehler sein soll. Die Auswertung von (7.72) setzt allerdings voraus, dass entweder die Lösung $\underline{x}$ oder die Inverse der Matrix $\underline{A}$ schon vorliegt. Eine a-priori-Berechnung der Mindestanzahl von Iterationen ist also nicht möglich. Diese Schwierigkeit lässt sich umgehen, wenn man für das Residuum einen Maximalwert vorgibt, wenn also $|\underline{r}_m| \leq \epsilon$ als Forderung aufgestellt wird. Für diese Variante kann aus (7.71) hergeleitet werden

$$m \leq 2\frac{\ln|\underline{r}_0| - \ln \epsilon}{\left|\ln\left(1 - \frac{\mu_{\min}^2}{\kappa_{\max}}\right)\right|}. \qquad (7.73)$$

Die Vergleichbarkeit von Splitting- und Krylov-Unterraum-Verfahren über die Anzahl von Iterationsschleifen gemäß den Formeln (7.47) und (7.73) ist wegen der unterschiedlichen Einflussgrössen nicht möglich. Ähnlich problematisch ist die geschlossene Darstellung der Konvergenzeigenschaften von BiCG-, CG-, TFQMR- und QMRCGSTAB-Verfahren. Hierzu sei auf Analysen anhand von Fallbeispielen in der Literatur verwiesen [6].

8 Präkonditionierung

In Abschnitt 7.2 wurde bereits gezeigt, dass die Konditionszahl möglichst nahe bei 1 liegen soll, um den Einfluss von Rundungsfehlern auf das Ergebnis einer Gleichungsauflösung so gering wie möglich zu halten. Bei sogenannten schlecht konditionierten Gleichungssystemen, die eine Konditionszahl sehr viel größer als 1 aufweisen, modifiziert man zur Verringerung der Konditionszahl die Matrizengleichung in folgender Weise:

$$\underline{P}_L \underline{A} \, \underline{P}_R \underline{y} = \underline{P}_L \underline{b} \quad \text{und} \quad \underline{x} = \underline{P}_R \underline{y} \,. \tag{8.1}$$

Wenn es gelingt, die als Präkonditionierer bezeichneten Matrizen $\underline{P}_L$ und $\underline{P}_R$ so festzulegen, dass $\text{cond}(\underline{P}_L \underline{A} \, \underline{P}_R) \ll \text{cond}(\underline{A})$ gilt, führen Rundungsfehler zu geringeren Abweichungen vom exakten Ergebnis als bei einem nicht konditionierten System. Im Idealfall erzielt man die Konditionszahl $\text{cond}(\underline{P}_L \underline{A} \, \underline{P}_R) = 1$, die sich auch für $\underline{P}_L \underline{A} \, \underline{P}_R = \underline{I}$ ergibt. Letztes bedeutet jedoch

$$\underline{A} = \underline{P}_L^{-1} \underline{P}_R^{-1} = (\underline{P}_R \underline{P}_L)^{-1} \quad \Rightarrow \quad \underline{P}_R \underline{P}_L = \underline{A}^{-1} \,. \tag{8.2}$$

Für diesen Idealfall ist bei einem linkspräkonditionierten System mit $\underline{P}_R = \underline{I}$ dementsprechend $\underline{P}_L = \underline{A}^{-1}$ und bei einem rechtspräkonditionierten System mit $\underline{P}_L = \underline{I}$ also $\underline{P}_R = \underline{A}^{-1}$ zu setzen. Die Ermittlung der Inversen von $\underline{A}$ ist jedoch gerade die Aufgabenstellung, die der Auflösung der Matrizengleichung zugrunde liegt. Somit fällt dieser Ansatz für den jeweiligen Präkonditionierer in der Regel aus, es sei denn, dass sich die Inverse aufgrund besonderer Eigenschaften von $\underline{A}$ leicht bestimmen lässt (siehe Abschnitt 8.1). Je näher die Konditionszahl bei 1 liegen soll, umso komplexer sind die Präkonditionierer und damit umso aufwändiger der Rechenprozess. Andererseits werden die Ergebnisse durch Rundungsfehler umso mehr verfälscht, je einfacher die Präkonditionierer aufgebaut sind. Bei den nachfolgend vorgestellten Methoden geht es also stets um den Kompromiss, der zwischen der Komplexität und der Handhabbarkeit der Präkonditionierer zu schliessen ist. Das Ziel einer Reduzierung der Konditionszahl durch Einführung geeigneter Präkonditionierer $\underline{P}_L$ und $\underline{P}_R$ kann mit der Definition einer Matrix $\underline{F}$ mit

$$\underline{P}_L \underline{A} \, \underline{P}_R = \underline{I} + \underline{F} \quad \text{mit} \quad \|\underline{F} \underline{y}\| \ll \|\underline{y}\| \quad \text{bzw.} \quad \|\underline{F}\| = \epsilon \ll 1 \tag{8.3}$$

dargestellt werden. Einsetzen von (8.3) in (8.1) führt zu

$$\underline{x} = \underline{P}_R \underline{y} = \underline{P}_R (\underline{P}_L \underline{b} - \underline{F} \underline{y}) \,. \tag{8.4}$$

Die Minimierung der Norm von $\underline{F}$, welche gleichbedeutend ist mit der Minimierung der Konditionszahl der Systemmatrix, bewirkt zum einen eine bessere Unterdrückung von Rundungsfehlern und zum anderen bei iterativen Verfahren eine Verkürzung der Rechenzeit aufgrund einer reduzierten Iterationsschleifenzahl. Dies wird anhand (7.73) besonders anschaulich, wonach die Zahl der Iterationen gegen Null strebt,

https://doi.org/10.1515/9783110644173-008

wenn $|\underline{r}_0| \to \epsilon$, d. h. $|\underline{A}(\underline{x} - \underline{x}_0)| \to \epsilon$ bzw. $|\underline{x} - \underline{x}_0| \to 0$ geschrieben werden kann. Nun kann o. B. d. A. der Startvektor des Iterationsverfahrens auf $\underline{x}_0 = \underline{P}_R\underline{P}_L\underline{b}$ gesetzt werden. Demnach wird die Zahl der Iterationen kleiner, wenn gilt:

$$\left|\left(\underline{A}^{-1} - \underline{P}_R\underline{P}_L\right)\underline{b}\right| \to 0 \quad \Rightarrow \quad \underline{P}_R\underline{P}_L \to \underline{A}^{-1} \quad \Rightarrow \quad \underline{P}_R \to \underline{A}^{-1}\underline{P}_L^{-1} \quad \Rightarrow \quad \underline{P}_L\underline{A}\underline{P}_R \to \underline{I}$$

$$\Rightarrow \quad \mathrm{cond}(\underline{P}_L\underline{A}\underline{P}_R) \to 1 \quad \mathrm{bzw.} \quad \underline{F} \to \underline{0} \quad \mathrm{oder} \quad \|\underline{F}\| \to 0.$$

Hiermit ergibt sich für den Idealfall das bereits mit (8.2) formulierte Kriterium. In den nachfolgenden Abschnitten wird gezeigt, wie zwecks höherer Genauigkeit des Endergebnisses bzw. höherer Geschwindigkeit des iterativen Verfahrensablaufs die Konditionszahl der Systemmatrix mittels verschiedener Präkonditionierungsmethoden gesenkt werden kann.

8.1 Die Transponierte der Systemmatrix als Präkonditionierer

Bei einer unitären bzw. orthogonalen Systemmatrix ist die Bestimmung eines geeigneten Präkonditioniers besonders einfach, da hierfür Gleichung (8.2) in $\underline{P}_R\underline{P}_L = \underline{A}^T$ umgeschrieben werden kann. Allerdings erübrigt sich in diesem Fall die Präkonditionierung, weil die Systemlösung ebenfalls sehr einfach aus der Umstellung der Matrizengleichung zu $\underline{x} = \underline{A}^T\underline{b}$ direkt folgt und ein iteratives Rechenverfahren vermieden werden kann. Es gibt aber auch Fälle, bei denen die Transponierte der Systemmatrix $\underline{A}$ als Präkonditionierer interpretiert werden kann. Hierzu begeben wir uns auf einen Exkurs in die Theorie der Bestimmtheit von Gleichungssystemen.

In den vorangehenden Kapiteln wurde ohne besonderen Hinweis stets unterstellt, dass die Systemmatrix regulär und quadratisch ist, d. h. also, dass die Matrix $\underline{A}^{[n,n]}$ aus je n Zeilen und Spalten besteht und den Rang $R(\underline{A}) = n$ aufweist. Das Gleichungssystem $\underline{A}\,\underline{x} = \underline{b}$ besteht somit aus n linear unabhängigen Gleichungen für die Bestimmung von n Unbekannten x_k mit $k = 1, \ldots, n$. Bei einem Rang $R(\underline{A}) < n$ liefern lediglich $m = R(\underline{A})$ Gleichungen einen Beitrag zur Berechnung der unbekannten Größen, $(n-m)$ Gleichungen sind linear abhängig von einer der m übrigen Gleichungen und brauchen bei der mathematischen Auswertung nicht weiter berücksichtigt werden, da durch sie das Ergebnis für die Unbekannten nicht verändert würde. Dieser Fall entspricht einem unterbestimmten Gleichungssystem aus m linear unabhängigen Gleichungen mit $n > m$ Unbekannten, welches in Matrizenschreibweise durch die Systemmatrix $\underline{A}^{[m,n]}$ dargestellt wird. Bei der Lösung dieses unterbestimmten Gleichungssystems wird die Anzahl der Unbekannten auf m Größen begrenzt, welche auf Basis der vorliegenden m Gleichungen dann wieder eindeutig bestimmbar sind. Den verbliebenen $(n-m)$ Unbekannten werden beliebig wählbare Werte zugewiesen, z. B. $x_k = y_{k-m}$ für $m < k \le n$. Damit wird aus dem unterbestimmten System

$$\underline{A}^{[m,n]}\underline{x}^{[n]} = \begin{bmatrix} \underline{a}_1^{[m]} & \underline{a}_2^{[m]} & \cdots & \underline{a}_n^{[m]} \end{bmatrix}\underline{x}^{[n]} = \underline{b}^{[m]}$$

das in der Dimension kleinere, aber wieder bestimmte Gleichungssystem

$$\underline{A}^{[m,m]}\underline{x}^{[m]} = \begin{bmatrix} \underline{a}_1^{[m]} & \underline{a}_2^{[m]} & \cdots & \underline{a}_m^{[m]} \end{bmatrix} \underline{x}^{[m]}$$

$$= \underline{b}^{[m]} - \begin{bmatrix} \underline{a}_{m+1}^{[m]} & \underline{a}_{m+2}^{[m]} & \cdots & \underline{a}_n^{[m]} \end{bmatrix} \underline{y}^{[n-m]} = \underline{\tilde{b}}^{[m]} ,$$

das eine quadratische Systemmatrix und eine Vielfachheit von $(n - m) \cdot \infty$ Lösungen besitzt.

Wie oben dargestellt wurde, spielen linear abhängige Gleichungen bei der Auflösung eines Gleichungssystems keine Rolle und können ignoriert werden. Wenn nun die Zahl der linear unabhängigen Gleichungen m die der Unbekannten n überschreitet, gilt also $m > n$, liegt ein überbestimmtes System vor. Fasst man von diesen m Gleichungen jeweils n zu einem System zusammen, ergeben sich je nach Auswahl für jedes System andere Lösungen. Man kann dies mit der Widersprüchlichkeit der Gleichungen deuten oder auch annehmen, dass die Elemente von $\underline{b}$ Abweichungen von wahren Werten aufweisen, d. h., dass alle b_k fehlerbehaftet sind. Diese Annahme liegt der Theorie der Ausgleichsrechnung zugrunde, welche das Gleichungssystem widerspruchsfrei und somit eindeutig lösbar macht. Mit der Methode der Fehlerausgleichsrechnung [19] erzielt man für das Gleichungssystem die Darstellung

$$(\underline{A}^{[m,n]})^{\mathrm{T}}\underline{A}^{[m,n]}\underline{x}^{[n]} = (\underline{A}^{[m,n]})^{\mathrm{T}}\underline{b}^{[m]} .$$

Die Struktur dieser Matrizengleichung entspricht der eines linkspräkonditionierten Systems mit der Transponierten des Ausgangssystems als Präkonditionierer. Die Besonderheit bei diesem Präkonditionierer besteht in der Symmetrie der hiermit erzeugten Systemmatrix. Wie in Abschnitt (5.3) bereits beschrieben wurde, ist die Symmetrie der Systemmatrix Voraussetzung für die Anwendung eines CG-Verfahrens. Durch Präkonditionierung mit der Transponierten kann so jedes auch nicht symmetrische Gleichungssystem für dieses iterative Lösungsverfahren vorbereitet werden.

8.2 Skalierungen als Präkonditionierer

Eine Diagonalmatrix $\underline{D} = \mathrm{diag}\{d_{11}, \ldots, d_{kk}, \ldots, d_{nn}\}$ wird als Skalierung bezeichnet, wenn sie als Präkonditionierer eingesetzt wird. Die konditionierte Systemmatrix $\underline{A}' = \underline{D}\,\underline{A}$ besteht aus den Elementen $a'_{jk} = d_{jj} \cdot a_{jk}$. Je nach Definition der Diagonalelemente unterscheidet man zwischen

1. Skalierung mit dem Diagonalelement: $\qquad d_{kk} = \dfrac{1}{a_{kk}} ,$ $\qquad$ (8.5)

2. Zeilenskalierung bzgl. Betragssummennorm: $\qquad d_{kk} = \dfrac{1}{\sum_{j=1}^{n} |a_{kj}|} ,$ $\qquad$ (8.6)

3. Zeilenskalierung bzgl. euklidischer Norm: $\qquad d_{kk} = \dfrac{1}{\left(\sum_{j=1}^{n} |a_{kj}|^2\right)^{\frac{1}{2}}} ,$ $\qquad$ (8.7)

4. Zeilenskalierung bzgl. Maximumsnorm: $\qquad d_{kk} = \dfrac{1}{\max_{k=1,\ldots,n} |a_{kj}|} .$ $\qquad$ (8.8)

Analog hierzu lauten die Definitionen für die Spaltenskalierung. Bei allen Definitionen ist natürlich die Voraussetzung zu erfüllen, dass die Divisoren von Null verschieden sind.

Die Skalierung ist als Präkonditionierer optimal, wenn die Systemmatrix $\underline{A}$ ebenfalls eine Diagonalmatrix ist, da sich für die konditionierte Systemmatrix stets die Konditionszahl 1 ergibt. Diese Aussage ist aber ebenso trivial wie die für die Transponierte in Abschnitt 8.1, denn auch für den Fall einer Diagonalmatrix als Systemmatrix erübrigt sich ein iteratives Lösungsverfahren, da die Inverse von $\underline{A}$ identisch mit der Skalierung mit dem Diagonalelement nach 1. ist und das Gleichungssystem sehr einfach auf direktem Wege auflösbar ist. Je mehr jedoch die Systemmatrix von der reinen Diagonalstruktur abweicht, umso schlechtere Werte erzielt man für die Konditionszahl. Ab einem bestimmten Punkt dominiert dieser Nachteil den Vorteil der besonders einfachen Struktur der Skalierung und es ist dann zielführender, für die Präkonditionierung aufwändigere Methoden, wie sie in den nachfolgenden Abschnitten beschrieben werden, heranzuziehen.

8.3 Polynomiale Präkonditionierer

Für eine bestmögliche Annäherung des Präkonditionierers an die Inverse der Systemmatrix wird ein Polynomansatz gewählt, der sich aus folgender Beziehung herleiten lässt:

$$\sum_{k=0}^{m+1} (\underline{I} - \underline{A})^k = \underline{I} + (\underline{I} - \underline{A}) \sum_{k=1}^{m+1} (\underline{I} - \underline{A})^{k-1} = \underline{I} + \sum_{k=0}^{m} (\underline{I} - \underline{A})^k - \underline{A} \sum_{k=0}^{m} (\underline{I} - \underline{A})^k$$

$$\Rightarrow \underline{A} \sum_{k=0}^{m} (\underline{I} - \underline{A})^k = \underline{I} - (\underline{I} - \underline{A})^{m+1} \quad \Rightarrow \quad \sum_{k=0}^{m} (\underline{I} - \underline{A})^k = \underline{A}^{-1} - \underline{A}^{-1}(\underline{I} - \underline{A})^{m+1} \quad \text{bzw.}$$

$$\underline{A}^{-1} = \sum_{k=0}^{\infty} (\underline{I} - \underline{A})^k + \underline{A}^{-1} \cdot \lim_{m \to \infty} (\underline{I} - \underline{A})^{m+1} . \tag{8.9}$$

Mit der Voraussetzung für den Spektralradius der Matrix $(\underline{I} - \underline{A})$

$$\rho(\underline{I} - \underline{A}) < 1 \tag{8.10}$$

folgt wegen (7.33) für ein genügend kleines ϵ

$$\|\underline{I} - \underline{A}\| \leq \rho(\underline{I} - \underline{A}) + \epsilon < 1 \quad \Rightarrow \quad \|\underline{I} - \underline{A}\|^{m+1} < \|\underline{I} - \underline{A}\|^m \quad \Rightarrow \quad \lim_{m \to \infty} \|\underline{I} - \underline{A}\|^{m+1} = 0 .$$

Hiermit und aufgrund von (7.16), (7.26) und der Gleichung für geometrische Reihen [10] folgt

$$\left\| \sum_{k=0}^{\infty} (\underline{I} - \underline{A})^k \right\| \leq \sum_{k=0}^{\infty} \left\| (\underline{I} - \underline{A})^k \right\| \leq \sum_{k=0}^{\infty} \|\underline{I} - \underline{A}\|^k = \frac{1}{1 - \|\underline{I} - \underline{A}\|} < S .$$

Da $\|\underline{I} - \underline{A}\| < 1$ gilt, ist S ein endlicher Wert und somit ist die Norm von $\sum_{k=0}^{\infty}(\underline{I} - \underline{A})^k$ beschränkt. Dies bedeutet, dass $\lim_{m\to\infty}(\underline{I} - \underline{A})^{m+1} \to \underline{0}$ und damit die Gültigkeit des Satzes:

$$\text{Wenn} \quad \rho(\underline{I} - \underline{A}) < 1, \quad \text{dann gilt:} \quad \underline{A}^{-1} = \sum_{k=0}^{\infty}(\underline{I} - \underline{A})^k. \tag{8.11}$$

Die Voraussetzung über den Spektralradius schränkt die Anwendbarkeit des Satzes erheblich ein. Ist aber $\underline{A}$ eine strikt diagonaldominante Matrix, kann der obige Satz mit einer kleinen Änderung übernommen werden. Nach (7.56) gilt in diesem Fall $\sum_{j=1,j\neq k}^{n} |a_{kj}|/|a_{kk}| < 1$, und somit bei Einsetzen einer Skalierung mit dem Diagonalelement gemäß (8.5) $\|\underline{I} - \underline{D}\,\underline{A}\|_{\infty} < 1$. Aufgrund der Ungleichung (7.28) ist dann auch $\rho(\underline{I} - \underline{D}\,\underline{A}) < 1$ und damit die Bedingung für (8.11) erfüllt, wobei anstelle von $\underline{A}$ das Matrizenprodukt $\underline{D}\,\underline{A}$ einzusetzen ist:

$$(\underline{D}\,\underline{A})^{-1} = \sum_{k=0}^{\infty}(\underline{I} - \underline{D}\,\underline{A})^k.$$

$\Rightarrow$ Ist $\underline{A}$ eine strikt diagonaldominante Matrix und gilt für die Skalierung nach (8.5)

$$\underline{D} = \text{diag}\left\{\frac{1}{a_{11}}, \dots, \frac{1}{a_{kk}}, \dots, \frac{1}{a_{nn}}\right\},$$

dann gilt

$$\underline{A}^{-1} = \left(\sum_{k=0}^{\infty}(\underline{I} - \underline{D}\,\underline{A})^k\right)\underline{D}. \tag{8.12}$$

Zur Bestimmung eines Präkonditionierers sind (8.11) bzw. (8.12) aus sofort nachvollziehbaren Gründen nicht brauchbar. Die Inverse als Ergebnis macht jedes andere Auflösungsverfahren überflüssig. Aber durch die Unendlichkeit der Reihe ist eine Berechnung für die Praxis untauglich. Eine Annäherung an die Inverse kann jedoch mit einer abgeschnittenen Reihe gelingen. Man bezeichnet eine derartige Reihe ausgehend von (8.11) und daher mit der Voraussetzung $\rho(\underline{I}-\underline{A}) < 1$ als abgeschnittene Neumann'sche Reihe m-ter Stufe:

$$P^{(m)} = \sum_{k=0}^{m}(\underline{I} - \underline{A})^k = \underline{A}^{-1} - \sum_{k=m+1}^{\infty}(\underline{I} - \underline{A})^k. \tag{8.13}$$

Der Rechenaufwand lässt sich über die Wahl von m steuern, wobei das Restglied auf der rechten Seite von (8.13) mit zunehmender Größe von m kleiner wird. Für $m = 1$ ist der Rechenaufwand minimal, aber mit dem Präkonditionierer $P^{(1)} = 2\underline{I} - \underline{A}$ können in der Regel keine befriedigenden Ergebnisse erzielt werden.

Die direkte Auswertung von (8.13) bereitet aufgrund mehrerer Matrizenmultiplikationen immer noch einen nicht zu vernachlässigenden Aufwand. Dieser kann aber durchaus noch reduziert werden, wenn man den Umstand nutzt, dass $P^{(m)}$ als Links- oder Rechtskonditionierer bei einem Auflösungsverfahren nur mit einem Vektor multipliziert werden muss. Das für eine Matrix-Vektor-Multiplikation sich bestens eignende Horner-Schema verhilft hierbei zu einem schnelleren Ablauf, da es Multiplikationen von Matrizen überflüssig macht. Wegen

$$P^{(m)}\underline{y} = \left[\underline{y} + \ldots (\underline{I} - \underline{A})\left[\underline{y} + (\underline{I} - \underline{A})\left[\underline{y} + (\underline{I} - \underline{A})\underline{y}\right] \ldots \right]\right] \tag{8.14}$$

kann mit $\quad \underline{z}_{k+1} = \underline{y} + (\underline{I} - \underline{A})\underline{z}_k \quad$ für $\quad 0 \le k < m \quad$ und $\quad \underline{z}_0 = \underline{y} \tag{8.15}$

$$P^{(m)}\underline{y} = \underline{z}_m \tag{8.16}$$

geschrieben werden. Die Berechnung der Matrix-Vektor-Produkts $P^{(m)}\underline{y} = \underline{z}$ lässt sich damit durch folgendes Ablaufdiagramm darstellen:

$\underline{z}_0 := \underline{y}$	s. (8.15)
für $k = 1, \ldots, m - 1$	
$\quad \underline{z}_{k+1} := \underline{y} + (\underline{I} - \underline{A})\underline{z}_k$	s. (8.15)
$P^{(m)}\underline{y} := \underline{z}_m$	s. (8.16)

Ablauf der Vektormultiplikation mit einer Neumann'schen Reihe

Während mittels (8.13) für die direkte Berechnung von $P^{(m)}\underline{y}\,(m - 1)$ Multiplikationen von $n \cdot n$ Matrizen, also $(m - 1) \cdot n^3$ Multiplikationen insgesamt und eine Matrix-Vektor-Multiplikation durchzuführen sind, sind lediglich $(m - 1)$ Matrix-Vektor-Multiplkationen bzw. $(m - 1) \cdot n^2$ Multiplikationen insgesamt für das Horner-Verfahren erforderlich.

8.4 Präkonditionierer auf Basis unvollständiger Zerlegung

In Kapitel 4 wurden Zerlegungsverfahren vorgestellt, mit denen eine Systemmatrix in ein Matrixprodukt verwandelt werden kann, in dem mindestens ein Faktor eine Dreiecksstruktur aufweist. Als Grundlage dient Gleichung (4.1) in Verbindung mit (4.2) bis (4.4) für die LU-Zerlegung, (4.9) und (4.10) für die Cholesky-Zerlegung und Gleichung (4.22) in Verbindung mit (4.18) bis (4.21) für die QR-Zerlegung nach Gram-Schmidt. Die Auflösung der n Matrizengleichungen

$$\underline{A}\,\underline{x}_k = \underline{B}\,\underline{C}\underline{x}_k = \underline{e}_k \quad \text{für} \quad 1 \le k \le n \tag{8.17}$$

nach den Vektoren $\underline{x}_k$, welche als Spalten zur Matrix $\underline{X}$ zusammengestellt werden können, liefert so die Inverse des Systems $\underline{X} = \underline{C}^{-1}\underline{B}^{-1}\underline{I} = \underline{A}^{-1}$. Da $\underline{B}$ bei der QR-Zerlegung unitär ist und bei der LU- und Cholesky-Zerlegung genau wie $\underline{C}$ bei allen genannten Zerlegungen eine Dreiecksstruktur aufweist, können die Vorwärts- und Rückwärtselimination gemäß den Beziehungen (4.5) und (4.6) bzw. (4.11) und (4.12) oder (4.23) und (4.24) einfach ausgeführt werden, wodurch die Inversion der Systemmatrix vollständig abgewickelt werden kann. Bei sehr großen Systemmatrizen, also bei umfangreichen Gleichungssystemen mit sehr großem n, geraten diese Verfahren wegen des Speicherbedarfs und der langen Rechenzeiten schnell an ihre Grenzen. Das gilt auch bei schwachbesetzten Systemmatrizen, also Matrizen $\underline{A}$ mit sehr vielen Null-Elementen $a_{jk} = 0$, da die Besetzung der Inversen in der Regel wesentlich dichter ist. Mit einem Kunstgriff können für schwachbesetzte Systemmatrizen auch bei Anwendung dieser Verfahren Speicherbedarf und Rechenzeit klein gehalten werden. Der Trick besteht in der Festlegung, dass

$$b_{jk} = c_{jk} = 0 \, , \quad \text{wenn } a_{jk} = 0 \tag{8.18}$$

ist. Hiermit verliert allerdings (8.17) ihre Gültigkeit. Stattdessen muss geschrieben werden:

$$\underline{A} = \hat{\underline{B}}\,\hat{\underline{C}} + \underline{F} \quad \text{mit} \quad \hat{b}_{jk} = \hat{c}_{jk} = 0 \, , \quad \text{wenn } a_{jk} = 0 \text{ ist} \, . \tag{8.19}$$

Weiterhin gültig bleibt aber unabhängig von der Besetzung von $\underline{A}$: $\hat{b}_{jk} = \hat{c}_{kj} = 0$ für $j < k$.

Setzt man

$$\underline{P} = \hat{\underline{C}}^{-1}\hat{\underline{B}}^{-1} \, , \tag{8.20}$$

liegt mit $\underline{P}$ die Inverse von $\underline{A}$ vor, wenn $\underline{F} = \underline{0}$ erfüllt wird. Dies ist der Fall, wenn die Systemmatrix voll besetzt ist, also wenn die Matrix $\underline{A}$ nicht ein einziges Null-Element enthält. Die in Kapitel 4 beschriebenen Zerlegungsverfahren werden hierbei in vollem Umfang mit dem Nachteil einer entsprechend hohen Rechenlaufzeit ausgeführt. Je schwächer jedoch die Systemmatrix besetzt ist, entfallen gemäß (8.18) umso mehr Rechenoperationen, wodurch der Zeitaufwand für die Zerlegung um so stärker verkürzt wird. Allerdings ist hierbei $\underline{F}$ in der Regel keine Nullmatrix, und es gilt dann $\|\underline{F}\| > 0$. Damit wird $\underline{P}$ lediglich zu einer Näherung für die Inverse und eignet sich höchstens als Präkonditionierer zur Verbesserung der Konditionszahl einer linearen Matrizengleichung. Die auf diese Weise ermittelten Elemente des Präkonditionierers $\underline{P}$ bezeichnet man als unvollständige LU-Zerlegung und die Matrix $\underline{P}$ als ILU-Präkonditionierer (Incomplete LU). Im Vergleich zu anderen Präkonditionierern, insbesondere gegenüber den Skalierungen und den polynomialen Präkonditionierern, erzielt man mit dem ILU-Präkonditionierer meistens wesentlich bessere Ergebnisse bezüglich der Unterdrückung von Rundungsfehlern und einer kürzeren Rechenlaufzeit aufgrund einer verringerten Iterationsschleifenzahl [6, 24]. Bei der Simulation von technischen Problemen erweisen sich ILU-Präkonditionierer häufig als erfolgreich und effizient einsetzbar. Aus diesem Grund werden sie an dieser Stelle etwas genauer untersucht.

Wie in den folgenden Abschnitten 8.6 und 8.7 festzustellen ist, treten die Präkonditionierer meist als Multiplikator mit einem vorgegebenen Vektor $\underline{v}$ auf:

$$\underline{u} = \underline{P} \cdot \underline{v} \, . \tag{8.21}$$

Wegen (8.20) ist die Beziehung (8.21) nur implizit auflösbar, denn mit den über die Zerlegung ermittelten Matrizen $\hat{\underline{B}}$ und $\hat{\underline{C}}$ gilt:

$$\hat{\underline{B}}\hat{\underline{C}}\underline{u} = \underline{v} \, . \tag{8.22}$$

Zur Berechnung von $\underline{u}$ ist somit nach der Zerlegung eine Vorwärts- und Rückwärtselimination durchzuführen. Diese Schritte stimmen mit den in Abschnitt 4.1 dargelegten

Operationen für den Gauß'schen Algorithmus überein, womit das Ablaufdiagramm für das unvollständige LU-Verfahren mit dem aus Abschnitt 4.1 großenteils identisch ist. Es sind lediglich die Vektoren $\underline{b}$ und $\underline{x}$ gegen $\underline{v}$ und $\underline{u}$ auszutauschen und die Abfragen auf Null-Elemente einzufügen. Die Dreiecksmatrizen $\hat{\underline{B}}$ und $\hat{\underline{C}}$, die sich aus der unvollständigen Zerlegung ergeben, werden wiederum auf den Plätzen der Matrixelemente von $\underline{A}$ abgelegt, womit ihnen auch die Bezeichnungen der Systemmatrixelemente zugewiesen werden. Das heißt, dass nach Abschluss der Zerlegung das Matrixelement a_{ik} für $i \le k$ den Wert von $\hat{c}_{ik}$ und für $i > k$ den Wert von $\hat{b}_{ik}$ enthält. Da die Speicherplätze der Ausgangsmatrix $\underline{A}$ mit den Werten von $\hat{b}_{ik}$ und $\hat{c}_{ik}$ überschrieben werden, die Systemmatrix für die weiteren Berechnungen aber erhalten bleiben muss, ist zu Beginn der Präkonditionerung über die Beziehung (8.21) eine Kopie von $\underline{A}$ abzuspeichern. Somit erhöht sich der Speicherplatzbedarf für ein Lösungsverfahren mit Präkonditionerung um die Größe der Systemmatrix. Dieser zunächst als gravierend erscheinende Nachteil fällt jedoch bei schwachbesetzten Systemmatrizen weniger ins Gewicht, da wegen der Listendarstellung solcher Matrizen (siehe nachfolgendes Kapitel 9) der Speicherplatzbedarf nicht annähernd den einer vollbesetzten Matrix bzw. den bei der Felddarstellung erreicht. Demgegenüber ist die ILU-Präkonditionerung eines Systems mit einer dichtbesetzten Systemmatrix wegen der oben begründeten hohen Rechenlaufzeit ohnehin nicht geeignet.

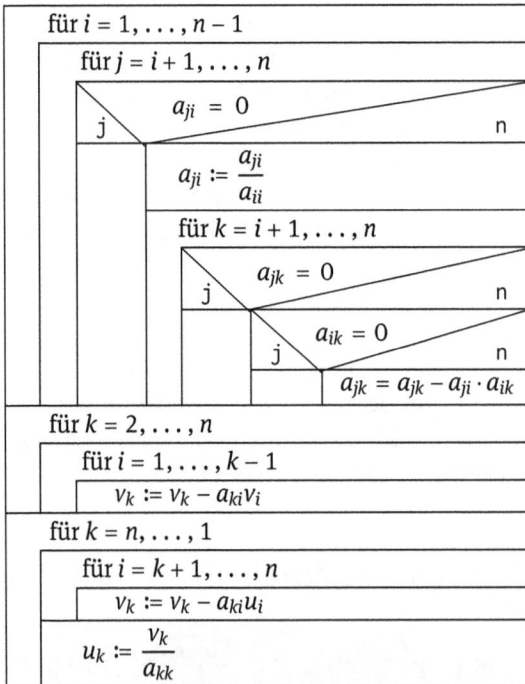

Ablauf der Berechnung eines Matrix-Vektorprodukts mit einem ILU-Präkonditionierer (unvollständige LU-Zerlegung ohne Pivotisierung)

Damit eine Division durch Null nicht auftreten kann, müssen alle Diagonalelemente besetzt sein. Dieses gewährleistet die bereits in Abschnitt 4.8 beschriebene Pivotisierung in jedem Verfahrensschritt auch bei der unvollständigen LU-Zerlegung.

Die vorangehenden Ausführungen können auf symmetrische Matrizen übertragen werden. In Anlehnung an das Cholesky-Verfahren wird der Ansatz $\underline{\hat{C}} = \underline{\hat{B}}^{\mathrm{T}}$ gemacht, so dass sich (8.19) vereinfacht zu

$$\underline{A} = \underline{\hat{B}}\underline{\hat{B}}^{\mathrm{T}} + \underline{F} \quad \text{mit} \quad \hat{b}_{jk} = 0, \quad \text{wenn } a_{jk} = 0 \text{ ist .} \tag{8.23}$$

Auf diesem Ansatz beruht die unvollständige Cholesky-Zerlegung, auch IC-Zerlegung benannt.

Bei Anwendung derselben Verfahrensweise wie oben auf die Gleichungen (4.19) bis (4.22) erhält man die Basis für die unvollständige QR-Zerlegung (IQR-Zerlegung). Für diese gilt:

$$\underline{A} = \underline{\hat{Q}}\underline{\hat{R}} + \underline{F} = \underline{\hat{U}}\underline{\hat{C}} + \underline{F} \tag{8.24}$$

$$\text{mit } \hat{c}_{jk} = \underline{\hat{u}}_j^{\mathrm{T}}\underline{a}_k \ (j < k), \quad \text{wenn } a_{jk} \neq 0,$$
$$\text{und } \hat{c}_{jk} = 0, \quad \text{wenn } a_{jk} = 0 \text{ gilt ,} \tag{8.25}$$

$$\text{und } \hat{q}_{jk} = a_{jk} - \sum_{i=1}^{k-1} \hat{c}_{ik} \cdot \hat{u}_{ji}, \quad \text{wenn } a_{jk} \neq 0,$$
$$\text{und } \hat{q}_{jk} = 0, \quad \text{wenn } a_{jk} = 0 \text{ gilt ,} \tag{8.26}$$

$$\text{sowie } \hat{c}_{kk} = |\underline{\hat{q}}_k| \text{ und } \underline{\hat{u}}_k = \frac{\underline{\hat{q}}_k}{\hat{c}_{kk}}. \tag{8.27}$$

Nach erfolgreicher Zerlegung gemäß den obigen Beziehungen kann für den IQR-Präkonditionierer $\underline{P} = \underline{\hat{C}}^{-1}\underline{\hat{U}}^{\mathrm{T}}$ geschrieben werden. Leider hat sich gezeigt, dass die IQR-Präkonditionierung für manche Anwendungen wie z. B. für Statikberechnungen ungeeignet ist [24].

8.5 Präkonditionierung bei Splitting-Verfahren

Aus den Beziehungen (6.2), (6.16) und (6.17) folgt für die Splitting-Verfahren

$$\underline{x}_{m+1} - \underline{M}\underline{x}_m = \underline{x}_{m+1} - \underline{x}_m + \underline{N}\underline{A}\underline{x}_m = \underline{N}\underline{A}\underline{x} = \underline{N}\underline{b}. \tag{8.28}$$

Aus der rechten Seite dieser Gleichung lässt sich leicht ablesen, dass die Matrizengleichung linkspräkonditioniert ist, und zwar mit $\underline{P} = \underline{N} = (c\underline{B})^{-1}$, der als zur Splitting-Methode assoziierter Präkonditionierer bezeichnet wird. Splitting-Verfahren bauen also auf einem präkonditionierten Gleichungssystem auf, welches umso besser präkonditioniert ist, je weniger $c\underline{B}$ von der Systemmatrix abweicht. Im Idealfall gilt $\underline{B} = c^{-1}\underline{A}$, bei dem die Konditionszahl den minimalen Wert 1 annimmt. Bei Berücksichtigung von (6.6) und (6.7) können die einzelnen Splitting-Verfahren demnach durch jeweils folgende Präkonditionierer charakterisiert werden:

$$\text{Jacobi-Verfahren:} \qquad \underline{P} = \underline{D}^{-1}\,, \qquad\qquad (8.29)$$

$$\text{Gauß-Seidel-Verfahren:} \qquad \underline{P} = (\underline{D}+\underline{L})^{-1}\,, \qquad (8.30)$$

$$\text{Gauß-Seidel-Relaxationsverfahren:} \quad \underline{P} = c^{-1}(\underline{D}+c^{-1}\underline{L})^{-1}\,. \qquad (8.31)$$

Die für optimale Konvergenz und größte Rechengenauigkeit anzustrebende Konditionszahl von 1 kann hierbei am besten vom Gauß-Seidel-Relaxationsverfahren erreicht werden, da der Präkonditionierer durch die passende Wahl von c eine bessere Näherung an die Inverse der Systemmatrix als bei den beiden anderen Splitting-Methoden ermöglicht. Aus demselben Grunde ist aber auch das Gauß-Seidel-Verfahren vorteilhafter als das Jacobi-Verfahren. Eine weitergehende Optimierung kann wegen einer noch besseren Annäherung an die Systeminverse mit folgenden Definitionen für die assoziierten Präkonditionierer erzielt werden:

$$\text{Symmetrisches Gauß-Seidel-Verfahren:} \quad \underline{P} = (\underline{D}+\underline{R})^{-1}\underline{D}(\underline{D}+\underline{L})^{-1}\,, \qquad (8.32)$$

$$\text{Sym. Gauß-Seidel-Relaxationsverfahren:} \quad \underline{P} = c^{-1}(2-c^{-1})(\underline{D}+c^{-1}\underline{R})^{-1}\underline{D}$$
$$\cdot (\underline{D}+c^{-1}\underline{L})^{-1}\,.$$

Beim symmetrischen Gauß-Seidel-Verfahren gilt für die Inverse des Präkonditionierers:

$$\underline{P}^{-1} = (\underline{D}+\underline{L})\underline{D}^{-1}(\underline{D}+\underline{R}) = (\underline{D}+\underline{L})(\underline{I}+\underline{D}^{-1}\underline{R}) = \underline{D}+\underline{L}+(\underline{D}+\underline{L})\cdot\underline{D}^{-1}\underline{R}$$

$$\Rightarrow \quad \underline{P}^{-1} = \underline{D}+\underline{L}+\underline{R}+\underline{L}\,\underline{D}^{-1}\underline{R} = \underline{A}+\underline{L}\,\underline{D}^{-1}\underline{R}\,. \qquad (8.33)$$

Der Präkonditionierer eignet sich umso mehr, je weniger $\underline{L}\,\underline{D}^{-1}\underline{R}$ von der Nullmatrix abweicht. Aus (6.17) folgt mit $\underline{P} = \underline{N}$ für das symmetrische Gauß-Seidel-Verfahren

$$\underline{M} = \underline{P}(\underline{P}^{-1}-\underline{A}) = \underline{P}\,\underline{L}\,\underline{D}^{-1}\underline{R} = (\underline{D}+\underline{R})^{-1}\underline{D}(\underline{D}+\underline{L})^{-1}\underline{L}\,\underline{D}^{-1}\underline{R} \quad \text{mit}$$

$$\underline{D}(\underline{D}+\underline{L})^{-1}\underline{L}\,\underline{D}^{-1} = \left(\underline{D}\,\underline{L}^{-1}(\underline{D}+\underline{L})\underline{D}^{-1}\right)^{-1} = \left(\underline{D}\,\underline{L}^{-1}(\underline{I}+\underline{L}\,\underline{D}^{-1})\right)^{-1} = (\underline{D}\,\underline{L}^{-1}+\underline{I})^{-1}$$

$$= \left((\underline{D}+\underline{L})\underline{L}^{-1}\right)^{-1} = \underline{L}(\underline{D}+\underline{L})^{-1}$$

$$\Rightarrow \quad \underline{M} = (\underline{D}+\underline{R})^{-1}\underline{L}(\underline{D}+\underline{L})^{-1}\underline{R}\,, \qquad (8.34)$$

$$\underline{x}_{m+1} = (\underline{D}+\underline{R})^{-1}\underline{L}(\underline{D}+\underline{L})^{-1}\underline{R}\,\underline{x}_m + (\underline{D}+\underline{R})^{-1}\underline{D}(\underline{D}+\underline{L})^{-1}\underline{b}\,. \qquad (8.35)$$

8.6 Präkonditionierung beim CG-Verfahren

Das CG-Verfahren gemäß Abschnitt 5.2 setzt eine symmetrische Systemmatrix voraus. Dies legt den Ansatz nahe, dass der Rechtspräkonditionierer mit der Transponierten des Linkspräkonditionieres gleichgesetzt wird, dass also gilt:

$$\underline{P}_R = \underline{P}_L^T . \tag{8.36}$$

Kennzeichnet man die Größen des präkonditionierten Systems durch gestrichene Darstellung, gehen die Gleichungen (5.13),(5.18),(5.19),(5.40) und (5.43) über auf

$$\underline{r}_0' = \underline{P}_L \underline{r}_0 = \underline{b}' - \underline{A}' \underline{x}_0' = \underline{P}_L \underline{b} - \underline{P}_L \underline{A} \underline{P}_L^T \left(\underline{P}_L^T\right)^{-1} \underline{x}_0 \tag{8.37}$$

$$\Rightarrow \quad \underline{r}_k' = \underline{P}_L \underline{r}_k ; \quad \underline{x}_k' = \left(\underline{P}_L^T\right)^{-1} \underline{x}_k ; \quad \underline{A}' = \underline{P}_L \underline{A} \underline{P}_L^T , \tag{8.38}$$

$$\underline{x}_{k+1}' = \left(\underline{P}_L^T\right)^{-1} \underline{x}_{k+1} = \underline{x}_k' + \lambda_k' \cdot \underline{y}_k' = \left(\underline{P}_L^T\right)^{-1} \underline{x}_k + \lambda_k' \cdot \left(\underline{P}_L^T\right)^{-1} \hat{\underline{y}}_k \tag{8.39}$$

$$\text{mit} \quad \hat{\underline{y}}_k = \underline{P}_L^T \underline{y}_k' \quad \text{und} \quad \lambda_k' = \frac{\rho_k'}{\underline{y}_k'^T \underline{z}_k'} , \tag{8.40}$$

$$\underline{z}_k' = \underline{A}' \underline{y}_k' = \underline{P}_L \underline{A} \hat{\underline{y}}_k = \underline{P}_L \hat{\underline{z}}_k \quad \text{mit} \quad \hat{\underline{z}}_k = \underline{A} \hat{\underline{y}}_k , \tag{8.41}$$

$$\underline{r}_{k+1}' = \underline{P}_L \underline{r}_{k+1} = \underline{r}_k' - \lambda_k' \cdot \underline{z}_k' = \underline{P}_L \underline{r}_k - \lambda_k' \cdot \underline{P}_L \hat{\underline{z}}_k , \tag{8.42}$$

$$\rho_{k+1}' = \underline{r}_{k+1}'^T \underline{r}_{k+1}' = \underline{r}_{k+1}^T \underline{P}_L^T \underline{P}_L \underline{r}_{k+1} , \tag{8.43}$$

$$\lambda_k' = \frac{\rho_k'}{\underline{y}_k'^T \underline{z}_k'} = \frac{\rho_k'}{\hat{\underline{y}}_k^T (\underline{P}_L)^{-1} \underline{P}_L \hat{\underline{z}}_k} = \frac{\rho_k'}{\hat{\underline{y}}_k^T \hat{\underline{z}}_k} , \tag{8.44}$$

$$\underline{y}_{k+1}' = \underline{r}_{k+1}' + \frac{\rho_{k+1}'}{\rho_k'} \cdot \underline{y}_k' = \underline{P}_L \underline{r}_{k+1} + \frac{\rho_{k+1}'}{\rho_k'} \cdot \left(\underline{P}_L^T\right)^{-1} \hat{\underline{y}}_k = \left(\underline{P}_L^T\right)^{-1} \hat{\underline{y}}_{k+1} . \tag{8.45}$$

Mit

$$\underline{P} = \underline{P}_L^T \underline{P}_L \quad \text{und} \quad \underline{z}_k = \underline{P} \underline{r}_k \tag{8.46}$$

folgt aus (8.39) und (8.42) bis (8.45)

$$\underline{x}_{k+1} = \underline{x}_k + \lambda_k' \cdot \hat{\underline{y}}_k , \tag{8.47}$$

$$\underline{r}_{k+1} = \underline{r}_k - \lambda_k' \cdot \hat{\underline{z}}_k , \tag{8.48}$$

$$k \geq 0: \quad \hat{\underline{y}}_{k+1} = \underline{P} \underline{r}_{k+1} + \frac{\rho_{k+1}'}{\rho_k'} \cdot \hat{\underline{y}}_k = \underline{z}_{k+1} + \frac{\rho_{k+1}'}{\rho_k'} \cdot \hat{\underline{y}}_k ; \quad \hat{\underline{y}}_0 = \underline{P} \underline{r}_0 ; \tag{8.49}$$

$$\rho_{k+1}' = \underline{r}_{k+1}^T \underline{P} \underline{r}_{k+1} = \underline{r}_{k+1}^T \underline{z}_{k+1} ; \quad \rho_0' = \underline{r}_0^T \hat{\underline{y}}_0 . \tag{8.50}$$

Hiermit kann folgendes Ablaufdiagramm für das präkonditionierte CG-Verfahren erstellt werden:

Beliebige Wahl von $\underline{x}_0$ und $\underline{P} = \underline{P}_L^T \underline{P}_L$	
$\underline{r}_0 := \underline{b} - \underline{A}\,\underline{x}_0$	
$\underline{\hat{y}}_0 := \underline{P}\,\underline{r}_0\,;\quad \rho_0' := \underline{r}_0^T \underline{\hat{y}}_0$	s. (8.49),(8.50)
für $k = 0, 1, \ldots, n-1$	
$\rho_k' \neq 0$ j n	
$\underline{\hat{z}}_k := \underline{A}\,\underline{\hat{y}}_k\,;\quad \lambda_k' := \dfrac{\rho_k'}{\underline{\hat{y}}_k^T \underline{\hat{z}}_k}$	s. (8.41),(8.44)
$\underline{x}_{k+1} := \underline{x}_k + \lambda_k' \cdot \underline{\hat{y}}_k$	s. (8.47)
$\underline{r}_{k+1} := \underline{r}_k - \lambda_k' \cdot \underline{\hat{z}}_k$	s. (8.48)
$\underline{z}_{k+1} := \underline{P}\,\underline{r}_{k+1}\,;\quad \rho_{k+1}' := \underline{r}_{k+1}^T \underline{z}_{k+1}$	s. (8.46),(8.50)
$\underline{\hat{y}}_{k+1} := \underline{z}_{k+1} + \dfrac{\rho_{k+1}'}{\rho_k'} \cdot \underline{\hat{y}}_k$ Ende	s. (8.49)

Ablauf des PCG-Verfahrens

8.7 Präkonditionierung beim BiCGSTAB-Verfahren

Die Vorgehensweise bei der Herleitung eines präkonditionierten BiCGSTAB-Verfahrens ist dieselbe wie beim PCG-Verfahren. Auch hier gehen die durch gestrichene Darstellung gekennzeichneten Größen des präkonditionierten Systems aus den Gleichungen (5.63) bis (5.68) und (5.75) bis (5.78) hervor. Es gelten:

$$\underline{z}_k' = \underline{A}'\underline{y}_k' = \underline{P}_L \underline{A}\,\underline{P}_R (\underline{P}_R)^{-1}\underline{y}_k \quad \text{mit} \quad \underline{z}_k' = \underline{P}_L \underline{z}_k \quad \text{und} \quad \underline{y}_k = \underline{P}_R \underline{y}_k'\,, \tag{8.51}$$

$$\underline{q}_k' = \underline{r}_k' - \lambda_k' \cdot \underline{z}_k' = \underline{P}_L \underline{r}_k - \lambda_k' \cdot \underline{P}_L \underline{z}_k \quad \text{mit} \quad \underline{r}_k' = \underline{P}_L \underline{r}_k \quad \text{und} \quad \lambda_k' = \frac{\rho_k'}{\underline{r}_0'^T \underline{z}_k'} \tag{8.52}$$

$$\Rightarrow \quad \underline{q}_k = \underline{r}_k - \lambda_k' \cdot \underline{z}_k \quad \text{mit} \quad \underline{q}_k' = \underline{P}_L \underline{q}_k \quad \text{und} \quad \lambda_k' = \frac{\rho_k'}{\underline{r}_0^T \underline{P}_L^T \underline{P}_L \underline{z}_k}\,, \tag{8.53}$$

$$\underline{p}_k' = \underline{A}'\underline{q}_k' = \underline{P}_L \underline{A}\,\underline{P}_R \underline{q}_k' = \underline{P}_L \underline{p}_k \quad \text{mit} \quad \underline{p}_k = \underline{A}\,\underline{P}_R \underline{q}_k'\,, \tag{8.54}$$

$$\underline{r}_{k+1}' = \underline{q}_k' - \mu_k' \cdot \underline{p}_k' \quad \Rightarrow \quad \underline{r}_{k+1} = \underline{q}_k - \mu_k' \cdot \underline{p}_k \quad \text{mit} \quad \mu_k' := \frac{\underline{q}_k'^T \underline{p}_k'}{\underline{p}_k'^T \underline{p}_k'} \tag{8.55}$$

$$\underline{r}_k' = \underline{P}_L \underline{b} - \underline{P}_L \underline{A}\,\underline{P}_R \underline{x}_k' = \underline{P}_L \underline{r}_k = \underline{P}_L \underline{b} - \underline{P}_L \underline{A}\,\underline{P}_R (\underline{P}_R)^{-1}\underline{x}_k \quad \Rightarrow \quad \underline{x}_k = \underline{P}_R \underline{x}_k'$$

$$\Rightarrow \quad \underline{x}_{k+1} = \underline{P}_R \underline{x}_{k+1}' \overset{(5.78)}{=} \underline{x}_k + \underline{P}_R (\lambda_k' \cdot \underline{y}_k' + \mu_k' \underline{q}_k')\,. \tag{8.56}$$

Mit diesen Gleichungen und denen aus Abschnitt 5.5, welche auf das präkonditionierte System übertragen werden, erhält man folgendes Ablaufdiagramm:

Beliebige Wahl von $\underline{P}_L, \underline{P}_R$ und $\underline{x}_0$ für $\underline{y}_0 = \underline{r}_0 := \underline{b} - \underline{A}\,\underline{x}_0$	
$\underline{y}_0' = \underline{r}_0' := \underline{P}_L\underline{r}_0 \,;\quad \rho_0' := \underline{r}_0'^T \underline{r}_0' \,;\quad k := 0$	
Solange $\lvert \underline{r}_k \rvert > \varepsilon$	
$\quad \underline{z}_k := \underline{A}\,\underline{P}_R\underline{y}_k' \,;\quad \underline{z}_k' := \underline{P}_L\underline{z}_k \,;\quad \lambda_k' := \dfrac{\rho_k'}{\underline{r}_0'^T \underline{z}_k'}$	s. (8.51),(8.52)
$\quad \underline{q}_k := \underline{r}_k - \lambda_k' \cdot \underline{z}_k \,;\quad \underline{q}_k' := \underline{P}_L\underline{q}_k$	s. (8.53)
$\quad \underline{p}_k := \underline{A}\,\underline{P}_R\underline{q}_k' \,;\quad \underline{p}_k' := \underline{P}_L\underline{p}_k \,;\quad \mu_k' := \dfrac{\underline{q}_k'^T \underline{p}_k'}{\underline{p}_k'^T \underline{p}_k'}$	s. (8.54),(8.55)
$\quad \underline{x}_{k+1} = \underline{x}_k + \underline{P}_R(\lambda_k' \cdot \underline{y}_k' + \mu_k'\underline{q}_k')$	s. (8.56)
$\quad \underline{r}_{k+1} := \underline{q}_k - \mu_k' \cdot \underline{p}_k \,;\quad \underline{r}_{k+1}' := \underline{q}_k' - \mu_k' \cdot \underline{p}_k'$	s. (8.55)
$\quad \rho_{k+1}' := \underline{r}_0'^T \underline{r}_{k+1}' \,;\quad \eta_k' := \dfrac{\lambda_k'}{\mu_k'} \cdot \dfrac{\rho_{k+1}'}{\rho_k'}$	s. (5.75)
$\quad \underline{y}_{k+1}' := \underline{r}_{k+1}' + \eta_k' \cdot (\underline{y}_k' - \mu_k'\underline{z}_k')$	s. (5.68)
$\quad k := k + 1$	

Ablauf des präkonditionierten BiCGSTAB-Verfahrens

9 Vergleich der Verfahren

9.1 Laufzeit

Ein sehr wichtiges Eignungskriterium für ein Verfahren ist die Rechendauer bzw. Laufzeit zur Lösungsermittlung. Da Multiplikationen und Divisionen erheblich mehr Zeit als die anderen Grundrechenarten verbrauchen, steht vor allem deren Anzahl N im Fokus von Vergleichsbetrachtungen. Mit Hilfe der Ablaufdiagramme lassen sich diese Zahlen für die einzelnen Verfahren leicht zusammenstellen. Zunächst werden einige fundamentale Summenformeln zusammengestellt. Nach [20] und [21] gilt:

$$\sum_{k=1}^{n-1} k = \frac{n(n-1)}{2} = \sqrt{\sum_{k=1}^{n-1} k^3} \,, \tag{9.1}$$

$$\sum_{k=1}^{n-2} k^3 = \sum_{k=1}^{n-1} (k-1)^3 = \sum_{k=1}^{n-1} k^3 - 3\sum_{k=1}^{n-1} k^2 + 3\sum_{k=1}^{n-1} k - (n-1)$$

$$= \sum_{k=1}^{n-1} k^3 - 3\sum_{k=1}^{n-1} k^2 + 3\frac{n(n-1)}{2} - (n-1)$$

$$\Rightarrow \quad 3\sum_{k=1}^{n-1} k^2 = \sum_{k=1}^{n-1} k^3 - \sum_{k=1}^{n-2} k^3 + (n-1)\left(\frac{3}{2}n-1\right) = (n-1)^3 + (n-1)\left(\frac{3}{2}n-1\right)$$

$$\Rightarrow \quad \sum_{k=1}^{n-1} k^2 = \frac{n-1}{3}\left((n-1)^2 + \frac{3}{2}n-1\right) = \frac{n(n-1)(2n-1)}{6} = \frac{(2n-1)}{3}\sum_{k=1}^{n-1} k \,. \tag{9.2}$$

So ergibt sich hiermit für die direkten Methoden gemäß Kapitel 4:

Gauß-Algorithmus:

$$N_{\text{LU}} = \sum_{k=1}^{n-1} ((n-k)(n-k+1)) + \sum_{k=2}^{n} (k-1) + \sum_{k=1}^{n} (n-k+1)$$

$$= \sum_{k=1}^{n-1} (n-k)^2 + \sum_{k=1}^{n-1} (n-k) + \sum_{k=1}^{n} (k-1) + \sum_{k=1}^{n} (n-k) + n$$

$$= \sum_{k=1}^{n-1} k^2 + \sum_{k=1}^{n-1} k + \sum_{k=1}^{n-1} k + \sum_{k=1}^{n-1} k + n$$

$$= \frac{n(n-1)(2n-1)}{6} + 3\frac{n(n-1)}{2} + n = \frac{n(n-1)}{6}(2n-1+9) + n$$

$$= \frac{n(n-1)(n-4)}{3} + n$$

$$\Rightarrow \quad N_{\text{LU}} = \frac{n(n-1)(n-4)}{3} + n = \frac{1}{3}n((n-1)(n-4)+3) = \frac{1}{3}n(n^2 - 5n + 7) \,. \tag{9.3}$$

https://doi.org/10.1515/9783110644173-009

Cholesky-Verfahren:

$$N_{CL} = \sum_{k=1}^{n}(k-1+1+(n-k)k) + \sum_{k=1}^{n}k + \sum_{k=1}^{n}(n-k+1)$$

$$= \sum_{k=1}^{n}(n-k+1)k + \sum_{k=1}^{n}k - \sum_{k=1}^{n}k + \sum_{k=1}^{n}(n+1) = (n+1)\left(\sum_{k=1}^{n}k+n\right) - \sum_{k=1}^{n}k^2$$

$$= (n+1)\left(\frac{n(n+1)}{2}+n\right) - \frac{n(n+1)(2n+1)}{6} = \frac{n(n+1)^2}{3} - n(n+1)\left(\frac{n}{6}-1\right)$$

$$= 2\frac{n(n+1)^2}{6} - n(n+1)\left(\frac{n+1}{6}-\frac{7}{6}\right) = \frac{n(n+1)^2}{6} + \frac{7}{6}n(n+1)$$

$$\Rightarrow \quad N_{CL} = \frac{1}{6}n(n^2+9n+8) \,. \tag{9.4}$$

Gram-Schmidt-Algorithmus:

$$N_{GM} = \sum_{k=1}^{n}(2n(k-1)+3n+n-k+1) = (2n-1)\sum_{k=1}^{n}k + 2n^2 + n$$

$$\Rightarrow \quad N_{GM} = \frac{n(n+1)(2n-1)}{2} + n(2n+1) = n\left(n^2+\frac{5}{2}n+\frac{1}{2}\right) \,. \tag{9.5}$$

Givens-Verfahren bei voll besetzter Matrix:

$$N_{GV} \le \sum_{p=1}^{n-1}(5(n-p)+1+2(n-p)(n+1-(p-1))+2(n-p)) + \sum_{k=1}^{n}((n-k)+1)$$

$$= \sum_{p=1}^{n-1}(11(n-p)+1+2(n-p)^2) + \sum_{k=1}^{n-1}k + n$$

$$= 11\sum_{p=1}^{n-1}p + 2\sum_{p=1}^{n-1}p^2 + \sum_{k=1}^{n-1}k + 2n - 1$$

$$= \frac{n(n-1)}{2}\left(12+2\frac{(2n-1)}{3}\right) + 2n - 1 = \frac{1}{3}n(n-1)(18+2n-1) + 2n - 1$$

$$\Rightarrow \quad N_{GV} \le \frac{2}{3}n(n-1)\left(n+\frac{17}{2}\right) + 2n - 1 = \frac{2}{3}n\left(n^2+\frac{19}{2}n-\frac{17}{2}\right) - 1 \,. \tag{9.6}$$

Enthält die Systemmatrix sehr viele Null-Elemente, liegt also der Sonderfall einer dünn bzw. schwach besetzten Matrix vor, kann diese Eigenschaft beim Givens-Verfahren und auch bei den iterativen Verfahren zur Laufzeitverkürzung genutzt werden, indem sämtliche Multiplikationen, an denen Null-Elemente beteiligt sind, vermieden werden. Bei den iterativen Verfahren sind hierzu lediglich die von Null verschiedenen Matrixelemente im Arbeitsspeicher vorzuhalten, was als zusätzlichen Vorteil die

Reduktion des erforderlichen Speicherbedarfs mitbringt. Mit der Definition des

Besetzungsgrades einer Matrix $\quad \rho = \dfrac{\text{Anzahl der von Null verschiedenen Matrixelemente}}{\text{Anzahl aller Matrixelemente } (= n^2)}$

kann direkt auf die Zahl der Nicht-Null-Elemente geschlossen werden, welche als Randbedingung beim Auszählen der Multiplikationsanzahl zu folgenden Ergebnissen führt:

Givens-Verfahren bei dünn besetzter Matrix:

$$
\begin{aligned}
N_{\mathrm{GV}} &= \rho \sum_{p=1}^{n-1} \left(5(n-p) + 1 + 2(n-p)(n+1-(p-1)) + 2(n-p)\right) + \sum_{k=1}^{n} \left((n-k)+1\right) \\
&= \rho \sum_{p=1}^{n-1} \left(11(n-p) + 1 + 2(n-p)^2\right) + \sum_{k=1}^{n-1} k + n \\
&= 11\rho \sum_{p=1}^{n-1} p + 2\rho \sum_{p=1}^{n-1} p^2 + \sum_{k=1}^{n-1} k + n + \rho(n-1) \\
&= \frac{n(n-1)}{2} \left(11\rho + 2\rho \frac{(2n-1)}{3} + 1\right) + n(1+\rho) - \rho \\
&= \frac{1}{6} n(n-1)(4\rho n + 31\rho + 3) + n(1+\rho) - \rho \\
&= \frac{1}{6} n(4\rho n^2 + 31\rho n + 3n - 4\rho n - 31\rho - 3 + 6 + 6\rho) - \rho
\end{aligned}
$$

$$
\Rightarrow \quad N_{\mathrm{GV}} = \frac{1}{6} n(4\rho n^2 + (27\rho + 3)n - 25\rho + 3) - \rho \,. \tag{9.7}
$$

Ein spezieller Fall liegt vor, wenn die Matrix eine Fast-Dreiecksstruktur aufweist, und die LU-Zerlegung nur in der Aufgabe besteht, die untere Nebendiagonale zu eliminieren. Bei Anwendung des Givens-Verfahrens folgt hierbei für die Anzahl der Multiplikationen (mit Divisonen):

$$
\begin{aligned}
N_{\mathrm{GV}} &= \sum_{p=1}^{n-1} \left(6 + 2(n+1-(p-1)) + 2\right) + \sum_{k=1}^{n} \left((n-k)+1\right) \\
&= \sum_{p=1}^{n-1} \left(12 + 2(n-p)\right) + \sum_{k=1}^{n-1} k + n = 12(n-1) + 2\sum_{p=1}^{n-1} p + \sum_{k=1}^{n-1} k + n \\
&= 3\sum_{p=1}^{n-1} p + 13n - 12 = \frac{3}{2}n(n-1) + 13n - 12
\end{aligned}
$$

$$
\Rightarrow \quad N_{\mathrm{GV}} = \frac{3}{2}n^2 + \frac{23}{2}n - 12 \,. \tag{9.8}
$$

Der Einsatz des Householder-Verfahrens ist wiederum nur bei voll besetzten Matrizen interessant, da seine Besonderheit in der Elimination aller Spaltenelemente unterhalb der Nebendiagonalen in einem einzigen Iterationsschritt besteht. Kombiniert man dieses Verfahren mit dem Givens-Verfahren, mit dem die untere Nebendiagonale eliminiert wird, erhält man für die gesamte Anzahl der Multiplikakationen beim Householder-Verfahren einschließlich der Givens-Methode:

$$
\begin{aligned}
N_{\mathrm{HH}} &= \sum_{k=1}^{n-2} ((n-k) + 1 + 3 + 4 + (n-k+1) + (n-k+1)(n-k) + 2 + 2(n-k)^2) + N_{\mathrm{GV}} \\
&= 11(n-2) + 3\sum_{k=1}^{n-2}((n-k)+(n-k)^2) + N_{\mathrm{GV}} = 11(n-2) + 3\sum_{k=2}^{n-1}(k+k^2) + N_{\mathrm{GV}} \\
&= 11n - 22 + 3\sum_{k=1}^{n-1}(k+k^2) - 6 + N_{\mathrm{GV}} = 3\sum_{k=1}^{n-1}k + 3\sum_{k=1}^{n-1}k^2 + 11n - 28 + N_{\mathrm{GV}} \\
&= 3\frac{n(n-1)}{2}\left(1 + \frac{(2n-1)}{3}\right) + \frac{3}{2}n^2 + \frac{45}{2}n - 40 \\
&= n(n-1)(n+1) + \frac{3}{2}n^2 + \frac{45}{2}n - 40 = n\left(n^2 + \frac{3}{2}n + \frac{43}{2}\right) - 40
\end{aligned}
$$

$$
\Rightarrow \quad N_{\mathrm{HH}} = n\left(n^2 + \frac{3}{2}n + \frac{43}{2}\right) - 40 \,. \tag{9.9}
$$

Vernachlässigt man bei großen n die Glieder niedrigeren Grades, kann bei voll besetzten Matrizen folgender Zusammenhang zwischen den Multiplikationszahlen der direkten Verfahren hergestellt werden:

$$
N_{\mathrm{CL}} \approx \frac{1}{6}n^3 < N_{\mathrm{LU}} \approx \frac{1}{3}n^3 < N_{\mathrm{GV}} \approx \frac{2}{3}n^3 < N_{\mathrm{HH}} \approx n^3 < N_{\mathrm{GM}} \approx n^3 \,. \tag{9.10}
$$

Die kürzeste Laufzeit erzielt man mit dem Cholevsky-Verfahren, welches jedoch im Gegensatz zu den anderen Verfahren eine symmetrische Systemmatrix voraussetzt. Ist die Systemmatrix dünn besetzt, erzielt man mit der Givens-Methode häufig die kürzeste Laufzeit. Ein spezielles Beispiel hierfür ist eine Matrix mit einer Fast-Dreiecksstruktur, bei der die Zahl der Multiplikationen nach (9.8) nur noch eine Funktion zweiten Grades ist. Bei den anderen direkten Verfahren hat ein geringerer Besetzungsgrad keinen begünstigenden Einfluss auf die Zahl der Multiplikationen und somit auf die Laufzeit.

Da bei den iterativen Lösungsverfahren sehr viele Vektor-Vektor- und Matrix-Vektor-Multiplikationen durchgeführt werden, wird zunächst eine Tabelle erstellt, aus der die Anzahl der Multiplikationen für die jeweilige Grundoperation sehr einfach abgelesen werden kann:

	Skalar	**Vektor** $[n]$	**Matrix** $[n, n]$
Skalar	1	n	n^2
Vektor $[n]$	n	n	
Matrix $[n, n]$	n^2	n^2	n^3
Matrix $[m, n]$	$m \cdot n$	$m \cdot n$	$m \cdot n^2$

Hiermit ergibt sich in Abhängigkeit vom Besetzungsgrad ρ der Systemmatrix für iterative Verfahren jeweils der im Folgenden dargestellte Zusammenhang zwischen der Anzahl von Multiplikationen (einschließlich Divisionen) und der Systemgröße n sowie der Zahl der Iterationsschritte m.

Zu Beginn wird das GMRES-Verfahren untersucht, für das sich nach Auszählen der Rechenoperationen auf die beschriebene Weise und auf Basis des Ablaufdiagramms in Abschnitt 5.1. folgende Anzahl von Multiplikationen ergibt:

$$N_{GR} = \rho n^2 + 2n + \sum_{k=1}^{m}(\rho n^2 + 2kn + n + 9(k-1) + 7) + (m-1)n + \sum_{k=1}^{m}((m-k)+1) + mn$$

$$= (m+1)(\rho n^2 + n) + \sum_{k=1}^{m}(2kn + 9k - 2) + \sum_{k=1}^{m-1}k + m + 2mn$$

$$= (m+1)(\rho n^2 + n) + 2n\left(\sum_{k=1}^{m-1}k + m\right) + 9\left(\sum_{k=1}^{m-1}k + m\right) + \sum_{k=1}^{m-1}k + m(2n-1)$$

$$= (m+1)(\rho n^2 + n) + (2n+10)\sum_{k=1}^{m-1}k + m(4n+8)$$

$$= (m+1)(\rho n^2 + n) + (2n+10)\frac{m(m-1)}{2} + m(4n+8)$$

$$= (m+1)(\rho n^2 + n) + (n+5)m(m-1) + 4m(n+2)$$

$$\Rightarrow \quad N_{GR} = mn(\rho n + m) + n(\rho n + 1) + m(5m + 4n + 3). \tag{9.11}$$

Wie bereits zu Beginn von Kapitel 3 geschildert wurde, erreicht man mit dem GMRES-Verfahren spätestens im n-ten Iterationsschritt die gesuchte Lösung. Für $m = n$ folgt aus (9.11), dass hierbei $N_{GR} = 2\rho n^3 + (9 + \rho)n^2 + 4n$ Multiplikationen anfallen, was im Vergleich zu direkten Verfahren, besonders bei voll besetzten Matrizen, eine Verschlechterung bedeutet. Geht man aber bei einer voll besetzten Matrix von einer kleineren Iterationszahl aus, z. B. $m < n/10$, so folgt

$$N_{GR} < \frac{n}{100}(11n^2 + 145n + 130).$$

Dieser Wert lässt sich mit einem direkten Verfahren nicht erreichen.

Für das BiCG-Verfahren kann anhand des Ablaufdiagramms folgende Multiplikationsanzahl bestimmt werden:

$$N_{BC} = \rho n^2 + m(\rho n^2 + 2n + 1 + n + n + \rho n^2 + n + 2n + 1 + 2n)$$
$$\Rightarrow \quad N_{BC} = \rho n^2 + m(2\rho n^2 + 9n + 2) . \tag{9.12}$$

Für die übrigen Verfahren kann analog hergeleitet werden:

CG-Verfahren:	$N_{CG} = \rho n^2 + n + m(\rho n^2 + 5n + 2) ,$	(9.13)
CGS-Verfahren:	$N_{CGS} = \rho n^2 + m(2\rho n^2 + 9n + 2) ,$	(9.14)
BiCGSTAB-Verfahren:	$N_{BS} = \rho n^2 + n + m(2\rho n^2 + 10n + 5) ,$	(9.15)
TFQMR-Verfahren:	$N_{TF} = 2\rho n^2 + n + m(\rho n^2 + 8n + 10) ,$	(9.16)
QMRCGSTAB-Verfahren:	$N_{QC} = 2\rho n^2 + n + m(2\rho n^2 + 16n + 23) .$	(9.17)

Die Splitting-Methoden zählen ebenfalls zu den iterativen Verfahren. Aus den Beziehungen (6.11) bis (6.15) lässt sich wiederum die jeweilige Anzahl an Multiplikationen ablesen:

Jacobi-Verfahren:	$N_{JA} = \rho m n^2 ,$	(9.18)
Jacobi-Relaxations-Verfahren:	$N_{JR} = \rho m n(n + 2) ,$	(9.19)
Gauß-Seidel-Verfahren:	$N_{GS} = \rho m n^2 ,$	(9.20)
Gauß-Seidel-Relaxations-Verfahren:	$N_{GSR} = \rho m n(n + 2) ,$	(9.21)
Richardson-Verfahren:	$N_{RS} = \rho m n(n + 1) .$	(9.22)

Setzt man die Zahl der Iterationsschleifen ins Verhältnis zur Dimension des Lösungsvektors, so kann mit $\mu = m/n$ bei Vernachlässigung der Glieder mit niedrigerem Grad für die Anzahl der Multiplikationen geschrieben werden:

$N \approx \mu \rho n^3$ \quad für alle Splitting-Verfahren sowie CG- und TFQMR-Verfahren,

$N \approx \mu(\rho + \mu)n^3$ \quad für das GMRES-Verfahren,

$N \approx 2\mu \rho n^3$ \quad für die anderen Krylov-Unterraum-Verfahren.

Wie hieran zu erkennen ist, sind iterative Verfahren schneller als direkte Verfahren, wenn für die Zahl der Iterationsschleifen $m < n/2$ gilt. Ein Vergleich von iterativen Verfahren bei gleichgroßen Systemen zeigt, dass nicht die Dimension des Gleichungssystems, sondern die Konvergenz der Verfahren massgeblich für die Laufzeitunterschiede ist. Daher eignet sich am meisten immer das Verfahren mit der größten Konvergenz, also mit dem kleinsten Wert für μ.

Anhand von Zahlenbeispielen kann veranschaulicht werden, wie sich Dimension des Gleichungssystems und Konvergenzeigenschaften der iterativen Verfahren auf die Laufzeit auswirken. Als Rechenzeit für eine Multiplikation oder Division wird $1\,\mu s = 10^{-6}\,s$ angesetzt. Bei den Krylov-Unterraum-Verfahren ist gezeigt worden, dass eine hohe Ergebnisgenauigkeit bereits mit 250 bis 850 Iterationen erzielt werden kann [6]. Daher werden hierfür in der Vergleichstabelle Werte angesetzt, die nur in diesem Bereich variieren. Bei voll besetzten Systemmatrizen ergeben sich folgende Laufzeiten:

Dimension $n =$		1000	10.000	100.000
Verfahren	m	Laufzeit	Laufzeit	Laufzeit
LU (Gauß)		5,5 min	3,9 Tage	10,6 Jahre
Givens		11,2 min	7,7 Tage	21,1 Jahre
GMRES	850	26,3 min	25,7 h	99,3 Tage
GMRES	300	6,5 min	8,6 h	34,9 Tage
BiCG	850	28,5 min	47,3 h	196,9 Tage
BiCG	300	10,1 min	16,7 h	69,6 Tage
CG	850	14,3 min	23,7 h	98,5 Tage
CG	300	5,0 min	8,4 h	34,8 Tage
CGS	850	28,5 min	47,3 h	196,9 Tage
CGS	300	10,1 min	16,7 h	69,6 Tage
BiCGSTAB	850	28,5 min	47,3 h	196,9 Tage
BiCGSTAB	300	10,1 min	16,7 h	69,6 Tage
TFQMR	850	14,3 min	23,7 h	98,6 Tage
TFQMR	300	5,1 min	8,4 h	35,0 Tage
QMRCGSTAB	850	28,6 min	47,3 h	196,9 Tage
QMRCGSTAB	300	10,1 min	16,7 h	69,6 Tage
Splitting-Meth.	850	14,2 min	23,6 h	98,4 Tage
Splitting-Meth.	300	5,0 min	8,3 h	34,7 Tage

Die Tabelle zeigt deutlich, dass bei sehr großen Gleichungssystemen direkte Verfahren nicht zum Ziel führen. Aber auch die iterativen Verfahren bieten nur eingeschränkt akzeptable Laufzeiten bei sehr großen Systemmatrizen. Eine weitere Verbesserung bzw. Verkürzung der Laufzeit lässt sich wohl hauptsächlich über eine geeignete Präkonditionierung des Gleichungssystems erreichen. Hierzu können an dieser Stelle jedoch keine allgemeingültigen Regeln aufgestellt werden.

Der Einfluss des Besetzungsgrades der Systemmatrix auf die Laufzeit wird in der nächsten Tabelle gezeigt. Vorausgesetzt wird bei allen iterativen Verfahren eine Iterationsschleifenzahl von 300, die allerdings nicht bei allen Verfahren zu einer zufriedenstellenden Genauigkeit führen muss.

Dimension n =		1000	10.000	100.000
Verfahren	ρ	Laufzeit	Laufzeit	Laufzeit
Givens	100 %	11,2 min	7,7 Tage	21,1 Jahre
Givens	50 %	5,6 min	3,9 Tage	10,6 Jahre
Givens	1 %	7,2 s	1,9 h	77,2 Tage
GMRES	100 %	6,5 min	8,6 h	34,9 Tage
GMRES	50 %	4,0 min	4,4 h	17,5 Tage
GMRES	1 %	1,6 min	20,2 min	10,9 h
BiCG	100 %	10,1 min	16,7 h	69,6 Tage
BiCG	50 %	5,1 min	8,4 h	34,8 Tage
BiCG	1 %	8,7 s	10,5 min	16,8 h
CG	100 %	5,0 min	8,4 h	34,8 Tage
CG	50 %	2,5 min	4,2 h	17,4 Tage
CG	1 %	4,5 s	5,3 min	8,4 h
CGS	100 %	10,1 min	16,7 h	69,6 Tage
CGS	50 %	5,1 min	8,4 h	34,8 Tage
CGS	1 %	8,7 s	10,5 min	16,8 h
BiCGSTAB	100 %	10,1 min	16,7 h	69,6 Tage
BiCGSTAB	50 %	5,1 min	8,4 h	34,8 Tage
BiCGSTAB	1 %	9,0 s	10,5 min	16,8 h
TFQMR	100 %	5,1 min	8,4 h	35,0 Tage
TFQMR	50 %	2,6 min	4,2 h	17,5 Tage
TFQMR	1 %	5,4 s	5,4 min	8,5 h
QMRCGSTAB	100 %	10,1 min	16,7 h	69,7 Tage
QMRCGSTAB	50 %	5,1 min	8,4 h	34,8 Tage
QMRCGSTAB	1 %	10,8 s	10,8 min	16,9 h
Splitting-Meth.	100 %	5,0 min	8,3 h	34,7 Tage
Splitting-Meth.	50 %	2,5 min	4,2 h	17,4 Tage
Splitting-Meth.	1 %	3,0 s	5,0 min	8,3 h

9.2 Speicherbedarf

Bei großen Gleichungssystemen stoßen direkte, aber auch iterative Verfahren wegen der Laufzeit, insbesondere bei nicht präkonditionierten Systemen, häufig an ihre Grenzen. Das gilt genauso im Hinblick auf den erforderlichen Speicherbedarf, wenn dieser ab einer bestimmten Größe des Gleichungssystems das beim eingesetzten Digitalrechner verfügbare Arbeitsspeichervolumen überschreitet. Für das Abspeichern einer Systemmatrix mit der Dimension $10^4 \times 10^4$ werden 10^8 Speicherplätze für das Ablegen von Gleitkommawerten benötigt. Unterstellt man für die Darstellung einer Gleitkommazahl bei einfacher Genauigkeit eine Wortlänge von 4 Bytes, ergibt sich bei obiger Annahme ein Speicherbedarf von 400 MB. Zwecks höherer Genauigkeit ist häufig die Deklaration von Variablen mit doppelter Genauigkeit (double precision) sinnvoll oder erforderlich. Damit verdoppelt sich auch die Wortlänge auf 8 Bytes je

Matrixelement. Geht man von einem handelsüblichen Digitalrechner mit einem Arbeitsspeicher der Größe 8 GB aus, können maximal zehn Matrizen mit der obigen Dimension zeitgleich geladen werden. Um auch größere Systemmatrizen verarbeiten zu können, muss also mit den Speicherressourcen sehr sparsam umgegangen werden. Matrizen und Vektoren, deren Bearbeitung nicht gleichzeitig, sondern sequentiell erfolgt, können zweckmäßigerweise denselben Speicherbereichen zugewiesen werden, d. h., dass sie sich denselben Speicherbereich in zeitlicher Abfolge teilen müssen. Am Beispiel der LU-Zerlegung nach Gauß in Abschnitt 4.1 wurde bereits demonstriert, wie die Systemmatrix und die zerlegten Dreiecksmatrizen denselben Speicherbereich nutzen. Lediglich für den Ergebnisvektor $\underline{x}$ muss ein zusätzlicher Speicherbereich reserviert werden. Der gesamte Speicherbedarf beträgt beim Gauß-Algorithmus für ein System mit n Unbekannten exakt

$$M_{\text{LU}} = w \cdot (n^2 + 2n) = w \cdot n(n + 2) \tag{9.23}$$

Speicherplätze. Hierbei wird mit w die Wortlänge einer Gleitkommazahl bezeichnet, welche je nach gewünschter Genauigkeit 4, 8 oder mehr Bytes betragen kann. Für die Auflösung eines Gleichungssystems nach 1000 Unbekannten ist bei einfacher Genauigkeit ein Arbeitsspeichervolumen von mindestens 4,008 MB zu reservieren. Die Auflösung nach 45.000 Unbekannten wäre mit einem Arbeitsspeicher der Größe 8 GB allerdings nicht mehr durchführbar. Da neben dem Speicherplatz für die Vorgabewerte des Gleichungssystems lediglich noch $w \cdot n$ zusätzliche Speicherplätze für den Ergebnisvektor reserviert werden müssen, zählt das auf dem Gauß-Algorithmus basierende Verfahren bei stark besetzten Systemmatrizen zu den Verfahren mit den geringsten Anforderungen an den Speicherplatzbedarf. Noch günstiger liegen die Verhältnisse beim Cholesky-Verfahren, da wegen der Symmetrie der Systemmatrix die Elemente in der oberen Dreieckshälfte nicht berechnet und auch nicht gespeichert werden müssen. Hier gilt für den Speicherplatzbedarf sogar

$$M_{\text{CL}} = w \cdot \left(\frac{n}{2}(n + 1) + 2n\right) = w \cdot \frac{n}{2}(n + 5) \,. \tag{9.24}$$

Beim Gram-Schmidt-Verfahren gemäß Abschnitt 4.3 wird Speicherplatz für die Matrizen $\underline{A}^{[n,n]}$ und $\underline{C}^{[n,n]}$ sowie für die Vektoren $\underline{b}^{[n]}$ und $\underline{y}^{[n]}$ benötigt. Der Ergebnisvektor $\underline{x}^{[n]}$ kann auf den Speicherplätzen des Vorgabevektors $\underline{b}^{[n]}$ abgelegt werden, so dass für ihn kein zusätzlicher Speicherbereich reserviert werden muss. Somit folgt als Speicherbedarf für das Gram-Schmidt-Verfahren:

$$M_{\text{GM}} = 2wn(n + 1) \,. \tag{9.25}$$

Beim Givens-Verfahren ist Speicherplatz für die Matrix $\underline{A}^{[n,n+1]}$ und den Lösungsvektor $\underline{x}^{[n]}$ bereitzustellen. Zusätzlich sind drei skalare Werte im Speicher abzulegen. Der gesamte Speicherplatzbedarf beim Givens-Verfahren beträgt also

$$M_{\text{GV}} = w(n(n + 2) + 3) \,. \tag{9.26}$$

Wie die Ablaufdiagramme für die Krylov-Unterraum-Verfahren zeigen, ist die Anzahl der Vektoren meist größer als bei den direkten Verfahren. Dementsprechend steigt der Speicherbedarf. So sind beim GMRES-Verfahren neben den Matrizen $\underline{A}^{[n,n]}$, $\underline{H}^{[m,m]}$ und $\underline{V}^{[n,m]}$ auch die Vektoren $\underline{x}^{[n]}$, $\underline{x}_0^{[n]}$, $\underline{z}^{[n]}$ und $\underline{\alpha}^{[m]}$ im Arbeitsspeicher abzulegen. Die Vektoren $\underline{b}^{[n]}$ und $\underline{r}_0^{[n]}$ können temporär auf den Plätzen von $\underline{x}^{[n]}$ und $\underline{v}_1^{[n]}$ zwischengespeichert werden. Für die Variablen q, τ, κ und σ sind jeweils m Speicherplätze vorzuhalten. Damit ergibt sich für den Speicherbedarf beim GMRES-Verfahren:

$$M_{\mathrm{GR}} = w(n^2 + nm + m^2 + 3n + 5\,m) = w(n(n + m + 3) + m(m + 5))\,. \qquad (9.27)$$

Hinsichtlich des Speicherplatzbedarfs liegen die Verhältnisse beim BiCG-Verfahren günstiger als beim GMRES-Verfahren. Beim Durchlaufen einer Iterationsschleife werden die Vektoren $\underline{r}_k^{[n]}$, $\underline{r}_{k+1}^{[n]}$, $\underline{r}_k'^{\,[n]}$, $\underline{r}_{k+1}'^{\;[n]}$, $\underline{y}_k^{[n]}$, $\underline{y}_{k+1}^{[n]}$, $\underline{y}_k'^{\,[n]}$ und $\underline{y}_{k+1}'^{\;[n]}$ bearbeitet. Da die Iterationsschleifen sequentiell durchlaufen werden, ist der Speicherbedarf für eine Schleife identisch mit dem für den gesamten Rechenprozess. Zusammen mit den Speicherbereichen für die Systemmatrix $\underline{A}^{[n,n]}$ und den Ergebnisvektor $\underline{x}^{[n]}$ ergibt sich für das BiCG-Verfahren ein Speicherplatzbedarf von

$$M_{\mathrm{BC}} = w(n(n + 9) + 2)\,. \qquad (9.28)$$

Hierin sind zwei Speicherplätze für die Skalare λ und η enthalten. Die Eingangsgrößen $\underline{b}$ und $\underline{x}_0$ können auf den Plätzen für die Vektoren $\underline{r}_k$ und $\underline{x}$ zwischengespeichert werden.

Ähnliche Überlegungen führen beim CG-Verfahren zu dem Speicherplatzbedarf

$$M_{\mathrm{CG}} = w(n(n + 7) + 2)\,, \qquad (9.29)$$

beim CGS-Verfahren zu

$$M_{\mathrm{CGS}} = w(n(n + 10) + 2)\,, \qquad (9.30)$$

beim BiCGGSTAB-Verfahren zu

$$M_{\mathrm{BS}} = w(n(n + 9) + 5) \qquad (9.31)$$

und beim TFQMR-Verfahren sowie beim QMRCGSTAB-Verfahren jeweils zu

$$M_{\mathrm{TF}} = M_{\mathrm{QC}} = w(n(n + 11) + 11)\,. \qquad (9.32)$$

Die Splitting-Verfahren in Kapitel 6 haben die gemeinsame Eigenschaft, dass sie Speicherplatz für die Systemmatrix $\underline{A}^{[n,n]}$, den Vektor $\underline{b}^{[n]}$ und lediglich zwei n-dimensionale Vektorfelder $\underline{x}_m^{[n]}$ und $\underline{x}_{m+1}^{[n]}$ anfordern. Bei den Relaxationsverfahren und dem Richardson-Verfahren ist zusätzlich ein Speicherplatz für den Relaxationsparameter vorzuhalten. Damit gilt für Splitting-Verfahren

$$M_{\mathrm{SV}} = w(n(n + 3) + 1)\,. \qquad (9.33)$$

Die durch obige Formeln beschriebenen Speicherplatzanforderungen gelten für voll besetzte Matrizen. Ist die Systemmatrix jedoch dünn besetzt, kann diese Eigenschaft, genau wie sie zum Vorteil einer kürzeren Laufzeit genutzt werden kann, auch zur Absenkung des Speicherbedarfs beitragen. Die Elemente der Systemmatrix werden zu diesem Zweck nicht in einem Datenfeld (Array), das die Struktur der Matrix widerspiegelt, gespeichert, sondern sie werden in Form einer Liste auf dem elektronischen Datenspeicher abgelegt. Jede Listenzeile enthält neben dem Wert des Matrixelements auch seine Koordinaten in der Matrix, also den Zeilen- und Spaltenindex des Matrixelements. Am Beispiel einer 4×4-Matrix mit 11 Null-Elementen bekommt die Liste folgendes Aussehen:

Matrix:

Liste:

1,67	0,00	0,00	0,00
0,00	0,50	0,00	4,89
0,00	0,00	3,56	0,00
0,00	0,00	0,00	2,22

$\Rightarrow$

1	1	1,67
2	1	0,50
2	4	4,89
3	3	3,56
4	4	2,22

Da keine Null-Elemente in der Liste auftreten, ist bei sehr großen, aber dünn besetzten Matrizen der Listenumfang und damit der Speicherplatzbedarf auf dem elektronischen Rechner vergleichsweise gering. Nur auf diese Weise lassen sich auch sehr große Gleichungssysteme mit z. B. $n = 100.000$ Unbekannten auf Rechnern mit üblichem Arbeitsspeicherplatzangebot darstellen und bearbeiten. Die Bereitstellung der Matrixelemente in Listenform ermöglicht zudem eine Vereinfachung des Rechenablaufs bei der Ausführung einer Matrix-Vektor-Multiplikationen, die in jeder Iterationsschleife eines Krylov-Unterraum- oder Splitting-Verfahrens auftritt, und trägt so auch zur Laufzeitverkürzung des Verfahrens bei.

Da zur Darstellung eines Matrixelement auch seine Koordinaten gehören, besteht ein Listeneintrag aus drei Werten. Zwei dieser Werte, also Spalten- und Zeilenindex, sind ganzzahlig und lassen sich mit Integer-Größen beschreiben. Mit einer aus 4 Byte bestehenden Integer-Größe können Nummern im 10-stelligen Bereich dargestellt werden. Bei der Darstellung eines Matrixelements mit $w = 8$ Bytes beträgt der Speicheraufwand für einen Listeneintrag dann $\omega w = (2 \cdot 1/2 + 1)w$, also mit $\omega = 2$ insgesamt 16 Bytes. Gegenüber der konventionellen Speicherung einer Matrix in einem aus $w \cdot n^2$ Speicherplätzen bestehenden Datenfeld fällt bei der Listendarstellung einer dünn besetzten Matrix lediglich ein Speicherplatzbedarf von $\rho \cdot \omega \cdot w \cdot n^2$ Bytes an. Mit der Matrixdarstellung in Listenform kann dementsprechend der Speicherbedarf reduziert werden, wenn $\rho < 1/\omega$, d. h. in dem Beispiel $\rho < 0,5$ gilt. Während die Listendarstellung bei den direkten Verfahren mit Ausnahme des Givens-Verfahrens keinen Vorteil bringt, da der Besetzungsgrad im Verlauf der Rechenoperationen auf bis zu 100 % ansteigen kann, ergibt sich bei dünn besetzten Systemmatrizen als

Speicherbedarf jeweils wie folgt:

Givens-Verfahren:	$M_{GV} = w\left(n(\rho\omega n + 2) + 3\right)$,	(9.34)
Splitting-Verfahren:	$M_{SV} = w\left(n(\rho\omega n + 3) + 1\right)$,	(9.35)
CG-Verfahren:	$M_{CG} = w\left(n(\rho\omega n + 7) + 2\right)$,	(9.36)
BiCG-Verfahren:	$M_{BC} = w\left(n(\rho\omega n + 9) + 2\right)$,	(9.37)
BiCGSTAB-Verfahren:	$M_{BS} = w\left(n(\rho\omega n + 9) + 5\right)$,	(9.38)
CGS-Verfahren:	$M_{CGS} = w\left(n(\rho\omega n + 10) + 2\right)$,	(9.39)
TFQMR-Verfahren:	$M_{TF} = w\left(n(\rho\omega n + 11) + 11\right)$,	(9.40)
QMRCGSTAB-Verfahren:	$M_{QC} = w\left(n(\rho\omega n + 11) + 11\right)$,	(9.41)
GMRES-Verfahren:	$M_{GR} = w\left(n(\rho\omega n + m + 3) + m(m + 5)\right)$.	(9.42)

Bei einem verfügbaren Arbeitsspeichervolumen von 8 GB lassen sich unter obigen Annahmen für die Variablendeklarationen und bei einem Besetzungsgrad von 1 % Gleichungssysteme mit mehr als 223.000 Unbekannten auf einem handelsüblichen Digitalrechner auflösen.

10 Spezielle Problemlösungen

Sämtliche iterativen Verfahren erweisen sich als vorteilhaft besonders bei sehr großen Gleichungssystemen, vor allem bei denen mit einer dünn besetzten Systemmatrix. Bei technischen Problemstellungen z. B. treten solche Strukturen auf, wenn eine Vielzahl von physikalischen Größen zu berechnen ist, die jeweils eine nur geringe Abhängigkeit von den anderen Größen aufweisen. Ein häufiger Anwendungsfall ist die Berechnung von Zustandsgrößen eines Netzwerkes, das aus einer Vielzahl von Knoten und Verbindungen zwischen diesen Knoten besteht. Das Gleichungssystem setzt sich aus Bilanzgleichungen für alle Knoten und Differenzgleichungen für die Zustandsgrößen zwischen den einzelnen Knoten zusammen. Hierüber können z. B. Durchfluss- und Druckwerte eines weitverzweigten bzw. -vermaschten Versorgungsnetzes für Wasser, Luft oder Gas berechnet werden. Auch elektrische Verteilungsnetze sind auf diesem Wege berechenbar. Da die Gleichungen in diesen Fällen nichtlinear sind, sind über die in diesem Buch behandelten Verfahren hinausgehend noch weitere Kunstgriffe anzuwenden, wie z. B. das Newton-Raphson-Verfahren für nichtlineare Gleichungssysteme. Ein anderes Anwendungsbeispiel ist die Berechnung eines Fachwerks, das sich ebenfalls aus Knoten und den dazwischen eingesetzten Stäben zusammensetzt. Die Herangehensweise an dieses statische Problem ist äquivalent mit sämtlichen Lösungswegen, die unter der Bezeichnung Finite-Elemente-Methode (FEM) zusammengefasst werden können. Letztlich ist ein Verfahren zur Auflösung eines großen Gleichungssystems ein Grundbaustein für die Finite-Elemente-Methode. Besonders bei Berechnungen großer, komplexer Bauteile mittels der FEM sind Gleichungssysteme mit entsprechend hoher Dimension zu lösen, wozu sich vor allem iterative Verfahren bewährt haben.

Ein gänzlich anderes Einsatzfeld für die iterativen Verfahren bietet die Lösung von linearen und partiellen Differentialgleichungen. Um Differentialgleichungen auf einem Digitalrechner abbilden zu können, werden sie in Differenzengleichungen umgewandelt und anschließend in Matrixdarstellung überführt. Die Vorgehensweise hierzu wird in den nachfolgenden Abschnitten erläutert.

10.1 Lineare Differentialgleichungen

Obwohl die Theorie der linearen Differentialgleichungen in der klassischen mathematischen Literatur sehr ausführlich behandelt wird und darin viele Wege für eine geschlossene Lösung aufgezeigt werden, soll an dieser Stelle aus didaktischen Gründen gezeigt werden, wie zu einer Überführung in eine lineare Matrizengleichung vorzugehen ist. Es wird der allgemeine Fall einer inhomogenen linearen Differentialgleichung

https://doi.org/10.1515/9783110644173-010

p-ten Grades betrachtet:

$$c_p \cdot \frac{d^p f(x)}{dx^p} + c_{p-1} \cdot \frac{d^{p-1} f(x)}{dx^{p-1}} + \cdots + c_1 \cdot \frac{df(x)}{dx} + c_0 \cdot f(x) = \sum_{i=0}^{p} c_i \cdot \frac{d^i f(x)}{dx^i} = g(x) \,. \quad (10.1)$$

Mit der Leibniz'schen Schreibweise, wobei $\Delta f(x) = f(x + \Delta x) - f(x)$ gilt, wird hieraus

$$\lim_{\Delta x \to 0} \sum_{i=0}^{p} c_i \cdot \frac{\Delta^i f(x)}{\Delta x^i} = g(x) \,. \quad (10.2)$$

Gibt man die Forderung einer infinitesimalen Größe $\Delta x \to 0$ auf und setzt für die endliche Schrittweite Δx die konstante Größe h ein, ergibt sich aus (10.2) die adäquate Differenzengleichung

$$\sum_{i=0}^{p} \frac{c_i}{h^i} \cdot \Delta^i f(x) = g(x) \,. \quad (10.3)$$

Definiert man für finite Differenzen den Verschiebungsoperator $Ef(x) = f(x + h)$ [21], so kann hiermit und wegen der hieraus folgenden Eigenschaften

$$\Delta f(x) = (E - 1)f(x) \quad \text{und} \quad E^k f(x) = f(x + k \cdot h) \quad (10.4)$$

geschrieben werden:

$$\sum_{i=0}^{p} \frac{c_i}{h^i} \cdot (E - 1)^i f(x) = g(x) \,. \quad (10.5)$$

Einsetzen der Binomischen Formel [22] führt zu:

$$\sum_{i=0}^{p} \frac{c_i}{h^i} \cdot \sum_{k=0}^{i} (-1)^{i-k} \frac{i!}{k!(i-k)!} E^k f(x) = \sum_{i=0}^{p} \sum_{k=0}^{i} (-1)^{i-k} \frac{c_i}{h^i} \frac{i!}{k!(i-k)!} f(x + k \cdot h) = g(x) \,. \quad (10.6)$$

Ist die Störfunktion $g(x)$ im Intervall $0 \le x \le L$ definiert und wird dieses Intervall in $n - 1$ Teilstrecken zerlegt, ergibt sich

$$0 \le x = (j-1) \cdot \Delta x \le L \quad \text{mit} \quad h = \Delta x = \frac{L}{n-1} \quad \text{und} \quad 1 \le j \le n \,. \quad (10.7)$$

Mit (10.7) kann für (10.6) geschrieben werden:

$$\sum_{i=0}^{p} \sum_{\substack{k=0 \\ k \le i \le p}}^{p} (-1)^{i-k} \frac{c_i}{h^i} \cdot \frac{i!}{k!(i-k)!} f((j+k-1) \cdot h) = g((j-1)h) \quad \text{für} \quad 1 \le j \le n \,.$$

Zur Vereinfachung kann die Bezeichnung $f((i-1)h) = f_i$ und $g((i-1)h) = g_i$ eingeführt werden. Hiermit und mit $1 \le m = j + k \le n + p$ folgt für $1 \le j \le n$

$$\sum_{k=0}^{p} \sum_{\substack{i=0 \\ i \ge k}}^{p} (-1)^{i-k} \frac{c_i}{h^i} \cdot \frac{i!}{k!(i-k)!} f_{j+k} = \sum_{m=j}^{p+j} \sum_{i=k=m-j}^{p} (-1)^{i+j-m} \frac{c_i}{h^i} \cdot \frac{i!}{(m-j)!(i+j-m)!} f_m = g_j \,.$$

Ersetzt man m wieder durch k, wobei $1 \leq k \leq n + p$ gilt, und definiert

$$\text{für} \quad j \leq k: \quad a_{jk} = (-1)^{k-j} \sum_{i=k-j}^{p} \frac{i!}{(k-j)!(i+j-k)!} \cdot \frac{c_i}{(-h)^i}; \quad \text{für} \quad j > k: \quad a_{jk} = 0, \quad (10.8)$$

folgt für $1 \leq j \leq n$:

$$\sum_{k=1}^{p+j} a_{jk} f_k = g_j. \tag{10.9}$$

Der Ausdruck (10.8) lässt sich vereinfachen wegen der Eigenschaft

$$a_{(j+m)(k+m)} = (-1)^{k+m-j-m} \sum_{i=k+m-j-m}^{p} \frac{i!}{(k+m-j-m)!(i+j+m-k-m)!} \cdot \frac{c_i}{(-h)^i}$$

$$= a_{jk}. \tag{10.10}$$

Das bedeutet, dass sämtliche Elemente auf der Haupt- und auf jeder Nebendiagonalen der Systemmatrix jeweils unveränderlich und mit dem Element in der ersten Zeile der jeweiligen Diagonalen identisch sind. Setzt man $m = 1 - j$, folgt hieraus für $1 \leq j \leq n$ und $j \leq k \leq n + p$:

$$a_{jk} = a_{1,(k-j+1)} = a_{k-j+1}$$

$$\text{mit} \quad a_k = a_{1k} = (-1)^{k-1} \sum_{i=k-1}^{p} \frac{i!}{(k-1)!(i+1-k)!} \cdot \frac{c_i}{(-h)^i}. \tag{10.11}$$

Für (10.9) kann somit geschrieben werden:

$$\sum_{k=j}^{p+j} a_{k-j+1} f_k = \sum_{i=1}^{p+1} a_i f_{j+i-1} = g_j \quad \text{für} \quad 1 \leq j \leq n. \tag{10.12}$$

Definiert man $a_i = 0$ für $i < 1$ und für $i > p + 1$, können die Begrenzungen des Summenausdrucks in (10.12) erweitert werden:

$$\sum_{k=1}^{n+p} a_{k-j+1} f_k = g_j \quad \text{für} \quad 1 \leq j \leq n$$

$$\text{mit} \quad a_{k-j+1} = 0 \quad \text{für} \quad k < j \text{ und für } k > p + j. \tag{10.13}$$

Das aus n Gleichungen bestehende System (10.13) lässt sich nur dann eindeutig auflösen, wenn die linke Seite der Gleichung nur n Unbekannte, z. B. f_1 bis f_n enthält. Für die übrigen Größen f_{n+1} bis f_{n+p} sind Werte vorzugeben, was bei der Lösung einer Differentialgleichung p-ten Grades der Vorgabe von p Randwerten entspricht. Da bei manchen Aufgabenstellungen auch Randwerte im Bereich mit niedrigeren Indexwerten j vorliegen, wird der allgemeinere Ansatz gewählt, dass die Unbekannten durch die Größen f_{m+1} bis f_{m+n} mit $0 \leq m \leq p$ repräsentiert werden. Wertevorgaben für f_1

bis f_m bei $m > 0$ und bei $m < p$ für f_{m+n+1} bis f_{n+p} nennt man dann Randbedingungen erster Art bzw. Dirichlet'sche Randbedingungen. Stellt man (10.13) so um, dass auf der linken Seite lediglich die Unbekannten verbleiben, erhält man

$$\sum_{k=m+1}^{m+n} a_{k-j+1} f_k = g_j - \sum_{k=1}^{m} a_{k-j+1} f_k - \sum_{k=n+m+1}^{n+p} a_{k-j+1} f_k \quad \text{für} \quad 1 \le j \le n. \tag{10.14}$$

Bei homogenen Randbedingungen werden die Randwerte auf Null gesetzt und die Summenausdrücke auf der rechten Seite verschwinden hierbei. Bei Berücksichtigung von (10.13) folgt dann

$$\sum_{k=\max(m+1,j)}^{\min(m+n,j+p)} a_{k-j+1} f_k = g_j \quad \text{für} \quad 1 \le j \le n. \tag{10.15}$$

Bringt man diese Gleichung in Matrixform, gilt bei homogenen Randbedingungen

$$
\begin{bmatrix}
a_{m+1} & a_{m+2} & \cdots & a_{p+1} & 0 & \cdots & 0 & 0 \\
a_m & a_{m+1} & \cdots & a_p & a_{p+1} & \cdots & 0 & 0 \\
\vdots & \vdots & \vdots & \vdots & \vdots & \vdots & \vdots & \vdots \\
a_1 & a_2 & \cdots & a_{p-m+1} & a_{p-m+2} & \cdots & \vdots & \vdots \\
0 & a_1 & \cdots & a_{p-m} & a_{p-m+1} & \cdots & \vdots & \vdots \\
\vdots & \vdots & \ddots & \vdots & \vdots & \vdots & \vdots & \vdots \\
0 & 0 & \cdots & a_1 & a_2 & \cdots & \vdots & \vdots \\
0 & 0 & \cdots & 0 & a_1 & \cdots & \vdots & \vdots \\
\vdots & \vdots & \vdots & \vdots & \vdots & \vdots & \vdots & \vdots \\
0 & 0 & \cdots & 0 & 0 & \cdots & a_m & a_{m+1}
\end{bmatrix}
\begin{bmatrix}
f_{m+1} \\ f_{m+2} \\ \vdots \\ \vdots \\ \vdots \\ \vdots \\ \vdots \\ \vdots \\ f_{m+n-1} \\ f_{m+n}
\end{bmatrix}
=
\begin{bmatrix}
g_1 \\ g_2 \\ \vdots \\ \vdots \\ \vdots \\ \vdots \\ \vdots \\ \vdots \\ g_{n-1} \\ g_n
\end{bmatrix}.
$$

$$\tag{10.16}$$

Ein einfaches Beispiel ist das eindimensionale homogene Dirichlet'sche Randwertproblem

$$-\frac{d^2 f(x)}{dx^2} = g(x) \quad \text{mit der Randbedingung} \quad f(0) = f(L) = 0. \tag{10.17}$$

Nach Umsetzung dieser linearen Differentialgleichung 2. Grades in eine Differenzengleichung mit $p = 2$, $m = 1$ und $c_0 = c_1 = 0$ sowie $c_2 = -1$ ergibt sich gemäß (10.11):

$$a_1 = -\frac{1}{h^2}; \quad a_2 = \frac{2}{h^2}; \quad a_3 = -\frac{1}{h^2}; \quad a_k = 0 \quad \text{für} \quad k > 3. \tag{10.18}$$

Die Matrizendarstellung dieser Aufgabe analog zu (10.16) führt zu folgender Gleichung:

$$\frac{1}{h^2}\begin{bmatrix} 2 & -1 & 0 & 0 & \cdots & 0 \\ -1 & 2 & -1 & 0 & \cdots & 0 \\ 0 & -1 & 2 & -1 & \cdots & 0 \\ \vdots & \vdots & \vdots & \vdots & \vdots & \vdots \\ 0 & 0 & 0 & -1 & 2 & -1 \\ 0 & 0 & 0 & 0 & -1 & 2 \end{bmatrix}\begin{bmatrix} f_2 \\ f_3 \\ \vdots \\ \vdots \\ f_n \\ f_{n+1} \end{bmatrix} = \begin{bmatrix} g_1 \\ g_2 \\ \vdots \\ \vdots \\ g_{n-1} \\ g_n \end{bmatrix}. \tag{10.19}$$

Die Systemmatrix ist nicht strikt diagonaldominant, allerdings weicht sie nur geringfügig von einer derart beschaffenen Matrix ab. Sind anstelle von p Randwerten genauso viele Werte für die Ableitungen bis $(p-1)$-ter Ordnung vorgegeben, spricht man von einem Anfangswertproblem p-ter Ordnung. Vorgegeben sind also in diesem Fall

$$\frac{d^k f(x_0)}{dx^k} = b_{k+1} \quad \text{für} \quad 0 \le k < p \quad \text{und} \quad 0 \le x_0 \le L. \tag{10.20}$$

Der Einfachheit halber sei $x_0 = 0$. Damit kann (10.20) als Differenzengleichung auf folgende Art dargestellt werden:

$$\Delta^k f(0) = (E-1)^k f(0) = \sum_{j=0}^{k}(-1)^{k-j}\frac{k!}{j!(k-j)!}E^j f(0) = b_{k+1}\cdot h^k$$

$$\Rightarrow \quad \text{mit} \quad E^j f(0) = f(j\cdot h) = f_{j+1} \quad \text{und} \quad a_{(n+k),(j+1)} = (-1)^{k-j}\frac{k!}{j!(k-j)!} \tag{10.21}$$

$$\sum_{j=1}^{k+1} a_{(n+k+1),j}\cdot f_j = b_{k+1}\cdot h^k \quad \text{für} \quad 0 \le k < p. \tag{10.22}$$

Mit (10.13) und (10.22) liegen $n + p$ Gleichungen zur Auflösung nach den Unbekannten f_1 bis f_{n+p} vor. Die Systemmatrix des Gleichungssystems hat somit die Dimension $(n+p) \times (n+p)$. Die Matrizengleichung hat in diesem Fall folgendes Aussehen:

$$\begin{bmatrix} a_1 & a_2 & a_3 & \cdots & a_{p+1} & 0 & 0 & \cdots & 0 \\ 0 & a_1 & a_2 & a_3 & \cdots & a_{p+1} & 0 & \cdots & 0 \\ \vdots & \vdots & \vdots & \vdots & \vdots & & \vdots & \vdots & \vdots \\ 0 & 0 & 0 & 0 & 0 & a_1 & a_2 & \cdots & a_{p+1} \\ a_{n+1,1} & 0 & 0 & 0 & 0 & 0 & 0 & \cdots & 0 \\ a_{n+2,1} & a_{n+2,2} & 0 & 0 & 0 & 0 & 0 & \cdots & 0 \\ \vdots & \vdots & \vdots & & \vdots & \vdots & \vdots & \vdots & \vdots \\ a_{n+p,1} & a_{n+p,2} & \cdots & a_{n+p,p} & 0 & 0 & 0 & \cdots & 0 \end{bmatrix}\begin{bmatrix} f_1 \\ f_2 \\ \vdots \\ f_n \\ f_{n+1} \\ \vdots \\ \\ f_{n+p} \end{bmatrix} = \begin{bmatrix} g_1 \\ \vdots \\ g_{n-1} \\ g_n \\ b_1 \\ b_2 h \\ \vdots \\ b_p h^{p-1} \end{bmatrix}. \tag{10.23}$$

Aufgrund der finiten Größe h kann die Lösung der Differenzengleichung nur eine Näherung der Lösung der zugehörigen Differentialgleichung sein. Die Lösung wird umso genauer, je kleiner h gewählt wird. Damit steigt aufgrund der vorgegebenen Intervall-größe L die Zahl n der Teilstrecken an. Für eine exakte Übereinstimmung der Lösungen von Differenzen- und Differentialgleichung muss $n \to \infty$ anwachsen. Wie in Kapitel 9 ausführlich beschrieben wird, sind der Dimension der Systemmatrix aus Speicherplatz- und Rechenlaufzeitgründen Grenzen gesetzt. Es stellt sich dem Anwender das Problem, hier einen Kompromiss zwischen der Genauigkeit der Lösung und der Rechenlaufzeit bzw. dem Speicherplatzangebot zu finden.

10.2 Partielle Differentialgleichungen

Eine Vielzahl von physikalischen und technischen Phänomenen lässt sich mit partiellen Differentialgleichungen (PDG) mathematisch darstellen. Häufig haben sie die Gestalt

$$\frac{\partial}{\partial t}u(x, y, z, t) = c^2 \nabla^2 u(x, y, z, t) + f(x, y, z, t) \,, \tag{10.24}$$

$$\frac{\partial^2}{\partial t^2}u(x, y, z, t) = c^2 \nabla^2 u(x, y, z, t) + f(x, y, z, t) \tag{10.25}$$

mit dem Nabla-Operator $\nabla = (\partial/\partial x, \partial/\partial y, \partial/\partial z)$, der formal wie ein Vektor zur Erzeugung des Laplace-Operators $\nabla^2 = \partial^2/\partial x^2 + \partial^2/\partial y^2 + \partial^2/\partial z^2$ als sein Skalarprodukt herangezogen wird. Bei zwei- bzw. eindimensionalen Problemstellungen entfallen die freien Variablen z bzw. y und z, und das jeweilige Lösungsverfahren ist nicht so aufwendig wie im dreidimensionalen Fall. Eine weitere Vereinfachung liegt im sogenannten stationären Fall vor, für den $(\partial/\partial t)u = 0$ gilt. Aus (10.24) folgt hierfür die Poisson-Gleichung:

$$\nabla^2 u(x, y, z) = -\frac{1}{c^2}f(x, y, z) \,. \tag{10.26}$$

Diese Beziehung mutiert bei $f = 0$, also wenn die Poisson-Gleichung homogen ist, zur Laplace-Gleichung

$$\nabla^2 u(x, y, z) = 0 \,. \tag{10.27}$$

Ein Anwendungsbeispiel für die partielle Differentialgleichung (10.24) ist in der Thermodynamik die Berechnung der Temperaturverteilung durch die Wärmeleitungsgleichung. Auch die Navier-Stokes-Gleichung zur Beschreibung der Strömungsfelder von reibungsbehafteten, fluiden Medien oder die Konvektions-Diffusions-Gleichung lassen sich auf eine PDG der Form (10.24) zurückführen, wenn verschiedene Annahmen wie z. B. die Inkompressibilität des Mediums etc. getroffen werden und damit eine Vereinfachung der Ausgangsgleichungen erreicht wird. Mittels (10.25) lässt sich in der Mechanik die Schwingung einer Saite oder Membran und in der Akustik die Schallausbreitung mathematisch darstellen. Auch elektromagnetische Felder können hiermit beschrieben werden, allerdings sind hierzu auch vereinfachende Annahmen zu treffen, um der Wellengleichung die Gestalt von (10.25) geben zu können. Daher werden die Felder nur in einem isolierenden Medium betrachtet und es wird vorausgesetzt, dass keine Ladungsträger die Felder beeinflussen. Soll die Lösung der Wellengleichung oder auch der Navier-Stokes-Gleichung nicht von solchen Annahmen und Voraussetzungen in ihrer Allgemeingültigkeit beschränkt werden, sind die oben exemplarisch aufgeführten PDG entsprechend zu erweitern. Hierbei stößt man jedoch sehr rasch an die Grenzen für die Lösbarkeit der Gleichungen.

Die Lösung von partiellen Differentialgleichungen ist einer der Schwerpunkte der klassischen und neueren Mathematik. Entsprechend umfangreich ist hierzu die Literatur, die neben den geschlossenen Lösungen auch zahlreiche Lösungsverfahren anbietet. Wie bereits für lineare Differentialgleichungen in Abschnitt 10.1 beschrieben wurde, kann auch bei partiellen Differentialgleichungen die Lösung durch die Überführung der PDG in eine Matrizengleichung ermittelt werden. Die gesuchten Werte der freien Variablen ergeben sich nach Auflösung der Matrizengleichung, wobei wegen der großen Dimension der Systemmatrix die in den Kapiteln 5 und 6 vorgestellten iterativen Verfahren zur Anwendung kommen. Am folgenden Beispiel einer Poisson-Gleichung gemäß (10.26) für einen zweidimensionalen Raum soll die Vorgehensweise exemplarisch gezeigt werden.

Die Poisson-Gleichung ist eine elliptische Differentialgleichung 2. Ordnung, die erst dann eindeutig und numerisch lösbar ist, wenn zusätzlich Randbedingungen vorgegeben sind. In der Regel werden hierzu die Werte auf dem Rand des Integrationsgebiets der Poisson-Gleichung in Form einer Funktion festgelegt. Damit lautet das vollständige Randwertproblem

$$\nabla^2 u(x, y) = -f(x, y) \text{ für das Gebiet } (x, y) \in G \subset \mathbb{R}^2$$
$$\text{mit } G: \ 0 \le x \le 1 \ ; \ 0 \le y \le 1 \tag{10.28}$$

$$\text{mit } u(x, y) = g(x, y) \text{ für den Rand } \delta G \text{ des Gebiets } G: \ (x, y) \in \delta G \,. \tag{10.29}$$

Zur Diskretisierung der Gleichungen wird das Gebiet G in ein Raster von $(N+1) \times (N+1)$ Quadraten mit der Kantenlänge $h = 1/(N + 1)$ zerlegt. Damit kann für das Koordinatenpaar eines jeden Rasterpunktes des Gebietes G und seines Randes δG geschrieben werden:

$$(x_j, y_k) = (j \cdot h, k \cdot h) \quad \text{für} \quad 0 \le j, \ k \le N + 1 \,. \tag{10.30}$$

Mit der Indizierung $u(x_j, y_k) = u_{jk}, f(x_j, y_k) = f_{jk}$ und $g(x_j, y_k) = g_{jk}$ ergibt sich

$$u_{0k} = g_{0k} \ ; \quad u_{(N+1)k} = g_{(N+1)k} \ ; \quad u_{k0} = g_{k0} \ ; \quad u_{k(N+1)} = g_{k(N+1)}$$
$$\text{für} \quad 0 \le k \le N + 1 \tag{10.31}$$

und

$$\frac{\partial}{\partial x} u(x_j, y_k) = \lim_{h \to 0} \frac{u((j + 1)h, kh) - u(jh, kh)}{h} \,, \tag{10.32}$$

$$\frac{\partial^2}{\partial x^2} u(x_j, y_k) = \lim_{h \to 0} \frac{1}{h} \left(\frac{u((j + 1)h, kh) - u(jh, kh)}{h} - \frac{u(jh, kh) - u((j - 1)h, kh)}{h} \right) \quad \text{bzw.}$$

$$\frac{\partial^2}{\partial x^2} u(x_j, y_k) = \lim_{h \to 0} \frac{1}{h^2} (u_{(j+1)k} + u_{(j-1)k} - 2u_{jk}) \,. \tag{10.33}$$

Überträgt man diesen Zusammenhang auf die zweite Variable y, kann für (10.28) geschrieben werden:

$$-\nabla^2 u(x_j, y_k) = \lim_{h \to 0} \frac{1}{h^2} (4u_{jk} - u_{(j-1)k} - u_{(j+1)k} - u_{j(k-1)} - u_{j(k+1)}) = f_{jk} .$$

Ist h eine finite Größe, ergibt sich die hierzu adäquate Differenzengleichung

$$- u_{j(k-1)} - u_{(j-1)k} + 4u_{jk} - u_{(j+1)k} - u_{j(k+1)} = h^2 f_{jk} \quad \text{für} \quad 1 \le j, \ k \le N . \tag{10.34}$$

Bei Berücksichtigung von (10.31) erhält man mit dem Kroneckersymbol $\delta_{jk} = 1$ nur für $j = k$:

$$- (1 - \delta_{k1})u_{j(k-1)} - (1 - \delta_{j1})u_{(j-1)k} + 4u_{jk} - (1 - \delta_{jN})u_{(j+1)k} - (1 - \delta_{kN})u_{j(k+1)}$$
$$= h^2 f_{jk} + \delta_{k1} g_{j0} + \delta_{j1} g_{0k} + \delta_{jN}g_{(N+1)k} + \delta_{kN}g_{j(N+1)} \quad \text{für} \quad 1 \le j, \ k \le N . \tag{10.35}$$

Für die Rasterpunkte wird eine neue lexikographische Ordnung eingeführt:

$$v_{(k-1)\cdot N+j} = u_{jk} \quad \text{und}$$
$$w_{(k-1)\cdot N+j} = h^2 f_{jk} + \delta_{k1} g_{j0} + \delta_{j1} g_{0k} + \delta_{jN}g_{(N+1)k} + \delta_{kN}g_{j(N+1)} \quad \text{für} \quad 1 \le j, \ k \le N . \tag{10.36}$$

Hiermit und mit $\overline{\delta}_{jk} = 1 - \delta_{jk}$ ergibt sich für (10.35) und $1 \le j, k \le N$

$$-\overline{\delta}_{k1}v_{(k-2)\cdot N+j} - \overline{\delta}_{j1}v_{(k-1)\cdot N+j-1} + 4v_{(k-1)\cdot N+j} - \overline{\delta}_{jN}v_{(k-1)\cdot N+j+1} - \overline{\delta}_{kN}v_{k\cdot N+j} = w_{(k-1)\cdot N+j}$$

bzw. mit $1 \le i = j + (k-1)N \le N^2$ für $k = 1, \ldots, N$ und $j = 1, \ldots, N$

$$-\overline{\delta}_{ij}v_{i-N} - \overline{\delta}_{i,(1+(k-1)N)}v_{i-1} + 4v_i - \overline{\delta}_{i,(kN)}v_{i+1} - \overline{\delta}_{i,(N^2-N+j)}v_{i+N} = w_i . \tag{10.37}$$

Den N^2 Unbekannten u_{jk} bzw. v_1 bis v_{N^2} stehen damit N^2 Gleichungen gegenüber, womit das System bestimmt ist und eine eindeutige Lösung hat. Der erste Summand auf der linken Seite entfällt bei den ersten N Gleichungen ($k = 1$ und $1 \le i = j \le N$), der zweite Summand verschwindet bei $k = 1$ nur für $i = 1$. Ähnliches ergibt sich für die beiden letzten Summanden auf der linken Gleichungsseite, also bei $k = N$ für $(N - 1)N + 1 \le i \le N^2$. Somit kann die Systemmatrix, die die Dimension $N^2 \times N^2$ hat, folgendermaßen dargestellt werden:

$$\begin{bmatrix} \underline{A}^{[N,N]} & -\underline{I}^{[N,N]} & \underline{0}^{[N,N]} & \cdots & \underline{0}^{[N,N]} \\ -\underline{I}^{[N,N]} & \underline{A}^{[N,N]} & -\underline{I}^{[N,N]} & \cdots & \underline{0}^{[N,N]} \\ \underline{0}^{[N,N]} & -\underline{I}^{[N,N]} & \ddots & \ddots & \vdots \\ \vdots & \ddots & \ddots & \cdots & -\underline{I}^{[N,N]} \\ \underline{0}^{[N,N]} & \cdots & \underline{0}^{[N,N]} & \cdots & \underline{A}^{[N,N]} \end{bmatrix} \begin{bmatrix} v_1 \\ v_2 \\ \vdots \\ v_{N^2-1} \\ v_{N^2} \end{bmatrix} = \begin{bmatrix} w_1 \\ w_2 \\ \vdots \\ w_{N^2-1} \\ w_{N^2} \end{bmatrix} \tag{10.38}$$

mit

$$\underline{A}^{[N,N]} = \begin{bmatrix} 4 & -1 & 0 & \cdots & 0 & 0 \\ -1 & 4 & -1 & \cdots & 0 & 0 \\ 0 & -1 & \ddots & \ddots & \vdots & \vdots \\ \vdots & \ddots & \ddots & \ddots & 4 & -1 \\ 0 & 0 & 0 & \cdots & -1 & 4 \end{bmatrix} . \tag{10.39}$$

Im nächsten Schritt wird gezeigt, wie durch Erweiterung der Ergebnisse für die diskretisierte Poisson-Gleichung die Beziehung (10.24) in eine Differenzengleichung überführt werden kann. Als Anwendungsbeispiel dient die Berechnung der Temperaturausbreitung in einem wärmeleitenden Stab, womit sich die Problemstellung auf eine einzige Raumdimension x begrenzen lässt. Damit die PDG numerisch lösbar ist, müssen zusätzlich zu den Randbedingungen wie (10.29) für die Poisson-Gleichung Anfangsbedingungen mit der Zeitvariablen t vorgegeben werden. Die vollständige Problemstellung lautet dann

$$\frac{\partial}{\partial t}u(x,t) = c^2 \nabla^2 u(x,t) \quad \text{für das Gebiet} \quad (x) \in G \subset \mathbb{R} \quad \text{mit} \quad G: \quad 0 \le x \le L \quad (10.40)$$

mit den Randbedingungen

$$u(x=0,t) = f_0(t) \quad \text{und} \quad u(x=L,t) = f_L(t) \quad \text{für} \quad 0 \le t < T \quad (10.41)$$

und der Anfangsbedingung

$$u(x,t=0) = g(x) \quad \text{für} \quad 0 < x < L. \quad (10.42)$$

Überträgt man (10.32) auf die partielle Ableitung nach der Variablen t an der Stelle $t_k = kh_t$, ergibt sich

$$\frac{\partial}{\partial t}u(x_j,t_k) = \lim_{h_t \to 0} \frac{u(jh,(k+1)h_t) - u(jh,kh_t)}{h_t}. \quad (10.43)$$

Nach Austausch von y_k gegen t_k folgt analog zu (10.33)

$$\frac{\partial^2}{\partial x^2}u(x_j,t_k) = \lim_{h \to 0} \frac{1}{h^2}(u_{(j+1)k} + u_{(j-1)k} - 2u_{jk}). \quad (10.44)$$

Einsetzen dieser beiden Gleichungen in (10.40) führt zu

$$\lim_{h_t \to 0} h_t c^2 (u_{(j+1)k} + u_{(j-1)k} - 2u_{jk}) - \lim_{h \to 0} h^2(u_{j(k+1)} - u_{jk}) = 0. \quad (10.45)$$

Mit h und h_t wurden zwei Schrittweiten für die diskreten Variablen x_j und t_k definiert, die unabhängig voneinander sind und daher verschieden sein dürfen. Stellt man zwischen den beiden Schrittweiten einen linearen Zusammenhang her, also $h_t = \tau^2 \cdot h$, und geht wieder zu finiten Größen über, kann für (10.45) geschrieben werden:

$$(\tau c)^2 (u_{(j+1)k} + u_{(j-1)k} - 2u_{jk}) + h(u_{jk} - u_{j(k+1)}) = 0 \quad \text{bzw.}$$

$$-(\tau c)^2 u_{(j-1)(k-1)} + (2(\tau c)^2 - h)u_{j(k-1)} - (\tau c)^2 u_{(j+1)(k-1)} + hu_{jk} = 0. \quad (10.46)$$

Wird die Stablänge L in $N+1$ Teilstrecken zerlegt, ist $u_{(N+1)\cdot h,k} = u(L,t_k)$. Dementsprechend erstreckt sich das Zeitintervall über den Bereich $0 \le t \le N \cdot h_t = \tau^2 \cdot N \cdot h < T =$

$(N + 1) \cdot h_t$. Für die Indizes in Gleichung (10.46) bedeutet dies $1 \le j \le N$ und $1 \le k \le N$. Mit Berücksichtigung der Nebenbedingungen kann für (10.46) geschrieben werden:

$$\overline{\delta}_{k1}\left(-\overline{\delta}_{j1}(\tau c)^2 u_{(j-1)(k-1)} + (2(\tau c)^2 - h)u_{j(k-1)} - \overline{\delta}_{jN}(\tau c)^2 u_{(j+1)(k-1)}\right) + hu_{jk} = w_i$$

$$= \delta_{k1}\left(\overline{\delta}_{j1}(\tau c)^2 g_{j-1} - (2(\tau c)^2 - h)g_j + \overline{\delta}_{jN}(\tau c)^2 g_{j+1}\right) + \delta_{j1}(\tau c)^2 f_{0(k-1)} + \delta_{jN}(\tau c)^2 f_{L(k-1)}$$

$$\text{für} \quad 1 \le j,\ k \le n. \tag{10.47}$$

Setzt man wieder $i = (k - 1)N + j$ und $v_i = u_{jk}$ für $1 \le j, k \le N$, kann für die linke Seite von (10.47) geschrieben werden:

$$\overline{\delta}_{ij}\left(-\overline{\delta}_{i,(k-1)N+1}c^2 v_{i-N-1} + (2c^2 - h)v_{i-N} - \overline{\delta}_{i,k\cdot N}c^2 v_{i-N+1}\right) + hv_i = w_i. \tag{10.48}$$

Hierin wurde der Einfachheit halber $\tau^2 = 1$, also $T/$Zeiteinheit $= L/$Längeneinheit festgelegt. Die Darstellung von (10.48) in Matrizenform ergibt

$$\begin{bmatrix} h \cdot \underline{I}^{[N,N]} & \underline{0}^{[N,N]} & \underline{0}^{[N,N]} & \cdots & \underline{0}^{[N,N]} & \underline{0}^{[N,N]} \\ \underline{A}^{[N,N]} & h \cdot \underline{I}^{[N,N]} & \underline{0}^{[N,N]} & \cdots & \underline{0}^{[N,N]} & \underline{0}^{[N,N]} \\ \underline{0}^{[N,N]} & \underline{A}^{[N,N]} & \ddots & \ddots & \vdots & \vdots \\ \vdots & \ddots & \ddots & \cdots & h \cdot \underline{I}^{[N,N]} & \underline{0}^{[N,N]} \\ \underline{0}^{[N,N]} & \cdots & \underline{0}^{[N,N]} & \cdots & \underline{0}^{[N,N]} & h \cdot \underline{I}^{[N,N]} \end{bmatrix} \begin{bmatrix} v_1 \\ v_2 \\ \vdots \\ v_{N^2-1} \\ v_{N^2} \end{bmatrix} = \begin{bmatrix} w_1 \\ w_2 \\ \vdots \\ w_{N^2-1} \\ w_{N^2} \end{bmatrix} \tag{10.49}$$

$$\text{mit} \quad \underline{A}^{[N,N]} = \begin{bmatrix} 2c^2 - h & -c^2 & 0 & \cdots & 0 & 0 \\ -c^2 & 2c^2 - h & -c^2 & \cdots & 0 & 0 \\ 0 & -c^2 & \ddots & \ddots & \vdots & \vdots \\ \vdots & \ddots & \ddots & \ddots & 2c^2 - h & -c^2 \\ 0 & 0 & 0 & \cdots & -c^2 & 2c^2 - h \end{bmatrix}. \tag{10.50}$$

Die Dimension der Matrizengleichung (10.48) nimmt zu für eine gegen kleinere Werte strebende Schrittweite h. Für eine genaue Lösung der PDG (10.40) muss h und somit h_t gemäß (10.45) gegen Null streben, wodurch bei endlichem L die Dimension N der Systemmatrix auf einen unendlich großen Wert anwächst. Ein weiterer unerwünschter Nebeneffekt ist hierbei auch, dass die Elemente auf der Hauptdiagonalen der Systemmatrix gegen Null tendieren. Die Matrix ist in diesem Fall nicht mehr regulär und das System wird so unlösbar.

Abhilfe zur Vermeidung dieses unerwünschten Effekts verschafft hier ein einfacher Kunstgriff. Die Beziehung (10.43) für die partielle Ableitung nach der Zeit beruht wie bei (10.44) auf der Annäherung an die Tangente von der rechten Seite zum Berührungspunkt. Nähert man sich von der linken Seite des Berührungspunktes an, so gilt anstelle von (10.43):

$$\frac{\partial}{\partial t}u(x_j, t_k) = \lim_{h_t \to 0} \frac{u(jh, kh_t) - u(jh, (k-1)h_t)}{h_t}. \tag{10.51}$$

Hiermit verändern sich alle ab (10.44) nachfolgenden Beziehungen in folgender Weise:

$$\lim_{h_t \to 0} h_t c^2 (u_{(j+1)k} + u_{(j-1)k} - 2u_{jk}) - \lim_{h \to 0} h^2 (u_{jk} - u_{j(k-1)}) = 0 \, ,$$

$$h u_{j(k-1)} + (\tau c)^2 u_{(j-1)k} - (2(\tau c)^2 + h) u_{jk} + (\tau c)^2 u_{(j+1)k} = 0 \, ,$$

$$\overline{\delta}_{k1} h u_{j(k-1)} + \overline{\delta}_{j1} (\tau c)^2 u_{(j-1)k} - (2(\tau c)^2 + h) u_{jk} + \overline{\delta}_{jN} (\tau c)^2 u_{(j+1)k} = w_i \, ,$$

$$\overline{\delta}_{k1} h v_{i-N} + \overline{\delta}_{j1} (\tau c)^2 v_{i-1} - (2(\tau c)^2 + h) v_i + \overline{\delta}_{jN} (\tau c)^2 v_{i+1} = w_i \, . \tag{10.52}$$

Hierin variiert Index k für jedes j wieder von 1 bis N und Index j läuft ebenfalls von 1 bis N. Die Matrizendarstellung der zu (10.40) adäquaten Differenzengleichung lautet nun:

$$
\begin{bmatrix}
\underline{A}^{[N,N]} & \underline{0}^{[N,N]} & \underline{0}^{[N,N]} & \cdots & \underline{0}^{[N,N]} \\
h \cdot \underline{I}^{[N,N]} & \underline{A}^{[N,N]} & \ddots & \ddots & \vdots \\
\vdots & \ddots & \ddots & \cdots & \underline{0}^{[N,N]} \\
\underline{0}^{[N,N]} & \cdots & \ddots & \cdots & \underline{0}^{[N,N]} \\
\underline{0}^{[N,N]} & \cdots & \cdots & h \cdot \underline{I}^{[N,N]} & \underline{A}^{[N,N]}
\end{bmatrix}
\begin{bmatrix}
v_1 \\ v_2 \\ \vdots \\ v_{N^2-1} \\ v_{N^2}
\end{bmatrix}
=
\begin{bmatrix}
w_1 \\ w_2 \\ \vdots \\ w_{N^2-1} \\ w_{N^2}
\end{bmatrix}
\tag{10.53}
$$

$$
\text{mit} \quad \underline{A}^{[N,N]} =
\begin{bmatrix}
-2c^2 - h & c^2 & 0 & \cdots & 0 & 0 \\
c^2 & -2c^2 - h & c^2 & \cdots & 0 & 0 \\
0 & c^2 & \ddots & \ddots & \vdots & \vdots \\
\vdots & \ddots & \ddots & \ddots & -2c^2 - h & c^2 \\
0 & 0 & 0 & \cdots & c^2 & -2c^2 - h
\end{bmatrix} . \tag{10.54}
$$

Lässt man hier h gegen 0 streben, mutiert die Systemmatrix zu einer symmetrischen Matrix mit einer Haupt- und zwei Nebendiagonalen, welche regulär ist und damit die Grundvoraussetzung zur Auflösung mittels eines der vorangehenden iterativen Verfahren erfüllt.

Die Konvektions-Diffusions-Gleichung ist eine ähnlich strukturierte PDG. Für sie gilt bei einem inkompressiblen Medium im stationären, zweidimensionalen Fall:

$$\underline{s} \nabla u(x, y) = D \cdot \nabla^2 u(x, y) \tag{10.55}$$

mit dem Diffusionskoeffizienten D und dem konstantem Geschwindigkeitsvektor $\underline{s} = s \cdot \left[\begin{smallmatrix} \cos \alpha \\ \sin \alpha \end{smallmatrix} \right]$. Auch hier wird bei der Diskretisierung der linken Gleichungsseite die Tangente von links an den Berührungspunkt angelegt, während für die Umsetzung des Laplace-Operators die Tangente von der rechten Seite des Berührungspunktes angenähert wird. Somit folgt bei Übertragung von (10.51) auf die Raumvariablen x und y:

$$\underline{s} \nabla u(x, y) = \lim_{h \to 0} \frac{1}{h} \left(s \cdot \cos \alpha \cdot (u_{jk} - u_{(j-1)k}) + s \cdot \sin \alpha \cdot (u_{jk} - u_{j(k-1)}) \right) \, .$$

Mit dieser Beziehung und (10.33) folgt für (10.55)

$$h \cdot s \cdot \cos \alpha \cdot (u_{jk} - u_{(j-1)k}) + h \cdot s \cdot \sin \alpha \cdot (u_{jk} - u_{j(k-1)})$$
$$+ D \cdot (4u_{jk} - u_{(j-1)k} - u_{(j+1)k} - u_{j(k-1)} - u_{j(k+1)}) = 0$$

$$\Rightarrow \quad -(D + h \cdot s \cdot \sin \alpha)u_{j(k-1)} - (D + h \cdot s \cdot \cos \alpha)u_{(j-1)k} + (4D + hs(\cos \alpha + \sin \alpha))\, u_{jk}$$
$$- Du_{(j+1)k} - Du_{j(k+1)} = 0$$

$$\Rightarrow \quad -\overline{\delta}_{ij}(D + h \cdot s \cdot \sin \alpha)v_{i-N} - \overline{\delta}_{j1}(D + h \cdot s \cdot \cos \alpha)v_{i-1} + (4D + hs(\cos \alpha + \sin \alpha))\, v_i$$
$$- \overline{\delta}_{jN}Dv_{i+1} - \overline{\delta}_{kN}Dv_{i+N}$$
$$= \delta_{ij}(D + h \cdot s \cdot \sin \alpha)v_{i-N} + \delta_{j1}(D + h \cdot s \cdot \cos \alpha)v_{i-1} + \delta_{jN}Dv_{i+1} + \delta_{kN}Dv_{i+N}$$
$$= w_i \, . \tag{10.56}$$

In Matrizendarstellung gilt für die Konvektions-Diffusions-Gleichung:

$$\begin{bmatrix} \underline{A}^{[N,N]} & -D \cdot \underline{I}^{[N,N]} & \underline{0}^{[N,N]} & \cdots & & \underline{0}^{[N,N]} \\ -(D + h \cdot s \cdot \sin \alpha) \cdot \underline{I}^{[N,N]} & \underline{A}^{[N,N]} & \ddots & & \ddots & \vdots \\ \vdots & & \ddots & \ddots & & \underline{0}^{[N,N]} \\ \underline{0}^{[N,N]} & \cdots & & \ddots & \underline{A}^{[N,N]} & -D \cdot \underline{I}^{[N,N]} \\ \underline{0}^{[N,N]} & \cdots & & \cdots & -(D + h \cdot s \cdot \sin \alpha) \cdot \underline{I}^{[N,N]} & \underline{A}^{[N,N]} \end{bmatrix} \begin{bmatrix} v_1 \\ v_2 \\ \vdots \\ v_{N^2-1} \\ v_{N^2} \end{bmatrix} = \begin{bmatrix} w_1 \\ w_2 \\ \vdots \\ w_{N^2-1} \\ w_{N^2} \end{bmatrix}$$

$$\text{mit } \underline{A}^{[N,N]} = \begin{bmatrix} 4D+hs(\cos \alpha+\sin \alpha) & -D & 0 & \cdots & 0 & 0 \\ -D-h \cdot s \cdot \cos \alpha & 4D+hs(\cos \alpha+\sin \alpha) & -D & \cdots & 0 & 0 \\ 0 & -D-h \cdot s \cdot \cos \alpha & \ddots & \ddots & \vdots & \vdots \\ \vdots & & \ddots & \ddots & 4D+hs(\cos \alpha+\sin \alpha) & -D \\ 0 & 0 & 0 & \cdots & -D-h \cdot s \cdot \cos \alpha & 4D+hs(\cos \alpha+\sin \alpha) \end{bmatrix}$$

$$\tag{10.57}$$

Auch hier gilt bei $h \to 0$, dass die Systemmatrix regulär ist und daher die Auflösung mit einem iterativen Verfahren möglich ist. Setzt man für den theoretischen Fall $h = 0$ ein, mutiert die Systemmatrix zu einer symmetrischen Matrix mit einer Haupt- und vier Nebendiagonalen, die sämtlich mit dem Diffusionskoeffizienten bei entsprechendem Vorzeichen besetzt sind, wobei die Hauptdiagonale mit dem Faktor 4 dominant ist. Die bezüglich des Konvergenzverhaltens anzustrebende strikte Diagonaldominanz wird wie auch bei den obigen Beispielen knapp verfehlt. Ein besonderer Vorteil für den Einsatz eines iterativen Lösungsverfahrens ist wie bei den vorangehenden Beispielen die schwache Besetztheit der Matrix. Die Lösung wird von der rechten Seite der Gleichung geprägt, also von den Komponenten des Vektors $\underline{w}$, die durch die Randbedingungen festgelegt werden. Wie bereits in den vorangehenden Beispielen wird auch hier vorausgesetzt, dass Werte für die Teilchenkonzentration $u(x, y)$ auf dem Gebietsrand bei $x = 0$, $y = 0$, $x = L = (N + 1) \cdot h$ und $y = L = (N + 1) \cdot h$ als Randvorgaben vorliegen.

10.3 Fehlerausgleichsrechnung

Liegt eine Messreihe mit vielen Werten für eine Größe y vor, die jeweils einem entsprechenden Wert einer anderen variablen Größe x zuzuordnen sind, und ist die funktionale Abhängigkeit der Größe y von der Variablen x strukturell z. B. in Form eines Polynoms m-ten Grades, also

$$y = \sum_{k=0}^{m} c_k \cdot x^k \,, \tag{10.58}$$

bekannt, so stellt sich das Problem, die Polynomkoeffizienten c_k aus den Messwerten zu bestimmen. Aus dem Fundamentalsatz der Algebra folgt, dass genau $m+1$ Messwerte für jeweils verschiedene x-Werte vorliegen müssen, damit ein eindeutiges Ergebnis für die Koeffizienten erzielt wird, mit denen das errechnete Polynom bei den zugehörigen x-Werten exakt mit dem jeweiligen Messwert übereinstimmt. Die Formulierung dieses Problems in Matrizenschreibweise führt zu der Darstellung

$$\underline{X}\,\underline{c} = \begin{bmatrix} 1 & x_1 & x_1^2 & \cdots & x_1^m \\ 1 & x_2 & x_2^2 & \cdots & x_2^m \\ \vdots & \vdots & \vdots & \cdots & \vdots \\ 1 & x_n & x_n^2 & \cdots & x_n^m \end{bmatrix} \begin{bmatrix} c_0 \\ c_1 \\ \vdots \\ c_m \end{bmatrix} = \begin{bmatrix} y_1 \\ y_2 \\ \vdots \\ y_n \end{bmatrix} = \underline{y} \tag{10.59}$$

für $n = m + 1$. Es liegt jedoch häufig in der Natur der Sache, dass Messwerte fehlerbehaftet sind und zudem ihre Anzahl n die des Polynomgrades erheblich überschreitet. Unter der fortbestehenden Annahme der Fehlerfreiheit würde dieses zu offensichtlich sich widersprechenden Gleichungen im System (10.59) führen. Ungeachtet dessen wäre eine Auflösung wegen der Überbestimmtheit des Gleichungssystems, also wegen $n > m + 1$, mit den gezeigten, herkömmlichen Methoden auch nicht möglich. Die Theorie der Fehlerausgleichsrechnung bietet aber für solche Fälle Wege aus diesem Konflikt an. Sie basiert auf der Minimierung der Summe der Fehlerquadrate, wobei als Fehler die Differenzen zwischen den Messwerten und den jeweilig zugehörigen Polynomwerten definiert werden. Die Kernaussage der Fehlerausgleichsrechnung ist, dass sich die Polynomkoeffizienten aus folgender Matrizengleichung ermitteln lassen [19]:

$$\underline{X}^{\mathrm{T}}\underline{X}\,\underline{c} = \underline{X}^{\mathrm{T}}\underline{y} \,. \tag{10.60}$$

Hiermit sind m und n entkoppelt, d. h., dass n beliebig groß gewählt werden kann und der Polynomgrad $m < n$ von der Anzahl der Messwerte unabhängig ist. Die Systemmatrix $\underline{X}^{\mathrm{T}}\underline{X}$ ist symmetrisch, aber auch voll besetzt. Zur Auflösung des Gleichungssystems bietet sich daher ein Verfahren an, dass die Vorteile der Symmetrieeigenschaft ausschöpft.

11 Funktionsbibliothek in C++

Für jedes Auflösungsverfahren wurde jeweils eine eigene, in C++ geschriebene Funktion erstellt, die von einem Hauptprogramm main( ), in dem ein Gleichungssystem zu lösen ist, aufgerufen werden kann. Die Funktionen für direkte und iterative Verfahren sind in einer Klasse CGLS zusammengefasst und können in ein beliebiges Anwendungsprogramm, welches in der für technische Anwendungen häufig vorgezogenen Programmiersprache C++ geschrieben wurde, eingebunden werden. Nachfolgend sind die Funktionen im Quellcode dargestellt.

```
/****************************************************/
/**************** Hilfsfunktionen ****************/
/****************************************************/


/****************************************************/
/* VEKTVEKTPROD                        28.01.2018 */
/* Berechnung des Skalarprodukts x * y           */
/****************************************************/
/* Eingabe :                                     */
/*          1. Dimension n (Zahl der Vektorkompon.),*/
/*          2. Vektor x                          */
/*          3. Vektor y                          */
/*                                               */
/* Rückgabe: Skalarprodukt                       */
/*                                               */
/****************************************************/

double CGLS::VektVektProd(long n, double *x, double *y)
{
    long i;

    double z;

    z = 0.0;
    for(i=1;i<=n;i++)
        z += y[i] * x[i];

    return(z);
}
```

https://doi.org/10.1515/9783110644173-011

```
/****************************************************/
/* MATVEKTPROD                        28.01.2018 */
/* Berechnung des Produkts A * x                 */
/****************************************************/
/* Eingabe :                                     */
/*          1. Dimension n (Zahl der Vektorkompon.),*/
/*          2. Systemmatrix A                    */
/*             auf den Speicherplätzen von a,    */
/*             hierbei entspricht dem Matrixelement */
/*             a(ik) die Variable a[(i-1)*n+k],  */
/*          3. Vektor x                          */
/*          4. transpon                          */
/*             1: Matrix wird transponiert       */
/*                d.\,h. Produkt = A(T) * x      */
/*             0: Produkt = A * x                */
/*                                               */
/* Ausgabe :  Lösungsvektor x                    */
/*            (Eingabewerte werden überschrieben) */
/*                                               */
/* Rückgabe:                                     */
/*          0: x ist der Lösungsvektor           */
/*             1: Speicherbedarf zu gross        */
/*                (keine Lösung möglich)         */
/****************************************************/


bool CGLS::MatVektProd(long n, double *a, double *x, bool transpon)
{
    long i,j;

    double* y = new double[n+1];
    if(y==NULL)
    {
        delete [] y;
        return(1);
    }

    for(i=1;i<=n;i++)
    {
        y[i] = 0.0;

        if(!transpon)
        {
```

```
        for(j=1;j<=n;j++)
            y[i] += a[(i-1)*n+j] * x[j];
    }
    else
    {
        for(j=1;j<=n;j++)
            y[i] += a[(j-1)*n+i] * x[j];
    }
}

for(i=1;i<=n;i++)
    x[i] = y[i];

delete [] y;
return(0);
}


/*****************************************************/
/*********** Direkte Auflösungsverfahren ***********/
/*****************************************************/


/*****************************************************/
/* Auflösung des GLS A * x = b nach x   mit Hilfe des */
/* GAUSS-Verfahrens (mit Pivotisierung)   29.01.2018 */
/*****************************************************/
/* Eingabe :                                         */
/*          1. Dimension n (Zahl der Unbekannten),   */
/*          2. Systemmatrix A                        */
/*             auf den Speicherplätzen von a,        */
/*             hierbei entspricht dem Matrixelement  */
/*             a(ik) die Variable a[z[i]+s[k]],      */
/*          3. Vektor b                              */
/*             auf den Speicherplätzen von x         */
/*                                                   */
/* Ausgabe :    Lösungsvektor x                      */
/*                                                   */
/* Rückgabe:                                         */
/*          0: x ist der Lösungsvektor               */
/*          4: singuläre Systemmatrix                */
/*          5: Speicherbedarf zu groß                */
/*****************************************************/
```

```cpp
#define EPS_GA 0.00000001

long CGLS::GAUSS(long n, double *a, double *x)
{
    long i,j,k,c,r,s_Amax,z_Amax;
    double Amax;

    long* s = new long[n+1];
    long* z = new long[n+1];
    long* zv = new long[n+1];
    double* b = new double[n+1];

    if(s==NULL||z==NULL||zv==NULL||b==NULL)      // Speicherbedarf zu gross
    {
        delete [] s;
        delete [] z;
        delete [] zv;
        delete [] b;
        return(5);
    }

    z[1] = 0;
    for(j=1;j<n;j++)
    {
        b[j] = x[j];
        s[j] = j;
        zv[j] = j;
        z[j+1] = z[j] + n;
    }
    b[n] = x[n];
    s[n] = n;
    zv[n] = n;

    for(i=1;i<n;i++)
    {
        //    Pivotisierung    //
        Amax = 0;
        z_Amax = 0;
        s_Amax = 0;

        for(c=i;c<=n;c++)
        {
```

```
        for(r=i;r<=n;r++)
        {
            if(fabs(a[z[r]+s[c]]) > Amax)
            {
                z_Amax = r;
                s_Amax = c;
                Amax = fabs(a[z[r]+s[c]]);
            }
        }
    }
    if(s_Amax>0)
    {
        c = s[i];
        r = zv[i];
        s[i] = s[s_Amax];
        zv[i] = zv[z_Amax];
        z[i] = (zv[z_Amax]-1)*n;
        s[s_Amax] = c;
        zv[z_Amax] = r;
        z[z_Amax] = (r-1)*n;
    }
    //    Ende Pivotisierung   //

    if(fabs(a[z[i]+s[i]])<=EPS_GA)     // Systemmatrix singulär
    {
        delete [] s;
        delete [] z;
        delete [] zv;
        delete [] b;
        return(4);
    }

    for(j=i+1;j<=n;j++)
    {

        a[z[j]+s[i]] /= a[z[i]+s[i]];

        for(k=i+1;k<=n;k++)
            a[z[j]+s[k]] = a[z[j]+s[k]] - a[z[j]+s[i]] * a[z[i]+s[k]];
    }
}
```

```cpp
        if(fabs(a[z[n]+s[n]])<=EPS_GA)          // Systemmatrix singulär
        {
            delete [] s;
            delete [] z;
            delete [] zv;
            delete [] b;
            return(4);
        }


        for(k=2;k<=n;k++)
        {
            for(i=1;i<k;i++)
                b[zv[k]] = b[zv[k]]  - a[z[k]+s[i]] * b[zv[i]] ;
        }


        for(k=n;k>0;k--)
        {
            for(i=k+1;i<=n;i++)
                b[zv[k]] = b[zv[k]]  - a[z[k]+s[i]] * x[s[i]] ;

            x[s[k]] = b[zv[k]] / a[z[k]+s[k]];
        }

        delete [] s;
        delete [] z;
        delete [] zv;
        delete [] b;

        return(0);
}



/***************************************************/
/* Auflösung des GLS A * x = b nach x   mit Hilfe des */
/* GRAM-SCHMIDT-Verfahrens               30.01.2018 */
/***************************************************/
/* Eingabe :                                        */
/*          1. Dimension n (Zahl der Unbekannten),  */
/*          2. Systemmatrix A                       */
/*             auf den Speicherplätzen von a,       */
/*             hierbei entspricht dem Matrixelement */
/*             a(ik) die Variable a[z[i]+k],        */
```

```
/*              3. Vektor b                          */
/*                 auf den Speicherplätzen von x     */
/*                                                    */
/* Ausgabe :      Lösungsvektor x                     */
/*                                                    */
/* Rückgabe:                                          */
/*              0: x ist der Lösungsvektor            */
/*              4: singuläre Systemmatrix             */
/*              5: Speicherbedarf zu groß             */
/****************************************************/

#define EPS_GRS 0.00001

long CGLS::GRAMSCHMIDT(long n, double *a, double *x)
{
    long i,j,k;
    long* z = new long[n+1];
    double* b = new double[n+1];
    double* y = new double[n+1];
    double* c = new double[n*n+1];

    if(z==NULL||b==NULL||y==NULL||c==NULL)        // Speicherbedarf zu groß
    {
        delete [] z;
        delete [] b;
        delete [] y;
        delete [] c;
        return(5);
    }

    z[1] = 0;
    b[1] = x[1];
    for(i=2;i<=n;i++)
    {
        z[i] = z[i-1] + n;
        b[i] = x[i];
    }

    for(k=1;k<=n;k++)
    {
        for(j=1;j<k;j++)
        {
```

```cpp
            c[z[j]+k] = 0;
            for(i=1;i<=n;i++)
                c[z[j]+k] += a[z[i]+j] * a[z[i]+k];
        }

        for(i=1;i<k;i++)
        {
            for(j=1;j<=n;j++)
                a[z[j]+k] -= c[z[i]+k] * a[z[j]+i];
        }

        c[z[k]+k] = 0;
        for(i=1;i<=n;i++)
            c[z[k]+k] += a[z[i]+k] * a[z[i]+k];

        if(fabs(c[z[k]+k])<=EPS_GRS)
        {
            delete [] z;
            delete [] b;
            delete [] y;
            delete [] c;
            return(4);                // Systemmatrix singulär
        }

        c[z[k]+k] = sqrt(c[z[k]+k]);
        for(i=1;i<=n;i++)
            a[z[i]+k] /= c[z[k]+k];
    }

    for(k=1;k<=n;k++)
    {
        y[k] = 0;
        for(j=1;j<=n;j++)
            y[k] += a[z[j]+k] * b[j];
    }

    for(k=n;k>0;k--)
    {
        for(j=k+1;j<=n;j++)
            y[k] -= c[z[k]+j] * x[j];

        x[k] = y[k] / c[z[k]+k];
    }
```

```
        delete [] z;
        delete [] b;
        delete [] c;
        delete [] y;
        return(0);
}



/****************************************************/
/* Auflösung des GLS A * x = b nach x              */
/* mit Hilfe des Givens-Algorithmus     31.01.2018 */
/****************************************************/
/* Eingabe :                                       */
/*            1. Dimension n (Zahl der Unbekannten) */
/*            2. Matrix A                           */
/*               Hierbei entspricht dem Matrixelement */
/*               a(ik) die Variable a[z[i]+k]       */
/*            3. Vektor b (auf den Plätzen der      */
/*               (n+1)-ten Spalte von A)            */
/*                                                 */
/* Ausgabe : Lösungsvektor x in der (n+1)-ten      */
/*           Spalte von A                           */
/* Rückgabe:                                       */
/*            0: x ist der Lösungsvektor            */
/*            4: singuläre Systemmatrix             */
/*            5: Speicherbedarf zu groß             */
/****************************************************/

#define EPS_GI 0.000001

long CGLS::GIVENS(long n, double *a)
{
    long i,j,k,p,q;
    double c,s,t;

    long* z = new long[n+1];

    if(z==NULL)
    {
        delete [] z;
        return(5);
    }
```

```cpp
z[1] = 0;
for(i=2;i<=n;i++)
    z[i] = z[i-1] + n + 1;


for(p=1;p<n;p++)
{
    for(q=p+1;q<=n;q++)
    {
        if(fabs(a[z[q]+p]) > EPS_GI)
        {
            t = 1.0 / sqrt(a[z[p]+p]*a[z[p]+p]+a[z[q]+p]*a[z[q]+p]);
            s = t * a[z[q]+p];
            c = t * a[z[p]+p];
            for(k=p;k<=(n+1);k++)
            {
                t = c*a[z[p]+k] + s*a[z[q]+k];
                if(k!=p)
                    a[z[q]+k] = c*a[z[q]+k] - s*a[z[p]+k];

                a[z[p]+k] = t;
            }
            a[z[q]+p] = 0.0;
        }
    }
}

for(k=n; k>0;k--)
{
    for(i=k+1;i<=n;i++)
        a[z[k]+n+1] -= a[z[k]+i] * a[z[i]+n+1];

    if(fabs(a[z[k]+k])<=EPS_GI)
    {
        delete [] z;
        return(4);
    }

    a[z[k]+n+1] /= a[z[k]+k];
}
delete [] z;
return(0);
}
```

```
/*****************************************************/
/********** Iterative Auflösungsverfahren ***********/
/*****************************************************/

/*****************************************************/
/* Auflösung des GLS A * x = b nach x  mit Hilfe des */
/* GMRES-Verfahrens  ,            31.01.2018 */
/* CG-Verfahrens  ,               03.02.2018 */
/* BiCG-Verfahrens  ,             01.02.2018 */
/* CGS-Verfahrens  ,              01.02.2018 */
/* BiCGSTAB-Verfahrens  ,         02.02.2018 */
/* TFQMR-Verfahrens  ,            06.02.2018 */
/* QMRCGSTAB-Verfahrens           07.02.2018 */
/*****************************************************/
/* Eingabe : 1. Dimension n (Zahl der Unbekannten),  */
/*           2. Systemmatrix A                       */
/*              auf den Speicherplätzen von a,       */
/*              hierbei entspricht dem Matrixelement */
/*              a(ik) die Variable a[(i-1)*n+k],     */
/*           3. beliebig wählbarer Startvektor x0    */
/*              auf den Speicherplätzen von x,       */
/*           4. Vektor b,                            */
/*           5. nitmax                               */
/*              (= maximal zulässige Anzahl von      */
/*                 Iterationsschleifen)              */
/*           6. nrestarts    (nur bei BiCGSTAB)      */
/*              (= maximale Anzahl von Neustarts)    */
/*                                                   */
/* Ausgabe : Lösungsvektor x                         */
/*                                                   */
/* Rückgabe: <=nitmax   : Zahl der Iterationen       */
/*              Beim Wert > nitmax gilt :            */
/*           nitmax + 1 : Iterationszahl zu klein    */
/*           nitmax + 2 : keine Konvergenz           */
/*           nitmax + 3 : Abbruch wegen Divisor 0    */
/*           nitmax + 4 : singuläre Systemmatrix     */
/*           nitmax + 5 : Speicherbedarf zu groß     */
/*           nitmax + 6 : Matrix nicht symmetrisch   */
/*                         (nur bei CG)              */
/*****************************************************/
```

```cpp
#define EPS_GM1 0.0000001
#define EPS_GM2 0.9

long CGLS::GMRES(long n, double *a, double *x, double *b, int nitmax)
{
    int nit;
    long i,j,k,m;
    double tauj, sigmaj,kappaj,taum, sigmam,kappam;
    double Ir0I, t;

    double* r0 = new double[n+1];

    if(nitmax>=n)
        nit = n;
    else
        nit = nitmax;

    if(r0==NULL)
    {
        delete [] r0;
        return(nitmax+5);
    }

    for(i=1;i<=n;i++)
        r0[i] = x[i];

    MatVektProd(n,a,r0,0);

    for(i=1;i<=n;i++)
        r0[i] = b[i] - r0[i];

    Ir0I = sqrt(VektVektProd(n,r0,r0));
    if(Ir0I<=EPS_GM1)
    {
        delete [] r0;
        return(0);
    }

    long* z1 = new long[n+2];
    long* z2 = new long[n+1];
    double* q = new double[n+2];
    double* v = new double[n*(nit+1)+1];
```

```
double* vj = new double[n+1];
double* Av = new double[n+1];
double* z = new double[n+1];
double* h = new double[(nit+1)*n+1];
double* alpha = new double[n+1];

if(z1==NULL||z2==NULL||q==NULL||v==NULL||vj==NULL||Av==NULL||z==NULL||
   h==NULL||alpha==NULL)
{
    delete [] z1;
    delete [] z2;
    delete [] r0;
    delete [] q;
    delete [] v;
    delete [] Av;
    delete [] z;
    delete [] h;
    delete [] alpha;

    return(nitmax+5);
}

z1[1] = 0;
for(i=2;i<=n+1;i++)
    z1[i] = z1[i-1] + n;
z2[1] = 0;
for(i=2;i<=n;i++)
    z2[i] = z2[i-1] + n + 1;

q[1] = Ir0I;

for(i=1;i<=n;i++)
    v[z2[i]+1] = r0[i] / Ir0I;

m = 1;
while(m<=nit)
{
    for(i=1;i<=n;i++)
        Av[i] = v[z2[i]+m];

    MatVektProd(n,a,Av,0);
```

```cpp
for(j=1;j<=m;j++)
{
    for(i=1;i<=n;i++)
        vj[i] = v[z2[i]+j];
    h[z1[j]+m] = VektVektProd(n,vj,Av);
}

for(i=1;i<=n;i++)
{
    z[i] = Av[i];
    for(j=1;j<=m;j++)
        z[i] -= h[z1[j]+m]*v[z2[i]+j];
}
h[z1[m+1]+m] = sqrt(VektVektProd(n,z,z));

for(j=1;j<m;j++)
{
    tauj = sqrt(h[z1[j]+j]*h[z1[j]+j]+h[z1[j+1]+j]*h[z1[j+1]+j]);
    if(tauj<=EPS_GM1)
    {
        m = nitmax + 3;
        break;
    }
    kappaj = h[z1[j]+j] / tauj;
    sigmaj = h[z1[j+1]+j] / tauj;
    t = kappaj*h[z1[j]+m] + sigmaj*h[z1[j+1]+m];
    h[z1[j+1]+m] = kappaj*h[z1[j+1]+m] - sigmaj*h[z1[j]+m];
    h[z1[j]+m] = t;
}

if(m>nitmax)
    break;

taum = sqrt(h[z1[m]+m]*h[z1[m]+m]+h[z1[m+1]+m]*h[z1[m+1]+m]);
if(taum<=EPS_GM1)
{
    m = nitmax + 3;
    break;
}

kappam = h[z1[m]+m] / taum;
sigmam = h[z1[m+1]+m] / taum;
```

```
    h[z1[m]+m] = taum;
    q[m+1] = - sigmam * q[m];
    q[m] *= kappam;
    if(fabs(q[m+1])<=EPS_GM1)
    {
        for(j=m;j>0;j--)
        {
            alpha[j] = q[j];
            for(k=j+1;k<=m;k++)
                alpha[j] -= h[z1[j]+k]*alpha[k];

            alpha[j] /= h[z1[j]+j];
        }

        for(i=1;i<=n;i++)
        {
            for(j=1;j<=m;j++)
                x[i] += alpha[j]*v[z2[i]+j];
        }

        break;
    }
    else
    {
        for(i=1;i<=n;i++)
            v[z2[i]+m+1] = z[i] / h[z1[m+1]+m];
    }
    m++;
}

// Probe //

for(i=1;i<=n;i++)
    z[i] = x[i];
MatVektProd(n,a,z,0);
for(i=1;i<=n;i++)
    z[i] = b[i] - z[i];

j = 0;
for(i=1;i<=n;i++)
{
    if(fabs(z[i])>EPS_GM2)
```

```cpp
        {
            j++;
            if(m<=nit)
                m = nitmax + 1;

            break;
        }
    }
    if(j==0)
    {
        if(m>nit)
            m = nitmax;
    }

    delete [] z1;
    delete [] z2;
    delete [] r0;
    delete [] q;
    delete [] v;
    delete [] vj;
    delete [] Av;
    delete [] z;
    delete [] h;
    delete [] alpha;

    return(m);
}


#define EPS_BI 0.00001

long CGLS::BiCG(long n, double *a, double *x, double *b, int nitmax)
{
    long i,j,k;
    double lambda, eta;

    double* r0 = new double[n+1];
    double* r0s = new double[n+1];
    double* y0 = new double[n+1];
    double* y0s = new double[n+1];
    double* r1 = new double[n+1];
    double* r1s = new double[n+1];
    double* y1 = new double[n+1];
```

```
double* y1s = new double[n+1];
double* x1 = new double[n+1];
double* Ay = new double[n+1];
double* ATys = new double[n+1];

if(r0==NULL||r0s==NULL||y0==NULL||y0s==NULL||r1==NULL
    ||r1s==NULL||y1==NULL||y1s==NULL||x1==NULL||Ay==NULL||ATys==NULL)
{
    delete [] r0;
    delete [] r0s;
    delete [] y0;
    delete [] y0s;
    delete [] r1;
    delete [] r1s;
    delete [] y1;
    delete [] y1s;
    delete [] x1;
    delete [] Ay;
    delete [] ATys;
    return(nitmax+5);
}

for(i=1;i<=n;i++)
    r0[i] = x[i];

MatVektProd(n,a,r0,0);

for(i=1;i<=n;i++)
{
    r0[i] = b[i] - r0[i];
    r0s[i] = r0[i];
    y0[i] = r0[i];
    y0s[i] = r0[i];
}

k = 1;
while(k<=nitmax)
{
    if(VektVektProd(n,r0,r0)<=EPS_BI)
        break;

    for(i=1;i<=n;i++)
```

```
    {
        Ay[i] = y0[i];
        ATys[i] = y0s[i];
    }

    MatVektProd(n,a,Ay,0);
    MatVektProd(n,a,ATys,1);

    lambda = VektVektProd(n,y0s,Ay);
    if(fabs(lambda)<=EPS_BI)
    {
        k = nitmax + 3;
        break;
    }
    lambda = VektVektProd(n,r0s,r0) / lambda;
    if(fabs(lambda)<=EPS_BI)
    {
        k = nitmax + 2;
        break;
    }

    for(i=1;i<=n;i++)
    {
        x1[i] = x[i] + lambda * y0[i];
        r1[i] = r0[i] - lambda * Ay[i];
        r1s[i] = r0s[i] - lambda * ATys[i];
    }

    eta = VektVektProd(n,r1s,r1) / VektVektProd(n,r0s,r0);

    for(i=1;i<=n;i++)
    {
        y1[i] = r1[i] + eta * y0[i];
        y1s[i] = r1s[i] + eta * y0s[i];
    }

    for(i=1;i<=n;i++)
    {
        r0[i] = r1[i];
        r0s[i] = r1s[i];
        y0[i] = y1[i];
        y0s[i] = y1s[i];
```

```
            x[i] = x1[i];
        }

    k++;
}

// Probe //

for(i=1;i<=n;i++)
    x1[i] = x[i];
MatVektProd(n,a,x1,0);
for(i=1;i<=n;i++)
    x1[i] = b[i] - x1[i];

j = 0;
for(i=1;i<=n;i++)
{
    if(fabs(x1[i])>EPS_BI)
    {
        j++;
        if(k<=nitmax)
            k = nitmax + 1;

        break;
    }
}
if(j==0)
{
    if(k>nitmax)
        k = nitmax;
}

delete [] r0;
delete [] r0s;
delete [] y0;
delete [] y0s;
delete [] r1;
delete [] r1s;
delete [] y1;
delete [] y1s;
delete [] x1;
delete [] Ay;
```

```
    delete [] ATys;

    return(k);
}



#define EPS_CG1 0.000001
#define EPS_CG2 0.000001
#define EPS_CG3 0.0001

long CGLS::CG(long n, double *a, double *x, double *b, int nitmax)
{
    long i,j,k;
    double lambda, rho0, rho1;

    for(i=1;i<=n;i++)
    {
        for(j=i+1;j<=n;j++)
        {
            if(fabs(a[(i-1)*n+j]-a[(j-1)*n+i])>EPS_CG1)
                return(nitmax+6);      // Matrix ist nicht symmetrisch
        }
    }

    double* r0 = new double[n+1];
    double* y0 = new double[n+1];
    double* r1 = new double[n+1];
    double* y1 = new double[n+1];
    double* z = new double[n+1];
    double* x1 = new double[n+1];

    if(r0==NULL||y0==NULL||r1==NULL||y1==NULL||z==NULL||x1==NULL)
    {
        delete [] r0;
        delete [] y0;
        delete [] r1;
        delete [] y1;
        delete [] z;
        delete [] x1;

        return(nitmax+5);
    }
```

```
for(i=1;i<=n;i++)
    r0[i] = x[i];

MatVektProd(n,a,r0,0);

for(i=1;i<=n;i++)
{
    r0[i] = b[i] - r0[i];
    y0[i] = r0[i];
}

rho0 = VektVektProd(n,r0,r0);

k = 1;
while(k<=nitmax)
{
    if(rho0<=EPS_CG2)
        break;

    for(i=1;i<=n;i++)
        z[i] = y0[i];

    MatVektProd(n,a,z,0);

    if(VektVektProd(n,z,z)<=EPS_CG3)   // Matrix singulär
    {
        k = nitmax + 4;
        break;
    }

    lambda = VektVektProd(n,y0,z);
    if(fabs(lambda)<=EPS_CG2)
    {
        k = nitmax + 3;
        break;
    }

    lambda = rho0 / lambda;
    if(fabs(lambda)<=EPS_CG2)
    {
        k = n + 2;
        break;
    }
```

```
        for(i=1;i<=n;i++)
        {
            x1[i] = x[i] + lambda * y0[i];
            r1[i] = r0[i] - lambda * z[i];
        }

        rho1 = VektVektProd(n,r1, r1);

        for(i=1;i<=n;i++)
            y1[i] = r1[i] + (rho1 * y0[i]) / rho0;

        for(i=1;i<=n;i++)
        {
            r0[i] = r1[i];
            y0[i] = y1[i];
            x[i] = x1[i];
        }

        rho0 = rho1;

        k++;
    }

    // Probe //

    for(i=1;i<=n;i++)
        z[i] = x[i];
    MatVektProd(n,a,z,0);
    for(i=1;i<=n;i++)
        z[i] = b[i] - z[i];

    j = 0;
    for(i=1;i<=n;i++)
    {
        if(fabs(z[i])>EPS_CG2)
        {
            j++;
            if(k<=nitmax)
                k = nitmax + 1;

            break;
        }
    }
```

```
    if(j==0)
    {
        if(k>nitmax)
            k = nitmax;
    }

    delete [] r0;
    delete [] y0;
    delete [] r1;
    delete [] y1;
    delete [] z;
    delete [] x1;

    return(k);
}

#define EPS_CGS 0.0001

long CGLS::CGS(long n, double *a, double *x, double *b, int nitmax)
{
    long i,j,k;
    double lambda, eta;

    double* r0 = new double[n+1];
    double* p0 = new double[n+1];
    double* y0 = new double[n+1];
    double* q = new double[n+1];
    double* r1 = new double[n+1];
    double* r2 = new double[n+1];
    double* p1 = new double[n+1];
    double* y1 = new double[n+1];
    double* z = new double[n+1];
    double* Ay = new double[n+1];
    double* Apq = new double[n+1];

    if(r0==NULL||p0==NULL||y0==NULL||q==NULL||r1==NULL||r2==NULL
        ||p1==NULL||y1==NULL||z==NULL||Ay==NULL||Apq==NULL)
    {
        delete [] r0;
        delete [] p0;
        delete [] y0;
        delete [] q;
```

```
        delete [] r1;
        delete [] r2;
        delete [] p1;
        delete [] y1;
        delete [] z;
        delete [] Ay;
        delete [] Apq;

        return(nitmax+5);
}


for(i=1;i<=n;i++)
    r0[i] = x[i];


MatVektProd(n,a,r0,0);


for(i=1;i<=n;i++)
{
    r0[i] = b[i] - r0[i];
    r1[i] = r0[i];
    p0[i] = r0[i];
    y0[i] = r0[i];
}


k = 0;
while(k<=nitmax)
{
    if(VektVektProd(n,r1,r1)<=EPS_CGS)
        break;

    for(i=1;i<=n;i++)
        z[i] = y0[i];

    MatVektProd(n,a,z,0);

    lambda = VektVektProd(n,r0,z);
    if(fabs(lambda)<=EPS_CGS)
    {
        k = nitmax + 3;
        break;
    }
    lambda = VektVektProd(n,r0,r1) / lambda;
```

```
    if(fabs(lambda)<=EPS_CGS)
    {
        k = nitmax + 2;
        break;
    }

    for(i=1;i<=n;i++)
    {
        q[i] = p0[i] - lambda * z[i];
        Apq[i] = p0[i] + q[i];
        x[i] += lambda * Apq[i];
    }

    MatVektProd(n,a,Apq,0);
    for(i=1;i<=n;i++)
        r2[i] = r1[i] - lambda * Apq[i];

    eta = VektVektProd(n,r0,r2) / VektVektProd(n,r0,r1);

    for(i=1;i<=n;i++)
    {
        p1[i] = r2[i] + eta * q[i];
        y1[i] = p1[i] + eta * (q[i] + eta * y0[i]);
    }

    for(i=1;i<=n;i++)
    {
        r1[i] = r2[i];
        p0[i] = p1[i];
        y0[i] = y1[i];
    }

    k++;
}

// Probe //

for(i=1;i<=n;i++)
    z[i] = x[i];
MatVektProd(n,a,z,0);
for(i=1;i<=n;i++)
    z[i] = b[i] - z[i];
```

```
    j = 0;
    for(i=1;i<=n;i++)
    {
        if(fabs(z[i])>EPS_CGS)
        {
            j++;
            if(k<=nitmax)
                k = nitmax + 1;

            break;
        }
    }
    if(j==0)
    {
        if(k>nitmax)
            k = nitmax;
    }

    delete [] r0;
    delete [] p0;
    delete [] y0;
    delete [] q;
    delete [] r1;
    delete [] r2;
    delete [] p1;
    delete [] y1;
    delete [] z;
    delete [] Ay;
    delete [] Apq;
    return(k);
}


#define EPS_BIB1 0.0000001
#define EPS_BIB2 0.1

long CGLS::BiCGSTAB(long n, double *a, double *x, double *b, int nitmax,
                    int nrestarts)
{
    long i,j,k;
    double rho0, rho1, rho2, lambda, eta, my, r0z;
```

```
double* r0 = new double[n+1];
double* p = new double[n+1];
double* y0 = new double[n+1];
double* q = new double[n+1];
double* r1 = new double[n+1];
double* r2 = new double[n+1];
double* y1 = new double[n+1];
double* z = new double[n+1];

if(r0==NULL||p==NULL||y0==NULL||q==NULL||r1==NULL||r2==NULL
    ||y1==NULL||z==NULL)
{
    delete [] r0;
    delete [] p;
    delete [] y0;
    delete [] q;
    delete [] r1;
    delete [] r2;
    delete [] y1;
    delete [] z;

    return(nitmax+5);
}

do
{
    for(i=1;i<=n;i++)
        r0[i] = x[i];

    MatVektProd(n,a,r0,0);

    for(i=1;i<=n;i++)
    {
        r0[i] = b[i] - r0[i];
        r1[i] = r0[i];
        y0[i] = r0[i];
    }

    rho0 = VektVektProd(n,r0,r0);
    rho1 = rho0;

    k = 1;
```

```
while(k<=nitmax)
{
    if(VektVektProd(n,r1,r1)<=EPS_BIB1)
        break;

    for(i=1;i<=n;i++)
        z[i] = y0[i];

    MatVektProd(n,a,z,0);

    r0z = VektVektProd(n,r0,z);
    if(r0z*r0z<=EPS_BIB2*rho1*VektVektProd(n,z,z))
    {
        if(k==0)
            x[1] *= 1.1;
        k = nitmax + 3;
        break;
    }

    lambda = rho1 / r0z;

    if(fabs(lambda)<=EPS_BIB1)
    {
        k = nitmax + 2;
        break;
    }

    for(i=1;i<=n;i++)
        q[i] = r1[i] - lambda * z[i];

    if(VektVektProd(n,q,q)<=EPS_BIB1)
    {
        for(i=1;i<=n;i++)
        {
            x[i] += lambda * y0[i];
            r1[i] = q[i];
        }
        k++;
        continue;
    }
    for(i=1;i<=n;i++)
        p[i] = q[i];
```

```cpp
        MatVektProd(n,a,p,0);

        my = VektVektProd(n,p,p);
        if(my<=EPS_BIB1)
        {
            k = nitmax + 3;
            break;
        }

        my = VektVektProd(n,q,p) / my;
        if(fabs(my)<=EPS_BIB1)
        {
            k = nitmax + 3;
            break;
        }
            ;
        for(i=1;i<=n;i++)
        {
            x[i] += lambda * y0[i] + my * q[i];
            r2[i] = q[i] - my * p[i];
        }

        rho2 = VektVektProd(n,r0, r2);

        eta = (lambda * rho2) / (my * rho1);

        for(i=1;i<=n;i++)
            y1[i] = r2[i] + eta * (y0[i] - my * z[i]);

        for(i=1;i<=n;i++)
        {
            r1[i] = r2[i];
            y0[i] = y1[i];
        }

        rho1 = rho2;

        k++;
    }
    if(k>nitmax)
        nrestarts--;
```

```cpp
        else
            break;
}while(nrestarts>=0);

// Probe //

for(i=1;i<=n;i++)
    z[i] = x[i];
MatVektProd(n,a,z,0);
for(i=1;i<=n;i++)
    z[i] = b[i] - z[i];

j = 0;
for(i=1;i<=n;i++)
{
    if(fabs(z[i])>EPS_BIB1)
    {
        j++;
        if(k<=nitmax)
            k = nitmax + 1;
        break;
    }
}
if(j==0)
{
    if(k>nitmax)
        k = nitmax;
}

delete [] r0;
delete [] p;
delete [] y0;
delete [] q;
delete [] r1;
delete [] r2;
delete [] y1;
delete [] z;

return(k);
}
```

```cpp
#define EPS_TF 0.0000001

long CGLS::TFQMR(long n, double *a, double *x, double *b, int nitmax)
{
    long i,j,k;
    double lambda, eta, kappa2, rho2, xsi;

    double* tau2 = new double[3];
    double* r0 = new double[n+1];
    double* v1 = new double[n+1];
    double* v2 = new double[n+1];
    double* v3 = new double[n+1];
    double* w1 = new double[n+1];
    double* w2 = new double[n+1];
    double* w3 = new double[n+1];
    double* z0 = new double[n+1];
    double* z1 = new double[n+1];
    double* d = new double[n+1];

    if(tau2==NULL||r0==NULL||v1==NULL||v2==NULL||v3==NULL||w1==NULL||
       w2==NULL||w3==NULL||z0==NULL||z1==NULL||d==NULL)
    {
        delete [] tau2;
        delete [] r0;
        delete [] v1;
        delete [] v2;
        delete [] v3;
        delete [] w1;
        delete [] w2;
        delete [] w3;
        delete [] z0;
        delete [] z1;
        delete [] d;

        return(nitmax+5);              // Speicherbedarf zu groß
    }

    for(i=1;i<=n;i++)
        r0[i] = x[i];

    MatVektProd(n,a,r0,0);
```

```
for(i=1;i<=n;i++)
{
    r0[i] = b[i] - r0[i];
    v1[i] = r0[i];
    w1[i] = r0[i];
}

rho2 = VektVektProd(n,r0,r0);
if(rho2<=EPS_TF)
{
    delete [] tau2;
    delete [] r0;
    delete [] v1;
    delete [] v2;
    delete [] v3;
    delete [] w1;
    delete [] w2;
    delete [] w3;
    delete [] z0;
    delete [] z1;
    delete [] d;

    return(0);
}

for(i=1;i<=n;i++)
{
    z0[i] = v1[i];
    d[i] = 0;
}

MatVektProd(n,a,z0,0);

tau2[0] = 0;
xsi = 0;

k = 1;
while(k<=nitmax)
{
    lambda = VektVektProd(n,r0,z0);
    if(fabs(lambda)<=EPS_TF)
    {
```

```
        k = nitmax + 3;         // Abbruch wegen Divisor 0
        break;
    }
    lambda = VektVektProd(n,r0,w1) / lambda;
    if(fabs(lambda)<=EPS_TF)
    {
        k = nitmax + 2;         // Verf. konvergiert nicht
        break;
    }

    for(i=1;i<=n;i++)
    {
        v2[i] = v1[i] - lambda * z0[i];
        w2[i] = v1[i];
    }

    MatVektProd(n,a,w2,0);
    for(i=1;i<=n;i++)
        w2[i] = w1[i] - lambda * w2[i];

    tau2[1] = VektVektProd(n,w2,w2) / rho2;
    kappa2 = 1.0 / (1.0 + tau2[1]);

    for(i=1;i<=n;i++)
        d[i] = v1[i] + (tau2[0]*xsi*d[i]) / lambda;

    xsi = kappa2 * lambda;

    for(i=1;i<=n;i++)
        x[i] += xsi * d[i];

    rho2 = rho2 * kappa2 * tau2[1];

    for(i=1;i<=n;i++)
        w3[i] = v2[i];

    if((2.0*k*rho2)<=EPS_TF)
        break;

    MatVektProd(n,a,w3,0);
    for(i=1;i<=n;i++)
        w3[i] = w2[i] - lambda * w3[i];
```

```
tau2[2] = VektVektProd(n,w3,w3) / rho2;
kappa2 = 1.0 / (1.0 + tau2[2]);

for(i=1;i<=n;i++)
    d[i] = v2[i] + (tau2[1]*xsi*d[i]) / lambda;

xsi = kappa2 * lambda;

for(i=1;i<=n;i++)
    x[i] += xsi * d[i];

rho2 = rho2 * kappa2 * tau2[2];
if(((2.0*k+1.0)*rho2)<=EPS_TF)
    break;

eta = VektVektProd(n,r0,w3) / VektVektProd(n,r0,w1);
for(i=1;i<=n;i++)
{
    v3[i] = w3[i] + eta * v2[i];
    z1[i] = v2[i];
}

MatVektProd(n,a,z1,0);
for(i=1;i<=n;i++)
{
    z1[i] += eta * z0[i];
    z0[i] = v3[i];
}

MatVektProd(n,a,z0,0);
for(i=1;i<=n;i++)
{
    z0[i] += eta * z1[i];
    w1[i] = w3[i];
    v1[i] = v3[i];
}

tau2[0] = tau2[2];

k++;
}
```

```
// Probe //

for(i=1;i<=n;i++)
    d[i] = x[i];
MatVektProd(n,a,d,0);
for(i=1;i<=n;i++)
    d[i] = b[i] - d[i];

j = 0;
for(i=1;i<=n;i++)
{
    if(fabs(d[i])>EPS_TF)
    {
        j++;
        if(k<=nitmax)
            k = nitmax + 1;
        break;
    }
}
if(j==0)
{
    if(k>nitmax)
        k = nitmax;
}

delete [] tau2;
delete [] r0;
delete [] v1;
delete [] v2;
delete [] v3;
delete [] w1;
delete [] w2;
delete [] w3;
delete [] z0;
delete [] z1;
delete [] d;

return(k);
}
```

```cpp
#define EPS_QM1    0.0000001
#define EPS_QM2    0.0000001
#define EPS_QM3    0.0000001
#define EPS_QM4    0.0000001


long CGLS::QMRCGSTAB(long n, double *a, double *x, double *b, int nitmax)
{
    long i,j,k;
    double lambda, eta, kappa2, rho2, xsi, my;

    double* tau2 = new double[3];
    double* r0 = new double[n+1];
    double* r1 = new double[n+1];
    double* r2 = new double[n+1];
    double* y = new double[n+1];
    double* p = new double[n+1];
    double* q = new double[n+1];
    double* z = new double[n+1];
    double* d = new double[n+1];

    if(tau2==NULL||r0==NULL||r1==NULL||r2==NULL||y==NULL||p==NULL||
       q==NULL||z==NULL||d==NULL)
    {
        delete [] tau2;
        delete [] r0;
        delete [] r1;
        delete [] r2;
        delete [] y;
        delete [] p;
        delete [] q;
        delete [] z;
        delete [] d;

        return(nitmax+5);
    }

    for(i=1;i<=n;i++)
        r0[i] = x[i];

    MatVektProd(n,a,r0,0);
```

```cpp
for(i=1;i<=n;i++)
{
    r0[i] = b[i] - r0[i];
    y[i] = r0[i];
    r1[i] = r0[i];
}

rho2 = VektVektProd(n,r0,r0);

if(rho2<=EPS_QM1)
{
    delete [] tau2;
    delete [] r0;
    delete [] r1;
    delete [] r2;
    delete [] y;
    delete [] p;
    delete [] q;
    delete [] z;
    delete [] d;

    return(0);
}

for(i=1;i<=n;i++)
{
    z[i] = y[i];
    d[i] = 0;
}

MatVektProd(n,a,z,0);

tau2[0] = 0;
xsi = 0;

k = 1;
while(k<=nitmax)
{
    lambda = VektVektProd(n,r0,z);
    if(fabs(lambda)<=EPS_QM2)
    {
        k = nitmax + 3;
```

```
        break;
    }
    lambda = VektVektProd(n,r0,r1) / lambda;
    if(fabs(lambda)<=EPS_QM2)
    {
        k = nitmax + 2;
        break;
    }

    for(i=1;i<=n;i++)
    {
        q[i] = r1[i] - lambda * z[i];
        p[i] = q[i];
    }

    tau2[1] = VektVektProd(n,q,q) / rho2;
    kappa2 = 1.0 / (1.0 + tau2[1]);

    for(i=1;i<=n;i++)
        d[i] = y[i] + (tau2[0]*xsi*d[i]) / lambda;

    xsi = kappa2 * lambda;

    for(i=1;i<=n;i++)
        x[i] += xsi * d[i];

    rho2 *= kappa2 * tau2[1];

    MatVektProd(n,a,p,0);
    my = VektVektProd(n,p,p);
    if(fabs(my)<=EPS_QM2)
    {
        k = nitmax + 4;
        break;
    }
    my = VektVektProd(n,q,p) / my;
    if(fabs(my)<=EPS_QM2)
    {
        k = nitmax + 2;
        break;
    }
```

```
for(i=1;i<=n;i++)
    r2[i] = q[i] - my * p[i];

tau2[2] = VektVektProd(n,r2,r2) / rho2;
kappa2 = 1.0 / (1.0 + tau2[2]);

for(i=1;i<=n;i++)
    d[i] = q[i] + (tau2[1]*xsi*d[i]) / my;

xsi = kappa2 * my;

for(i=1;i<=n;i++)
    x[i] += xsi * d[i];

rho2 *= kappa2 * tau2[2];

if(((2.0*k+1.0)*rho2)<=EPS_QM3)
    break;

eta = VektVektProd(n,r0,r2);
if(fabs(eta)<=EPS_QM2)
{
    k = nitmax + 2;
    break;
}
eta = ( lambda * eta ) / ( my * VektVektProd(n,r0,r1) );
for(i=1;i<=n;i++)
{
    y[i] = r2[i] + eta * (y[i] - my * z[i]);
    z[i] = y[i];
}

MatVektProd(n,a,z,0);

for(i=1;i<=n;i++)
    r1[i] = r2[i];

tau2[0] = tau2[2];

k++;
}
```

```cpp
// Probe //

for(i=1;i<=n;i++)
    y[i] = x[i];
MatVektProd(n,a,y,0);
for(i=1;i<=n;i++)
    y[i] = b[i] - y[i];

j = 0;
for(i=1;i<=n;i++)
{
    if(fabs(y[i])>EPS_QM4)
    {
        j++;
        if(k<=nitmax)
            k = nitmax + 1;

        break;
    }
}
if(j==0)
{
    if(k>nitmax)
        k = nitmax;
}

delete [] tau2;
delete [] r0;
delete [] r1;
delete [] r2;
delete [] y;
delete [] p;
delete [] q;
delete [] z;
delete [] d;
return(k);
}
```

```
/*** Iterative Auflösungsverfahren für dünn besetzte Systemmatrizen ***/

/***************************************************/
/* MATVEKTPROD_db                                  */
/* Berechnung des Produkts A * x  bei dünn besetzten */
/* Systemmatrizen                      28.01.2018 */
/***************************************************/
/* Eingabe :                                       */
/*          1. Dimension n (Zahl der Vektorkompon.),*/
/*          2. zinx = Zeilenzeiger (Zeilenindizes) */
/*             zinx[0] = Anzahl der Matrixelemente  */
/*             ungleich 0                           */
/*          3. sinx = Spaltenzeiger (Spaltenindizes)*/
/*          4. Systemmatrix A                       */
/*             auf den Speicherplätzen von a,       */
/*             hierbei entspricht dem Matrixelement */
/*             a(jk) die Komponente a[i], für das   */
/*             zinx[i] = j und sinx[i] = k gelten,  */
/*             (Listendarstellung einer Matrix)     */
/*          5. Vektor x                             */
/*          6. transpon                             */
/*             1: Produkt der Transponierten der    */
/*                Matrix A mit x, d.\,h. Produkt =  */
/*                A(T) * x                          */
/*             0: Produkt = A * x                   */
/*                                                  */
/* Ausgabe :   Lösungsvektor x                      */
/*             (Eingabewerte werden überschrieben)  */
/*                                                  */
/* Rückgabe:                                        */
/*             0: x ist der Lösungsvektor           */
/*             1: Speicherbedarf zu gross           */
/*                (keine Lösung möglich)            */
/***************************************************/

bool CGLS::MatVektProd_db(long n, long *zinx, long *sinx, double *a,
                          double *x, bool transpon)
{
    long i;

    double* y = new double[n+1];
```

```
if(y==NULL)
{
    delete [] y;
    return(1);
}

for(i=1;i<=n;i++)
    y[i] = 0.0;

if(transpon)
{
    for(i=1;i<=zinx[0];i++)
        y[sinx[i]] += a[i] * x[zinx[i]];
}
else
{
    for(i=1;i<=zinx[0];i++)
        y[zinx[i]] += a[i] * x[sinx[i]];
}

for(i=1;i<=n;i++)
    x[i] = y[i];

delete [] y;
return(0);
}
```

Bei Einsatz eines iterativen Auflösungsverfahrens mit einer dünn besetzten Systemmatrix erzielt man eine Effizienzsteigerung hinsichtlich Rechenlaufzeit und Speicherbedarf, wenn die Hilfsfunktion MatVektProd durch MatVektProd_db ersetzt wird. Dementsprechend ist für die Übergabe der Zeilen- und Spaltenindizes auch die Liste der Funktionsparameter bei jeder Iterationsfunktion anzupassen:

```
long GMRES_db(long n, long *zinx, long *sinx, double* a, double* x,
            double* b)
long BiCG_db(long n, long *zinx, long *sinx, double *a, double *x,
            double *b, int n_itera)
long CG_db(long n, long *zinx, long *sinx, double *a, double *x,
            double *b)
long CGS_db(long n, long *zinx, long *sinx, double *a, double *x,
            double *b, int n_itera)
```

```
long BiCGSTAB_db(long n, long *zinx, long *sinx, double *a, double *x,
double *b, int n_itera, int n_restarts)
long TFQMR_db(long n, long *zinx, long *sinx, double *a, double *x,
            double *b, int n_itera)
long QMRCGSTAB_db(long n, long *zinx, long *sinx, double *a, double *x,
            double *b, int n_itera)
```

Die Listendarstellung von Matrizen und Vektoren bietet sich auch für die Sicherung von Systemmatrix und Vektoren auf einem Massenspeichermedium, also z. B. auf der Festplatte, an. Für jedes Matrixelement wird dabei ein Eintrag vorgenommen, indem dem Wert die Indizes für Zeile und Spalte vorangestellt werden:

$$(\text{Zeilenindex}, \text{Spaltenindex})\text{Wert}$$

Für die Darstellung einer Vektorkomponente vereinfacht sich der Eintrag zu

$$(\text{Zeilenindex})\text{Wert}$$

Am Beispiel der Matrizengleichung

$$\begin{bmatrix} 2 & 4 & 3 \\ 4 & 1 & 0 \\ 3 & 0 & 1 \end{bmatrix} \begin{bmatrix} x_1 \\ x_2 \\ x_3 \end{bmatrix} = \begin{bmatrix} 2 \\ 5 \\ 1 \end{bmatrix} = \underline{b}$$

erhält man folgende Festplattendateien für die Systemmatrix und den Vektor b:

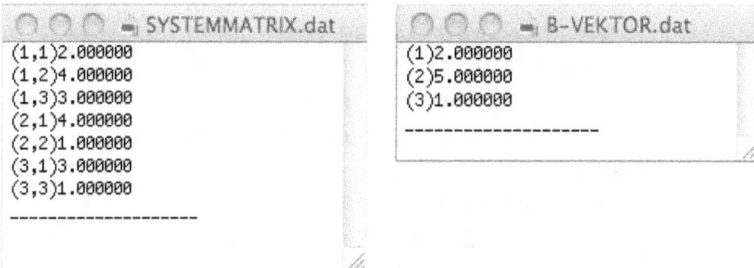

```
○ ○ ○  ■ SYSTEMMATRIX.dat
(1,1)2.000000
(1,2)4.000000
(1,3)3.000000
(2,1)4.000000
(2,2)1.000000
(3,1)3.000000
(3,3)1.000000
--------------------
```

```
○ ○ ○  ■ B-VEKTOR.dat
(1)2.000000
(2)5.000000
(3)1.000000
--------------------
```

Man kann nun sämtliche Funktionen, die für jeweils eins der oben beschriebenen Auflösungsverfahren entwickelt wurden, in einer Hauptfunktion zusammenfassen. Diese Hauptfunktion mit der Bezeichnung GLSLoeser greift auf die Festplatte zu, um die Werte von Systemmatrix und Vektor b abzurufen und den Ergebnisvektor x wiederum auf dem Massenspeicher abzulegen. Über die Parameterliste dieser Funktion werden die den Funktionsablauf steuernden Größen übergeben. Der Quellcode der Hauptfunktion ist nachfolgend aufgeführt:

```
/*********************************************************/
/* Auflösung des GLS A * x = b nach x        25.02.2018 */
/* wahlweise mit Hilfe des                             */
/* GAUSS-Verfahrens,                                   */
/* GIVENS-Verfahrens,                                  */
/* GRAM-SCHMIDT-Verfahrens,                            */
/* GMRES-Verfahrens,                                   */
/* CG-Verfahrens,                                      */
/* BiCG-Verfahrens,                                    */
/* CGS-Verfahrens,                                     */
/* BiCGSTAB-Verfahrens,                                */
/* TFQMR-Verfahrens,                                   */
/* QMRCGSTAB-Verfahrens                                */
/*********************************************************/
/* Eingabe : 1. Dateiparameter :                       */
/*               0 : Pfad                              */
/*               1 : Dateiname der Systemmatrix A      */
/*               2 : Dateiname des x-Vektors           */
/*               3 : Dateiname des b-Vektors           */
/*               4 : Namenserweiterung                 */
/*            2. Lösungsverfahren gem. obiger Liste     */
/*            3. Iterationsgrenzen                      */
/*               0 : Maximale Zahl der Restarts        */
/*               1 : Maximale Zahl der Iterationen     */
/*            4. Schwellwerte                           */
/*               0 : Schaltschwelle für Listenform     */
/*                   für = 0.0: A stets in Arrayform   */
/*                   für = 1.1: A stets in Listenform  */
/*                   für = s  : A in Listenform, wenn  */
/*                   Besetzungsgrad <s, sonst Wandlung */
/*                   intern von A in Arrayform         */
/*               1 -  2: Eps1  und Eps2    für GAUSS    */
/*                    3: Eps3   für GRAMSCHMIDT         */
/*               4 -  5: Eps4  und Eps5    für GIVENS   */
/*               6 - 10: Eps6  bis Eps10   für GMRES    */
/*              11 - 14: Eps11 bis Eps14   für BiCG     */
/*              15 - 20: Eps15 bis Eps20   für CG       */
/*              21 - 24: Eps21 bis Eps24   für CGS      */
/*              25 - 31: Eps25 bis Eps31   für BiCGSTAB */
/*              32 - 37: Eps32 bis Eps37   für TFQMR    */
/*              38 - 45: Eps38 bis Eps45   für QMRCGSTAB*/
/*                                                     */
```

```
/* Ausgabe : Lösungsvektor x in der x-Vektor Datei      */
/*                                                       */
/* Rückgabe: Protokoll über Programmablauf               */
/*********************************************************/

CString CGLS::GLSLoeser(CString *Dateiparameter,
                        CString Loesungsverfahren,
                        int *Iterationsgrenzen, double *Schwellwerte)
{
    bool listform;
    int i,j,k;
    int n,nm,nit;

    Cstring textpuf,Systemmatrix,Unbekanntenvektor,Produktvektor,Pfad,
        Verfahren,strpuf1,strpuf2,strpuf3,strpuf4;
    FILE* daflus;
    char puf[1000];

    CTime t1,t2;
    CTimeSpan t;

    Pfad.Format("%s",Dateiparameter[0]);
    Systemmatrix.Format("%s\\%s.%s",Pfad,Dateiparameter[1],
                        Dateiparameter[4]);
    Unbekanntenvektor.Format("%s\\%s.%s",Pfad,Dateiparameter[2],
                             Dateiparameter[4]);
    Produktvektor.Format("%s\\%s.%s",Pfad,Dateiparameter[3],
                         Dateiparameter[4]);
    Verfahren.Format("%s",Loesungsverfahren);

    if((daflus = fopen(Systemmatrix,"r"))!=NULL)
    {
        nm = 0;
        n = 0;
        while((fscanf(daflus, "%s", puf)!=EOF))
        {
            strpuf1.Format("%s",puf);
            if(strpuf1.Find("__",0)>=0)
                break;
            else
                nm++;
```

```
        if((i=strpuf1.Find(",",0))>=0)
        {
            strpuf3 = strpuf1.Mid(1,i-1);
            j = atoi(strpuf3);
            if(j>n)
                n = j;
        }
        else
        {
            fclose(daflus);
            strpuf1.Format("Programmabbruch : Systemmatrix fehlerhaft!");
            return(strpuf1);
        }
    }
    fclose(daflus);
}
else
{
    strpuf1.Format("Programmabbruch : Systemmatrix fehlt!");
    return(strpuf1);
}
if((1.0*nm)/(1.0*n*n)<Schwellwerte[0])
    listform = 1;
else
    listform = 0;

if(Verfahren.Find("GAUSS",0)>=0 || Verfahren.Find("GIVENS",0)>=0 ||
                                    Verfahren.Find("GRAM",0)>=0)
    listform = 0;

if(listform)
{
    i = nm + 1;
    j = i;
}
else
{
    i = n*n + 1;
    if(Verfahren.Find("GIVENS",0)>=0)
        i += n;
    j = 1;
}
```

```cpp
double* a = new double[i];
long* z = new long[j];
long* s = new long[j];
double* b = new double[n+1];
double* x = new double[n+1];
double* y = new double[n+1];

if(listform)
{
    z[0] = nm;
    strpuf2 = "";
    if((daflus = fopen(Systemmatrix,"r"))!=NULL)
    {
        k = 0;
        while((fscanf(daflus, "%s", puf)!=EOF))
        {
            strpuf1.Format("%s",puf);
            if(strpuf1.Find("__",0)>=0)
                break;
            else
            {
                k++;
                if(k>nm)
                    break;

                if((i=strpuf1.Find(",",0))>=0)
                {
                    strpuf3 = strpuf1.Mid(1,i-1);
                    z[k] = atoi(strpuf3);
                }
                else
                {
                    delete [] a,b,x,y,z,s;
                    strpuf1.Format("Programmabbruch : Systemmatrix
                                        fehlerhaft!");
                    return(strpuf1);
                }

                if((j=strpuf1.Find(")",0))>=0)
                {
                    strpuf3 = strpuf1.Mid(i+1,j-i-1);
                    s[k] = atoi(strpuf3);
```

```
                    strpuf3 = strpuf1.Mid(j+1,strpuf1.GetLength()-j-1);
                    a[k] = atof(strpuf3);
                }
                else
                {
                    delete [] a,b,x,y,z,s;
                    strpuf1.Format("Programmabbruch : Systemmatrix
                                    fehlerhaft!");
                    return(strpuf1);
                }
            }
        }
        fclose(daflus);
    }
    else
    {
        delete [] a,b,x,y,z,s;
        strpuf1.Format("Programmabbruch : Systemmatrix fehlt!");
        return(strpuf1);
    }
}
else
{
    strpuf2 = "";
    k = n*n;
    if(Verfahren.Find("GIVENS",0)>=0)
        k += n;
    for(i=1;i<=k;i++)
        a[i] = 0.0;
    if((daflus = fopen(Systemmatrix,"r"))!=NULL)
    {
        k = 0;
        while((fscanf(daflus, "%s", puf)!=EOF))
        {
            strpuf1.Format("%s",puf);
            if(strpuf1.Find("__",0)>=0)
                break;
            else
            {
                k++;
                if(k>nm)
                    break;
```

```
            if((i=strpuf1.Find(",",0))>=0)
            {
                strpuf3 = strpuf1.Mid(1,i-1);
                z[0] = atoi(strpuf3);
            }
            else
            {
                delete [] a,b,x,y,z,s;
                strpuf1.Format("Programmabbruch : Systemmatrix
                                fehlerhaft!");
                return(strpuf1);
            }
            if((j=strpuf1.Find(")",0))>=0)
            {
                strpuf3 = strpuf1.Mid(i+1,j-i-1);
                s[0] = atoi(strpuf3);
               strpuf3 = strpuf1.Mid(j+1,strpuf1.GetLength()-j-1);
                if(Verfahren.Find("GIVENS",0)>=0)
                    a[(z[0]-1)*(n+1)+s[0]] = atof(strpuf3);
                else
                    a[(z[0]-1)*n+s[0]] = atof(strpuf3);
            }
            else
            {
                delete [] a,b,x,y,z,s;
                strpuf1.Format("Programmabbruch : Systemmatrix
                                fehlerhaft!");
                return(strpuf1);
            }
        }
    }
    fclose(daflus);

}
else
{
    delete [] a,b,x,y,z,s;
    strpuf1.Format("Programmabbruch : Systemmatrix fehlt!");
    return(strpuf1);
}
}
```

```
for(i=0;i<=n;i++)
    b[i] = 0.0;

strpuf2 = "";
if((daflus = fopen(Produktvektor,"r"))!=NULL)
{
    while((fscanf(daflus, "%s", puf)!=EOF))
    {
        strpuf1.Format("%s",puf);
        if(strpuf1.Find("__",0)>=0)
            break;
        else
        {
            if((i=strpuf1.Find(")",0))>=0)
            {
                strpuf3 = strpuf1.Mid(1,i-1);
                k = atoi(strpuf3);
                if(k>n)
                    continue;
            }
            else
            {
                delete [] a,b,x,y,z,s;
            strpuf1.Format("Programmabbruch : Vektor b fehlerhaft!");
                return(strpuf1);
            }
            strpuf3 = strpuf1.Mid(i+1,strpuf1.GetLength()-i-1);
            if(Verfahren.Find("GIVENS",0)>=0)
                a[k*(n+1)] = atof(strpuf3);
            else
                b[k] = atof(strpuf3);
        }
    }
    fclose(daflus);
}
else
{
    delete [] a,b,x,y,z,s;
    strpuf1.Format("Programmabbruch : Vektor b fehlt!");
    return(strpuf1);
}
```

```
for(j=0;j<=n;j++)
    x[j] = 0.0;
if(Verfahren.Find("GAUSS",0)>=0 || Verfahren.Find("GRAM",0)>=0)
{
    for(j=0;j<=n;j++)
        x[j] = b[j];
}
else
{
    strpuf2 = "";
    if((daflus = fopen(Unbekanntenvektor,"r"))!=NULL)
    {
        j = 0;
        while((fscanf(daflus, "%s", puf)!=EOF))
        {
            strpuf1.Format("%s",puf);
            if(strpuf1.Find("__",0)>=0)
                break;
            else
            {

                if((i=strpuf1.Find(")",0))>=0)
                {
                    strpuf3 = strpuf1.Mid(1,i-1);
                    k = atoi(strpuf3);
                    if(k>n)
                        continue;
                }
                else
                {
                    for(i=1;i<=n;i++)
                        x[i] = b[i];    // als x0 wird Vektor b gewählt
                    break;
                }

                strpuf3 = strpuf1.Mid(i+1,strpuf1.GetLength()-i-1);
                x[k] = atof(strpuf3);

            }
        }

        fclose(daflus);
```

```
        }
        else
        {
            for(i=1;i<=n;i++)
                x[i] = b[i];          // als x0 wird Vektor b gewählt
        }
    }

    nit = Iterationsgrenzen[1];

    if(nit<1)
        nit = n;

    t1 = CTime::GetCurrentTime();
    if(listform)
    {
        if(Verfahren.Find("GMRES",0)>=0)
            i = GMRES_db(n,z,s,a,x,b,nit,Schwellwerte);
        else if(Verfahren.Find("BiCG-",0)>=0)
            i = BiCG_db(n,z,s,a,x,b,nit,Schwellwerte);
        else if(Verfahren.Find("CG-",0)==0)
            i = CG_db(n,z,s,a,x,b,nit,Schwellwerte);
        else if(Verfahren.Find("CGS-",0)>=0)
            i = CGS_db(n,z,s,a,x,b,nit,Schwellwerte);
        else if(Verfahren.Find("BiCGSTAB",0)>=0)
            i = BiCGSTAB_db(n,z,s,a,x,b,nit,Iterationsgrenzen[0],
                            Schwellwerte);
        else if(Verfahren.Find("TFQMR",0)>=0)
            i = TFQMR_db(n,z,s,a,x,b,nit,Schwellwerte);
        else if(Verfahren.Find("QMRCGSTAB",0)>=0)
            i = QMRCGSTAB_db(n,z,s,a,x,b,nit,Schwellwerte);
    }
    else
    {
        if(Verfahren.Find("GMRES",0)>=0)
            i = GMRES(n,a,x,b,nit,Schwellwerte);
        else if(Verfahren.Find("BiCG-",0)>=0)
            i = BiCG(n,a,x,b,nit,Schwellwerte);
        else if(Verfahren.Find("CG-",0)==0)
            i = CG(n,a,x,b,nit,Schwellwerte);
        else if(Verfahren.Find("CGS-",0)>=0)
            i = CGS(n,a,x,b,nit,Schwellwerte);
```

```
    else if(Verfahren.Find("BiCGSTAB",0)>=0)
        i = BiCGSTAB(n,a,x,b,nit,Iterationsgrenzen[0],Schwellwerte);
    else if(Verfahren.Find("TFQMR",0)>=0)
        i = TFQMR(n,a,x,b,nit,Schwellwerte);
    else if(Verfahren.Find("QMRCGSTAB",0)>=0)
        i = QMRCGSTAB(n,a,x,b,nit,Schwellwerte);
    else if(Verfahren.Find("GAUSS",0)>=0)
        i = GAUSS(n,a,x,Schwellwerte);
    else if(Verfahren.Find("GIVENS",0)>=0)
    {
        i = GIVENS(n,a,Schwellwerte);
        for(j=1;j<=n;j++)
            x[j] = a[j*(n+1)];
    }
    else if(Verfahren.Find("GRAM",0)>=0)
        i = GRAMSCHMIDT(n,a,x,Schwellwerte);
}


t2 = CTime::GetCurrentTime();
t = t2 - t1;
long dt = t.GetTotalSeconds();


if(i==nit+6)
    strpuf4.Format("Abbruch des %ss!!\n Systemmatrix ist
                    nichtsymmetrisch!\n",Verfahren);
else if(i==nit+5)
    strpuf4.Format("Abbruch des %ss!!\n Speicherplatz reicht nicht
                    aus!\n",Verfahren);
else if(i==nit+4)
    strpuf4.Format("Abbruch des %ss!!\n Systemmatrix ist
                    singulär!\n",Verfahren);
else if(i==nit+3)
    strpuf4.Format("Abbruch des %ss!!\n Es ist eine Division
                    durch 0 aufgetreten!\n",Verfahren);
else if(i==nit+2)
    strpuf4.Format("Abbruch des %ss!!\n Verfahren konvergiert
                    nicht!\n",Verfahren);
else if(i==nit+1)
    strpuf4.Format("ACHTUNG :\r\nErgebnis des %ss eventuell ungenau,
                    \nda mit %d Schleifen zu wenig Iterationen
                    durchlaufen wurden!\n",Verfahren,nit);
```

```
    else
    {
        if(listform)
        strpuf4.Format("Anwendung des %ss für dünnbesetzte Systemmatrizen
                        mit %d Iterationen\n",Verfahren,i);
        else
        {
        if(Verfahren.Find("GAUSS",0)>=0 || Verfahren.Find("GIVENS",0)>=0
                        || Verfahren.Find("GRAM",0)>=0)
            strpuf4.Format("Anwendung des %ss\n",Verfahren);
            else
            strpuf4.Format("Anwendung des %ss mit %d Iterationen\n",
                            Verfahren,i);
        }
    }

    if((daflus = fopen(Unbekanntenvektor,"w"))!=NULL)
    {
        for(i=1;i<=n;i++)
        {
            if(fabs(x[i])==0.0)
                fprintf(daflus,"(%d)0\n",i);
            else
                fprintf(daflus,"(%d)%f\n",i,x[i]);
        }

        strpuf2.Format("\r\nRechenlaufzeit für Auflösung des GLS nach %d
                        Unbekannten: %d h %d min     %d sek\n",n,
                        (dt - dt%3600)/3600,(dt%3600 - (dt%3600)%60)/60,
                        (dt%3600)%60);
        strpuf1.Format("%s%s",strpuf4,strpuf2);
      fprintf(daflus,"_____\n%s",
            strpuf1);

        fclose(daflus);
    }

    delete [] a,b,x,y,z,s;

    return(strpuf1);
}
```

Anhang

Die vorangehend beschriebene Software für Funktionen zur Auflösung von linearen Gleichungssystemen kann mittels eines vom Autor hierfür eigens entwickelten Programms getestet werden. Das Programm basiert auf Visual C++ 6.0 und ist daher auch auf älteren Windows-Rechnern lauffähig. Das Programm kann von der Website www.grebhofer.de/SCHRIFTENREIHE.html des Autors heruntergeladen werden.

Das Programm bietet neben der Auflösung von Gleichungssystemen mit maschinell erstellten Systemmatrizen und Vektoren die Möglichkeit, Systemmatrizen und Vektoren über einfach handhabbare Eingabetabellen neu zu generieren. Die Bedieneroberfläche ist einfach und überschaubar konzipiert, ermöglicht aber dennoch die Steuerung aller Funktionen, die für die Lösung von Gleichungssystemen erforderlich sind.

Einen kurzen Einblick in die Darstellung am Bildschirm liefern nachfolgende Abbildungen, die die Lösungen zeigen, welche sich bei Anwendung unterschiedlicher Verfahren ergeben. Gemeinsame Basis ist eine Systemmatrix der Dimension 1000 × 1000, welche aus einer mit dem Wert 4 besetzten Hauptdiagonale und 9 weiteren, mit den Werten 4, 2, 1, −3, −2, 3, 1, −3, −2 besetzten Nebendiagonalen besteht.

GLSLöser

GAUSS-Verfahren | GLS A x = b nach x AUFLÖSEN | ohne Präkonditionierung

Index 1	Index 2	A-Matrixelement
997	997	4.000000
997	995	1.000000
997	999	3.000000
998	999	-2.000000
998	997	-3.000000
998	1000	3.000000
998	998	4.000000
998	996	1.000000
998	994	4.000000
998	995	2.000000
999	996	2.000000
999	999	4.000000
999	995	4.000000
999	998	-3.000000
999	997	1.000000
999	1000	-2.000000
1000	998	1.000000
1000	997	2.000000
1000	999	-3.000000
1000	1000	4.000000
1000	996	4.000000

X

Index	x-Komponente
1	3.870231
2	3.096539
3	-0.254832
4	-0.903306
5	-2.624771
6	-2.252821
7	-1.145550
8	0.338708
9	2.658839
10	3.530594
11	2.605249
12	-0.130249
13	-2.027003
14	-3.412862
15	-3.103741
16	-1.169442
17	1.043183
18	2.900018
19	3.337237
20	2.156926
21	0.062868

=

Index	b-Komponente
1	20.000000
2	5.000000
3	-12.000000
4	-1.000000
8	6.000000
9	7.000000
10	4
11	1
12	-6

Sortierung   Sortierung

Anwendung des GAUSS-Verfahrens
Rechenlaufzeit für Auflösung des GLS nach 1000 Unbekannten: 0 h 0 min 24 sek

https://doi.org/10.1515/9783110644173-012

GLSLöser

Index 1	Index 2	A-Matrixelement
997	997	4.000000
997	995	1.000000
997	999	3.000000
998	999	-2.000000
998	997	-3.000000
998	1000	3.000000
998	998	4.000000
998	996	1.000000
998	994	4.000000
998	995	2.000000
999	996	2.000000
999	999	4.000000
999	995	4.000000
999	998	-3.000000
999	997	1.000000
999	1000	-2.000000
1000	998	1.000000
1000	997	2.000000
1000	999	-3.000000
1000	1000	4.000000
1000	996	4.000000

GRAM-SCHMIDT-Verfahren

GLS Ax = b nach x AUFLÖSEN

ohne Präkonditionierung

Index	x-Komponente
1	3.870231
2	3.096539
3	-0.254832
4	-0.903306
5	-2.624771
6	-2.252821
7	-1.145550
8	0.338708
9	2.658839
10	3.530594
11	2.605249
12	-0.130249
13	-2.027003
14	-3.412862
15	-3.103741
16	-1.169442
17	1.043183
18	2.900018
19	3.337237
20	2.156926
21	0.062868

Index	b-Komponente
1	20.000000
2	5.000000
3	-12.000000
4	-1.000000
8	6.000000
9	7.000000
10	4.000000
11	1.000000
12	-6.000000

X

=

Sortierung   Sortierung

Anwendung des GRAM-SCHMIDT-Verfahrens
Rechenlaufzeit für Auflösung des GLS nach 1000 Unbekannten: 0 h   0 min   28 sek

---

GLSLöser

Index 1	Index 2	A-Matrixelement
997	997	4.000000
997	995	1.000000
997	999	3.000000
998	999	-2.000000
998	997	-3.000000
998	1000	3.000000
998	998	4.000000
998	996	1.000000
998	994	4.000000
998	995	2.000000
999	996	2.000000
999	999	4.000000
999	995	4.000000
999	998	-3.000000
999	997	1.000000
999	1000	-2.000000
1000	998	1.000000
1000	997	2.000000
1000	999	-3.000000
1000	1000	4.000000
1000	996	4.000000

GIVENS-Verfahren

GLS Ax = b nach x AUFLÖSEN

ohne Präkonditionierung

Index	x-Komponente
1	3.870231
2	3.096539
3	-0.254832
4	-0.903306
5	-2.624771
6	-2.252821
7	-1.145550
8	0.338708
9	2.658839
10	3.530594
11	2.605249
12	-0.130249
13	-2.027003
14	-3.412862
15	-3.103741
16	-1.169442
17	1.043183
18	2.900018
19	3.337237
20	2.156926
21	0.062868

Index	b-Komponente
1	20.000000
2	5.000000
3	-12.000000
4	-1.000000
8	6.000000
9	7.000000
10	4.000000
11	1.000000
12	-6.000000

X

=

Sortierung   Sortierung

Anwendung des GIVENS-Verfahrens
Rechenlaufzeit für Auflösung des GLS nach 1000 Unbekannten: 0 h   0 min   0 sek

CGS-Verfahren

GLS A x = b nach x AUFLÖSEN   ohne Präkonditionierung

Index 1	Index 2	A-Matrixelement
997	997	4.000000
997	995	1.000000
997	999	3.000000
998	999	-2.000000
998	997	-3.000000
998	1000	3.000000
998	998	4.000000
998	996	1.000000
998	994	4.000000
998	995	2.000000
999	996	2.000000
999	999	4.000000
999	995	4.000000
999	998	-3.000000
999	997	1.000000
999	1000	-2.000000
1000	998	1.000000
1000	997	2.000000
1000	999	-3.000000
1000	1000	4.000000
1000	996	4.000000

X

Index	x-Komponente
1	3.871175
2	3.098943
3	-0.254943
4	-0.902911
5	-2.626851
6	-2.253441
7	-1.148144
8	0.341118
9	2.657059
10	3.535563
11	2.604673
12	-0.124735
13	-2.029580
14	-3.415478
15	-3.106794
16	-1.172811
17	1.049141
18	2.885094
19	3.367098
20	2.124470
21	0.117171

=

Index	b-Komponente
1	20.000000
2	5.000000
3	-12.000000
4	-1.000000
8	6.000000
9	7.000000
10	4.000000
11	1.000000
12	-6.000000

Sortierung   Sortierung

ACHTUNG :
Ergebnis des CGS-Verfahrens eventuell ungenau,da mit 500 Schleifen zu wenig Iterationen durchlaufen wurden!
Rechenlaufzeit für Auflösung des GLS nach 1000 Unbekannten: 0 h   0 min   0 sek

---

BiCG-Verfahren

GLS A x = b nach x AUFLÖSEN   ohne Präkonditionierung

Index 1	Index 2	A-Matrixelement
997	997	4.000000
997	995	1.000000
997	999	3.000000
998	999	-2.000000
998	997	-3.000000
998	1000	3.000000
998	998	4.000000
998	996	1.000000
998	994	4.000000
998	995	2.000000
999	996	2.000000
999	999	4.000000
999	995	4.000000
999	998	-3.000000
999	997	1.000000
999	1000	-2.000000
1000	998	1.000000
1000	997	2.000000
1000	999	-3.000000
1000	1000	4.000000
1000	996	4.000000

X

Index	x-Komponente
1	3.882729
2	3.180094
3	-0.226501
4	-0.966416
5	-2.696627
6	-2.254726
7	-1.075086
8	0.423920
9	2.648049
10	3.490943
11	2.586657
12	-0.081860
13	-2.013404
14	-3.341734
15	-3.157540
16	-1.089509
17	0.926614
18	2.870540
19	3.359068
20	2.113642
21	0.321052

=

Index	b-Komponente
1	20.000000
2	5.000000
3	-12.000000
4	-1.000000
8	6.000000
9	7.000000
10	4.000000
11	1.000000
12	-6.000000

Sortierung   Sortierung

ACHTUNG :
Ergebnis des BiCG-Verfahrens eventuell ungenau,da mit 120 Schleifen zu wenig Iterationen durchlaufen wurden!
Rechenlaufzeit für Auflösung des GLS nach 1000 Unbekannten: 0 h   0 min   0 sek

Screenshot 1 (oben)

GLSLöser

BiCGSTAB-Verfahren ▾   GLS A x = b nach x AUFLÖSEN   ohne Präkonditionierung ▾

Index 1	Index 2	A-Matrixelement		Index	x-Komponente		Index	b-Komponente
1	2	-2.000000		1	-207.293923		1	20.000000
1	1	4.000000		2	228.899881		2	5.000000
1	3	3.000000		3	164.661181		3	-12.000000
1	5	-3.000000		4	-149.488983		4	-1.000000
1	6	-2.000000		5	19.563448		8	6.000000
1	4	1.000000		6	-58.004387		9	7.000000
2	7	-2.000000		7	-245.868316		10	4.000000
2	2	4.000000		8	87.005625		11	1.000000
2	5	1.000000		9	194.764971		12	-6.000000
2	6	-3.000000		10	-100.621822			
2	3	-2.000000	X	11	131.952407	=		
2	4	3.000000		12	277.096746			
2	1	-3.000000		13	-288.690149			
3	3	4.000000		14	-296.566911			
3	1	1.000000		15	35.978350			
3	2	-3.000000		16	-27.874784			
3	5	3.000000		17	109.116720			
3	7	-3.000000		18	294.530425			
3	4	-2.000000		19	107.013785			
3	6	1.000000		20	-189.392126			
3	8	-2.000000		21	-17.953623			

○ ○ ○ Sortierung ○ ○ Sortierung ○ ○

Abbruch des BiCGSTAB-Verfahrens!! Es ist eine Division durch 0 aufgetreten!
Rechenlaufzeit für Auflösung des GLS nach 1000 Unbekannten: 0 h   0 min   0 sek

Screenshot 2 (unten)

GLSLöser

BiCGSTAB-Verfahren ▾   GLS A x = b nach x AUFLÖSEN   ILU-Präkonditionierung ▾

Index 1	Index 2	A-Matrixelement		Index	x-Komponente		Index	b-Komponente
1	2	-2.000000		1	3.870231		1	20.000000
1	1	4.000000		2	3.096539		2	5.000000
1	3	3.000000		3	-0.254832		3	-12.000000
1	5	-3.000000		4	-0.903306		4	-1.000000
1	6	-2.000000		5	-2.624771		8	6.000000
1	4	1.000000		6	-2.252821		9	7.000000
2	7	-2.000000		7	-1.145550		10	4.000000
2	2	4.000000		8	0.338708		11	1.000000
2	5	1.000000		9	2.658839		12	-6.000000
2	6	-3.000000		10	3.530594			
2	3	-2.000000	X	11	2.605249	=		
2	4	3.000000		12	-0.130249			
2	1	-3.000000		13	-2.027003			
3	3	4.000000		14	-3.412862			
3	1	1.000000		15	-3.103741			
3	2	-3.000000		16	-1.169442			
3	5	3.000000		17	1.043183			
3	7	-3.000000		18	2.900017			
3	4	-2.000000		19	3.337237			
3	6	1.000000		20	2.156926			
3	8	-2.000000		21	0.062868			

○ ○ ○ Sortierung ○ ○ Sortierung ○ ○

ACHTUNG :
Ergebnis des ILU-BiCGSTAB-Verfahrens eventuell ungenau,da mit 120 Schleifen zu wenig Iterationen durchlaufen wurden!
Rechenlaufzeit für Auflösung des GLS nach 1000 Unbekannten: 0 h   0 min   22 sek

Quellennachweise und Literaturverzeichnis

[1]   Zurmühl: Matrizen, § 14.2.
[2]   Smirnow: Lehrgang der höheren Mathematik, Bd. III/1, § 12.
[3]   Zurmühl: Matrizen, § 11.1.
[4]   Smirnow: Lehrgang der höheren Mathematik, Bd. I, § 162.
[5]   Zurmühl: Matrizen, § 6.
[6]   Andreas Meister: Numerik linearer Gleichungssysteme.
[7]   Zurmühl: Matrizen, § 16.3.
[8]   von Mangoldt/Knopp: Einführung in die höhere Mathematik, Bd. 2, § 117.
[9]   von Mangoldt/Knopp: Einführung in die höhere Mathematik, Bd. 1, § 58, § 162.
[10] von Mangoldt/Knopp: Einführung in die höhere Mathematik, Bd. 1, § 165.
[11] von Mangoldt/Knopp: Einführung in die höhere Mathematik, Bd. 1, § 231, § 239.
[12] von Mangoldt/Knopp: Einführung in die höhere Mathematik, Bd. 2, § 179.
[13] Smirnow: Lehrgang der höheren Mathematik, Bd. III/1, § 29.
[14] Zurmühl: Matrizen, § 13.5, § 15.3.
[15] Zurmühl: Matrizen, § 13.7.
[16] Zurmühl: Matrizen, § 16.2.
[17] Zurmühl: Matrizen, § 13.1.
[18] von Mangoldt/Knopp: Einführung in die höhere Mathematik, Bd. 1, § 33.
[19] Zurmühl: Matrizen, § 12.1.
[20] von Mangoldt/Knopp: Einführung in die höhere Mathematik, Bd. 1, § 71.
[21] Murray R. Spiegel: Finite Differences and Difference Equations.
[22] von Mangoldt/Knopp: Einführung in die höhere Mathematik, Bd. 1, § 19.
[23] von Mangoldt/Knopp: Einführung in die höhere Mathematik, Bd. 1, § 46, § 49.
[24] Natascha Grammou: Implementierung paralleler präkonditionierter iterativer Gleichungslöser
      unter Nutzung neuer Kommunikationsmethoden.

https://doi.org/10.1515/9783110644173-013

Stichwortverzeichnis

https://doi.org/10.1515/9783110644173-014

www.ingramcontent.com/pod-product-compliance
Lightning Source LLC
Chambersburg PA
CBHW070149240326
41598CB00081BA/6308